YUANLIN GUIHUA SHEJI

普通高等教育规划教材

园林规划设计

第三版

宋会访 ｜ 主 编

徐 伟 胡 珊 ｜ 副主编

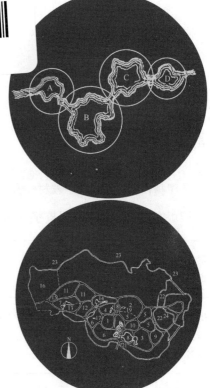

化学工业出版社

·北京·

内 容 提 要

本书对园林规划设计的要素、方法、步骤进行了完整、具体的介绍。内容涉及中外园林简介、园林规划设计的基本理论、园林规划设计的依据与原则、园林布局、园林组成要素及设计、园林规划设计的程序，以及各类园林绿地规划设计。结合我国经济发展水平和人们对提高生活质量的不断追求，重点对各类绿地的规划设计进行全面、深入的探讨和介绍，使本书更贴近实际应用，通俗易懂。

本书为高等学校城市规划、风景园林、观赏园艺等涉及绿地规划设计专业的学生和教师用书，也适合园林、城镇规划等部门的管理和设计人员阅读和参考。

图书在版编目（CIP）数据

园林规划设计/宋会访主编. —3 版. —北京：化学工业出版社，2020.10（2023.1重印）
普通高等教育规划教材
ISBN 978-7-122-37307-6

Ⅰ.①园…　Ⅱ.①宋…　Ⅲ.①园林-规划-高等学校-教材②园林设计-高等学校-教材　Ⅳ.①TU986

中国版本图书馆 CIP 数据核字（2020）第 113869 号

责任编辑：王文峡　　　　　　　　　　装帧设计：韩　飞
责任校对：王鹏飞

出版发行：化学工业出版社（北京市东城区青年湖南街 13 号　邮政编码 100011）
印　　装：三河市延风印装有限公司
787mm×1092mm　1/16　印张 16¾　字数 419 千字　　2023 年 1 月北京第 3 版第 2 次印刷

购书咨询：010-64518888　　　　　　售后服务：010-64518899
网　　址：http://www.cip.com.cn
凡购买本书，如有缺损质量问题，本社销售中心负责调换。

定　　价：49.00 元

前　言

我国明确提出"坚持人与自然和谐共生"的理念,为贯彻落实生态文明建设理念,要牢固树立"人与自然生命共同体"的理念,尊重自然、顺应自然、保护自然,切实做到像保护眼睛一样保护生态环境,像对待生命一样对待生态环境。生态文明建设给城市园林的发展带来了前所未有的发展契机。

本书 2005 年出版后,受到了广泛关注和支持,2011 年通过修订出版了第二版,2012 年荣获中国石油和化学工业优秀教材奖,社会反响良好。随着时代的发展,科学技术不断进步,国家相继出台完善了法律法规和规范,原书有些内容已亟待更新。本次修订对编者阵容做了补充,除原编者外,清华大学博士后出站现任教武汉工程大学讲师胡珊、武汉工程大学特聘教授徐伟、桂林理工大学副教授胡金龙、华中农业大学讲师张群等参与修订工作。修订时根据中华人民共和国行业标准和国家标准规范如《城市绿地分类标准》(CJJ/T 85—2017)、《城市居住区规划设计标准》(GB 50180—2018)等对第八章各类园林绿地规划设计进行了重新编排,新增了社区公园、游乐园、专类公园中的湿地公园、遗址公园、游乐公园等专类绿地的规划设计,增强全书内容的时代性与科学性,期望更好地满足广大同学学习的需求。

全书共八章,分为绪论、中外园林简介、园林规划设计的基本理论、园林规划设计的依据与原则、园林布局、园林组成要素及设计、园林规划设计的程序、各类园林绿地规划设计。

全书的编写分工如下:宋会访任主编,胡珊、徐伟任副主编,其中第一章、第二章、第三章、第六章、第八章由宋会访、胡珊、徐伟编写;第四章、第五章、第七章由杨海林、胡金龙、张群编写。全书由宋会访负责统稿。该书获得武汉工程大学校内科学基金项目 K201850 与武汉工程大学教学研究项目 X2018018 支持。感谢武汉工程大学研究生屠正伟、本科生刘颖、张方健、郭子威等收集资料,感谢陈可欣、朱珍华、隗剑秋等对本书提出的宝贵意见!

限于编者水平,书中不妥之处敬请读者批评指正!

编者

2020 年 3 月

第一版前言

　　本书是根据高等学校园林规划设计课程教学要求进行编写而成,适用于城市规划、风景园林、园林规划等专业。

　　全书共分为八章。介绍了中国园林和外国园林的发展经历、园林特点以及当代园林的发展趋势,园林的美学特征、园林的构图规律、园林的构图手法、园林的立意、布局,园林规划设计的依据和原则,园林规划设计的程序等理论方面的系列知识;着重介绍了园林规划设计的要素和各类绿地设计,对园林规划、设计、施工实践进行具体的分析,极具操作性。

　　本书由卢新海主编,杨祖达副主编。其中第一章、第二章、第三章、第六章、第七章、第八章由卢新海和宋会访编写;第四章、第五章由杨祖达、杨海林、赖欣编写。全书由华中农业大学杨祖达教授主审。

　　本书难免有疏漏和不足之处,请读者指正。

编　者

2005 年 1 月于武汉

第二版前言

"园林规划设计"是一门集工程、艺术、技术于一体的课程，它要求学生既要有科学设计的精神，又要有艺术创新的想象力，还要有精湛的技艺。园林规划设计的目的是为广大民众创造优美、健康、生态的生活环境，与人民的利益息息相关。随着我国综合国力的提升、城市化水平的提高、旅游文化的普及及国内外民众对生态环境的重视，园林景观规划设计行业也在如火如荼地发展。本书第一版自 2005 年出版后，受到了广泛的关注和支持，对此我们表示由衷的感谢。

为了适应时代的发展和科学技术的提升，原书有些内容已与时代脱节，第一版有些陈旧的内容需要更新，学科前沿的知识需要增加。在化学工业出版社的支持和帮助下，本书的编写人员根据国内外园林景观发展中取得的新成果以及园林景观设计标准方面的新要求和新实践，并且广泛听取了使用过本教材的教师和同学的意见，针对第一版进行了修订和更新，删除了部分落后的内容，增加了城市广场规划设计和城市滨水区规划设计两部分，更新了部分内容，并且重新调整了书的结构，力求更好地满足广大同学学习的需求。

全书分为八章。分别为绪论、中外园林简介、园林规划设计的基本理论、园林规划设计的依据与原则、园林布局、园林组成要素及设计、园林规划设计的程序、各类园林绿地的规划设计。

全书的编写工作任务分配如下：宋会访任主编，卢新海、杨祖达任副主编。其中第一～三章、第六～八章由宋会访和卢新海编写；第四章、第五章由杨祖达、杨海林、赖欣编写。全书由卢新海教授负责审稿。同时感谢武汉工程大学城市规划教学团队李杰、隗剑秋、胡开明、杨华、张薇、田昌贵、杨珺、刘湘辉、肖云等对本书提出的宝贵意见！

限于水平，书中不妥之处请读者批评指正。

编　者
2011 年 5 月于武汉

目 录

第一章 绪 论

园林是人类社会发展到一定阶段的产物。我国是世界园林三大系统发源地之一，有悠久的历史，灿烂的文化，精湛的技艺，享誉中外，世人称"世界园林之母"。

一、园林的定义与范畴

园林是一个动态的概念，随着社会历史和人类认识的发展而变化。不同的历史发展阶段有不同的内容和适用范围，不同国家和地区对园林的界定也不完全一样。园林在中国古代根据不同的性质也分别称作园、囿、苑、园亭、庭院、园池、山池、池馆、别业、山庄等，英、美各国则称之为 garden、park、landscape 等。它们的性质、规模虽不完全一样，但都具有一个共同的特点，即在一定的地段范围内，利用并改造天然山水地貌或者人为地开辟山水地貌，结合植物的栽培和建筑的布置，从而构成一个供人们观赏、游憩、居住的环境。

关于园林的定义，很多园林界老前辈、专家及各种书刊都有精辟的论述和详细的分析。

陈从周教授在《说园》中（1984 年版，同济大学出版社）对"园林"的解释是："中国园林是由建筑、山水、花木等组合而成的一个综合艺术品，富有诗情画意。叠山理水要造成虽由人作，宛自天开的境界。"这个定义简洁而抽象，概括出园林是综合艺术品，勾勒出园林的精髓。

孙筱祥教授在《园林艺术及园林设计》（北京林业大学城市园林系 1986 年版）绪论第 2 页中对园林的定义是："园林是由地形地貌与水体、建筑构筑物和道路、植物和动物等素材，根据功能要求、经济技术条件和艺术布局等方面综合组成的统一体。"这个定义较详细全面地提出了园林的构成与素材，也勾画出园林的精髓与特征。

杨鸿勋教授在《中国古典园林结构原理》一文中对园林的定义是："在一个地段范围内，按照富有诗意的主题思想精雕细刻地塑造地表（包括堆土山、叠石、理水的竖向设计），配置花木，经营建筑，点缀驯兽、鱼、鸟、昆虫之类，从而创造出一个理想的自然趣味的境界。"这个定义也明确地说明传统园林艺术的要义（1980 年《文物》第 11 期）。

张家骥教授在《中国造园论》（1991 年版，第 28 页）对园林的定义是："园林，是以自然山水为主题思想，以花木、水石、建筑等为物质表现手段，在有限的空间里，创造出视觉无尽的，具有高度自然精神境界的环境。"这个定义从"园"的有限空间概念、园林创作的主题思想和创作特点（手段与方法）、创作成果的特殊性来论述园林的定义与精髓。

《中国大百科全书》（1988 年）中《建筑·园林·城规》对园林的定义："在一定的地域运用工程技术和艺术手段，通过改造地形（或进一步筑山、叠石、理水）、种植树木花草，营造建筑和布置园路等途径创作而成的美的自然环境和游憩境域。园林包括庭园、宅园、小游园、花园、公园、植物园、动物园等，随着园林学科的发展，还包括森林公园、风景名胜区、自然保护区或国家公园的游览区以及休养胜地"。这一释义更为全面和详细。随着时代发展、经济全球化、社会现代化、环境生态化及生活低碳化园林学科将向社会的广度与深度渗透，现代园林的文化内涵与构成景观又会有新的发展。

二、园林规划设计的含义

园林规划设计包含园林绿地规划和园林绿地设计两个含义。

园林绿地规划从宏观上讲，是指对未来园林绿地发展方向的设想安排。主要任务是按照国民经济发展需要，提出园林绿地发展的战略目标、发展规模、速度和投资等。这种规划是由各级园林行政管理部门制定的。由于这种规划是若干年以后园林绿地发展的设想，因此制订出长期规划、中期规划和近期规划，用以指导园林绿地的建设。这种规划也叫发展规划。另一种是指对某一个园林绿地（包括已建和拟建的园林绿地）所占用的土地进行安排和对园林要素即山水、植物、建筑等进行合理的布局与组合。如一个城市的园林绿地规划，结合城市的总体规划，确定出园林绿地的比例、分布等。要建一座公园，也要进行规划，如需要划分哪些景区，各布置在什么地方，需要多大面积以及投资和完成的时间等。这种规划是从时间、空间方面对园林绿地进行安排，使之符合生态、社会和经济的要求，同时又能保证园林各要素之间取得有机联系，以满足园林艺术要求。这种规划是由园林规划设计部门完成的。

通过规划虽然在时空关系上对园林绿地建设进行了安排，但是这种安排还不能给人们提供一个优美的园林环境。为此要求进一步对园林绿地进行设计。所以园林绿地设计就是为了满足一定目的和用途，在规划的原则下，围绕园林地形，利用植物、山水、建筑等园林要素创造出具有独立风格，有生机，有力度，有内涵的园林环境，或者说设计就是对园林空间进行组合，创造出一种新的园林环境。这个环境是一幅立体画面，是无声的诗，它可以使游人愉快、欢乐并能产生联想。园林绿地设计的内容包括地形设计、建筑设计、园路设计、种植设计及园林小品等方面的设计。

园林规划设计的最终成果是园林规划设计图和说明书。但是它不同于林业规划设计，因为园林规划设计不仅要考虑经济、技术和生态问题，还要在艺术上考虑"美"的问题，要把自然美融于生态美之中。同时还要借助建筑美、绘画美、文学美和人文美来增强自身的表现能力。园林绿地规划设计也不同于工程上单纯绘制平面图和立面图，更不同于绘画，因为园林绿地规划设计是以室外空间为主，是以园林地形、建筑、山水、植物为材料的一种空间艺术创作。

三、园林规划设计的性质和任务

园林规划设计是以园林艺术原理为基础的一门综合性学科，它与城乡规划、园林植物、园林工程、测量学、园林制图学等课程有直接联系，与艺术、历史、文学有密切联系。本课程具有知识面广、实践性强的特点，是一门集工程、艺术、技术于一体的课程，既要求有科学设计的精神，又要有艺术创新的想象力，还要有精湛的技艺。

园林规划设计的任务就是要运用地貌、植物、道路、建筑等园林物质要素，以一定的自然、经济、工程技术和艺术规律为指导，充分发挥综合功能，因地制宜地规划和设计各类园林绿地。包括各类公园、道路绿化、工厂区绿化、居民区绿化、专类园林规划等。

园林规划设计的对象具体是指国家自然保护区、国家风景名胜区保护规划设计；城镇中各风景区、公园、植物园、动物园、游园等各个公共绿地的规划设计；公路、铁路、河滨、城市道路以及工厂、机关、学校、部队等一切单位的绿地的规划设计。对于新建城镇、新建单位的园林绿地规划，要结合总体规划进行，对于改造的城镇和原来单位的绿化规划，要结合城镇改造统一进行。

四、园林规划设计的发展前景

中国园林博大精深，曾在世界园林艺术史上留下了辉煌的功绩，对西方园林的发展起了巨大的推动作用。北方的皇家园林与南方的私家园林给中国增添了无限魅力。北京颐和园、北海公园，以及苏州拙政园、留园等一大批优秀的古典园林，被纳入世界文化遗产之列。

在现代，改革开放给中国的风景园林发展带来蓬勃生机，当前正是风景园林快速发展的时期。首先，中国经济在改革开放以来的四十多年持续、快速、稳定增长给园林事业奠定了经济基础。初步核算，2019 全年国内生产总值 990865 亿元，比 2018 年增长 6.1%，人均国内生产总值 70892 元。随着人民对生活内容、生活质量、生活环境有了更高的要求，居住区绿化、私人庭院造园也将日益增多，园林产业市场范围将大大拓展。

其次，城市化进程持续推进以及旧城更新改造是园林产业快速发展的加速器。城市化进程的加快使绿地需求量增加。2019 年全国常住城镇人口 84843 万人，常住人口城镇化率60.60%。2017 城市建成区绿化覆盖率 40.91%，建成区绿地率 37.11%，人均公园绿地面积 14.01m²，已超过城乡规划人均公共绿地面积 10m² 的定额指标规定，但与世界其他先进国家相比还有一定的差距，因而中国的园林绿化面积还需要进一步增大。另一方面，我国经济处于转型发展期，为了增强城市功能提高人居环境，我国各地纷纷将旧城改造提上议程，在旧城改造过程中城市绿化迎来了发展机遇。

再次，旅游和休闲度假业推动园林发展。随着我国国民经济的增长、人们生活水平的提高以及生活工作压力的增强，居民对旅游业和休闲度假业的需求也日益增长，很多城市都在深入挖掘自身的旅游资源，兴建风景名胜区，创建旅游城市；新农村建设给现代都市市民提供了一个休闲度假的好地方，也推动了我国园林产业的发展。再就是随着全国各种各样"会节"的增加，如 2008 年在北京举行的奥运会，2010 年在上海举行的世博会，2010 年在广州举办的亚运会，2019 年在武汉举行的军运会，2022 年将在张家口举行的冬奥会等，对所在城市的园林景观及生态环境起了巨大的推动作用，无疑这样的盛会在今后还会更多，这对园林行业同样是一个契机。

最后，环境保护意识不断提高。环境保护意识不断提高为园林产业发展奠定了思想基础。第六次全球环境展望报告警告全球环境整体状况继续恶化，空气污染每年造成约 600 万～700 万人过早死亡，沿海地区生活垃圾管理不善，每年有 800 万吨塑料流入海洋，变暖的海水正在导致世界各地热带珊瑚礁的大规模死亡等，世界环境污染越来越严重，生态环境已经成为世界城市居民关心的焦点。2017 年"必须树立和践行绿水青山就是金山银山的理念"被写进党的十九大报告，绿水青山就是金山银山已经成为我国发展理念，这将有力推动我国经济发展与生态环境保护有机统一的绿色发展，开创社会生态文明新时代。

2011 年 3 月 8 日，"风景园林学"被正式批准为一级学科，这对风景园林学科及其行业规范与发展有极其深远的意义，是风景园林学科的一个里程碑。我国有博大精深的园林艺术理论，只要继承中国造园艺术的优良传统，学习借鉴外国造园艺术的精髓，结合时代特点就可以创造出具有中国现代特色的优秀园林。目前我国园林的科技水平和专业人员数量同世界先进国家水平相比还有些差距，今后应加强风景园林的科学研究，加快人才培养，推行注册风景园林师制度，扩大风景园林的市场化，使我国的风景园林更快更好的发展。

思考题

1. 名词解释
（1）园林；（2）园林绿地规划；（3）园林绿地设计
2. 园林规划设计的任务是什么？
3. 简述园林规划设计的发展前景。

第二章　中外园林简介

第一节　中国园林史简介

中国是世界四大文明古国之一，几千年的历史和中华大地的地理、气候、风土、文化孕育出"中国园林"这样一个历史悠久、源远流长、博大精深的园林体系，并以其鲜明的特色和高度的艺术水平在世界上独树一帜，素有"世界园林之母"的盛誉。

一、中国古典园林的起源与历史演变

中国古典园林历史悠久，大约从公元前 11 世纪到 19 世纪末，在 3000 余年漫长的、不间断的发展过程中形成了世界上独树一帜的风景式园林体系——中国园林体系。

中国古典园林得以持续演进完善的契机得益于中国特殊的政治、经济、意识形态三者之间的平衡、再平衡和自我调整。可以把中国古典园林的全部发展历史分为生成期、转折期、全盛期、成熟时期和成熟后期。

（一）生成期

生成期即中国古典园林从萌芽、产生而逐渐成长的时期。这段时期的园林发展尚处在比较幼稚的阶段，但却经历了 1200 多年的漫长岁月，相当于殷、周、秦、汉 4 个朝代。

1. 殷周朴素的囿

园林是一门渗透诸多学科的综合性工程技术和艺术。原始社会由于社会条件的限制和人们意识形态的低下，人们过的是"焚林而畋，竭泽而渔""不耕不稼"的渔猎生活，在这一时期，园林的产生显然是不可能的。

奴隶社会，社会经济日益发展，有了剩余物质，产生了阶级和国家。由于奴隶主财富的不断增加，这就刺激了他们对奢侈享乐生活的追求，当时又有较高的土木工程技术和可供驱使的劳动力，奴隶主阶层为满足享受的需要而开始营造以游憩为目的的园林。

园林的最初形式"囿"是在我国殷商时期（公元前 17～公元前 11 世纪）产生的。出土的甲骨文中就有"园""圃""囿"等象形文字。从各字解释中，可以看出"囿"具有园林的内涵。

周灭殷后不仅分封宗室，并建立营国制度，奠定了中国古代都城以"前朝后寝，左庙右社"为主体的规划体系的基础。并制定了宫室建造的等级制度，同时开始了皇家园林的兴建。在公元前 11 世纪周文王在灵囿里造了灵台，挖了灵池以观天象，也便于远眺及宴游玩乐，其中体现了人为艺术加工与自然风景的结合。一般认为中国古典园林的雏形产生于囿与

台的结合，时间是公元前 11 世纪，也就是奴隶主社会后期的殷末周初。

这一时期人们由于受到儒家"君子比德"的影响，对于自然风景园林还没有形成完全自觉的审美意识。中国的园林虽然源于自然，但由于受到"天人合一，君子比德"等思想的影响，只是对大自然进行单纯的模拟缩写，而没能达到高于自然。园林的功能也逐渐由敬神而向游乐方向转变，虽然仍保留有通神明的目的，但观赏的功能已扩大。

史料说明，我国的园林营建，始于经济较为发达的殷商时期，园林的最初形式为"囿"，就是将一定的地域加以范围，让天然的草木、鸟兽繁殖，还可挖池筑台，成为供贵族狩猎、游憩之用地。它的形成与发展距今已有 3000 多年的历史了。

2. 秦汉建筑宫苑和一池三山

秦汉时期（公元前 221 年～公元 220 年）政体演变为中央集权的郡县制，确立皇权为首的官僚机构的统治，儒学逐渐获得正统地位。以地主小农经济为基础的封建大帝国形成，相应地，皇家的宫廷园林规模宏大、气魄宏伟，成为这个时期造园活动的主流。从《史记》《汉书》《三辅黄图》《西京杂记》等史籍中可以看到，秦汉时期园林的形式在囿的基础上发展成为在广大地域布置宫室组群的"建筑宫苑"。它的特点之一是面积大，周围数百里，保留囿的狩猎游乐的内容；二是有了散布在广大自然环境中的建筑组群。苑中有宫，宫中有苑，离宫别馆相望，周阁复道相连，如秦代时的阿房宫，汉代的建章宫和未央宫等。作为统一天下的象征，秦汉宫苑的规模十分巨大，园林建筑风格各异，其景观包罗万象。但建筑作为一个造园要素与其他造园要素（山、水、植物）关系并不十分密切，特别是秦代咸阳宫苑中，过分夸大建筑的作用，而其他造园要素处于从属的地位。但这一时期宫苑的巨大规模和新的建筑风格等形式为以后皇家园林的发展奠定了基础。

汉武帝刘彻在秦代上林苑的基础上大兴土木，地跨五县，占地面积不同文献记载不一。方三百里、三百四十里、周墙四百余里、周袤三百里。周围用墙垣围绕，苑内有离宫别馆 70 余所，保持着商周以来射猎游乐的传统。然而建成后的上林苑已不限于射猎之乐，还有多种多样的宫室建筑和声色犬马等游乐活动。建章宫是上林苑中最大的宫城，北部为太液池，池中置三个岛屿，以象征蓬莱、方丈、瀛洲三座神山。从此，中国皇家园林中这种"一池三山"的形式，一直持续到清代。

3. 西汉山水建筑园

西汉初年，朝廷崇尚节俭，私人营园的并不多见。武帝之后，贵族、官僚、地主、商人广治田产，拥有大量奴婢，过着奢侈的生活，贵族、富豪的私家园林也油然而生，其中尤以建置在城市及近郊的居多，如武帝时的宰相田蚡、大官僚灌夫、霍光、董贤、贵戚王氏五侯、茂陵富人袁广汉的第宅园池，多仿效皇家宫苑，都是规模宏大、楼观壮丽的。从《汉书·田蚡传》《西京杂记》等古书记载中可以得知当时私家园林规模都比较大，水池面积辽阔，有的可以行船，且已用人工构筑石山，假山绵延数里、体量巨大。园内多豢养奇禽怪兽，种植大量树木花草，还有大量建筑组群徘徊连属，景色大体还是比较粗放的，这种园林形式一直延续到东汉末期。

总之，中国古典园林是从殷商时期朴素的园林雏形"囿"开始的，发展到春秋战国时期的宫室建筑；到六国统一的秦代，建筑宫苑发展处于高潮；至汉武帝时，已到了建筑宫苑发展的成熟阶段，并对以后的园林营造产生了很大影响。

（二）转折期

魏、晋、南北朝时期（公元 220 年～公元 589 年）是历史上的一个大动乱时期，也是思想、文化、艺术上有重大变化的时代。这一时期小农经济受到豪族庄园经济的冲击，北方落后的少数民族南下入侵，帝国处于分裂状态。而在意识形态方面则突破了儒学的正统地位，儒、道、佛、玄诸家争鸣，彼此阐发。思想的解放促进了艺术领域的开拓，也给予园林发展以深远的影响。豪门士族在一定程度上削弱了以皇权为首的官僚机构的统治，造园活动普及于民间且升华到艺术创作的境界。佛教和道教的流行，使得寺观园林也开始兴盛起来。这些变化促成造园活动从生成到全盛的转折，初步确立了园林美学思想，奠定了中国风景式园林大发展的基础。

1. 私家园林

魏、晋、南北朝时期，由于连年的战乱，社会动荡不安。同时佛教传入中原，统治者利用佛教思想麻醉人民的反抗，促使佛教兴盛，影响文人的三种主要思想——儒、道、佛也开始趋于合流形成玄学。玄学重清淡。玄学家们逃避现实，好谈老庄或注解《老子》《庄子》《周易》等书以抒己志。士大夫中出现相当数量的名士，这些名士多是玄学家。许多名士以厌世疾俗，玩世不恭的态度来反抗礼教的约束，寻求个性的解放，一方面表现为饮酒、服食、狂狷的具体行为，另一方面表现为寄情山水、崇尚隐逸的思想作风，把自己的审美对象转向了自然，清静幽远的自然美与文人士大夫的闲适平淡的田园之情相融合，从而使自然美成为艺术表现的重要内容。

由于佛教盛行，与之而来的写实主义的绘画和雕塑艺术，使中国美术发生了巨大变化，加之当时社会动乱，许多文人画士逃避现实，沉醉于大自然，使文学、绘画的方向转向自然，开始产生了以描写自然山水为内容的独立画风。这一时期，画家辈出，绘画理论陆续出现。顾恺之、宗炳等对推动山水画的发展起了重要作用。山水画的理论和表现技巧对园林艺术创作的布局、构图、手法均起到一定的作用，园林出现了山水园的风格。

魏晋南北朝的私家园林，有建置在城市的私园，比较著名的如梁元帝萧绎的湘东苑；有建在郊外风景地带的别墅园，比较著名的如西晋石崇的金谷园。石崇，晋武帝时任荆州刺史，此人财产丰积，室宇宏丽，生活十分奢华。晚年在洛阳城西北郊金谷涧畔建金谷园，或高或下，有清泉茂林，众果、竹、柏、药草之属，莫不毕备。又有水碓、鱼池、土窟，其为娱目欢心之物备矣。

2. 皇家园林

三国、两晋、十六国、南北朝相继建立的大小政权都在各自的首都进行宫苑建置。有关皇家园林的记载较多：北方为邺城、洛阳，南方为建康。此时期的皇家园林在沿袭传统的基础上，又有了新的发展：园林造景从单纯的写实转变为写实与写意的结合，筑山理水的技艺达到一定的水准，变宫室建筑为以山水作主题的园林营造，并开始受到民间私家园林的影响，透露出清纯之美等。

三国时，曹操在邺城修筑御苑"铜雀园"，又名"铜爵园"，毗邻于宫城之西，相传为曹操打算"铜雀春深锁二乔"的地方。在园的西北隅垒筑三个高台：铜雀、金虎、冰井三台，宛若三峰秀峙。长明沟之水由铜雀台与金虎台之间引入园内，开凿水池为水景亦兼作养鱼。除宫殿建筑外，还有储藏军械的武库，储藏冰、炭、粮食的冰井台，是一座兼有军事坞堡功能的皇家园林。

东晋至南朝末，以建康（今南京）为都城，宫苑以华林园最为著名，此园与洛阳的华林园同名，以建筑为主，正殿名"华光"，亦有景阳山、台。华林园始建于吴，历经东晋、南北朝、齐、梁、陈历代的不断经营，是南方的一座重要的、与南朝历史相始终的皇家园林。

早在东吴，即已引玄武湖之水入华林园，东晋在此基础上开凿天渊池，堆筑景阳山，修建景阳楼。到刘宋时大加扩建，保留景阳山、天渊池、流杯渠等山水地貌并整理水系。利用玄武湖的水位高差"作大窦，通入华林园天渊池"。然后再流入台城南部的宫城之中，绕经太极殿及其他诸殿，由东西掖门之下注入宫城的南护城河。梁代是华林园的鼎盛时期，武帝礼贤下士，笃信佛教，在园内建"重云殿"作为皇帝讲经、舍身、举行无遮大会之处。另在景阳山上建"通天观"，以观天象，这是天文观测所，此外还有观测日影的日观台，当时的天文学家何承天、祖冲之都曾在园内工作过。侯景叛乱，尽毁华林园，陈代又予以重建。至德二年陈后主在光昭殿前为宠妃修建著名的临春、结绮、望仙三阁，阁高数丈，并数十间，三阁之间以复道连系。

南朝诸代在建康（今南京）建有许多园林，其中尤以玄武湖为最。其湖面宽阔，波涛汹涌，又在湖上立三神山，湖周环山临城，湖光山色，好一派天然风光。梁元帝萧绎造湘东苑，其山水主题更为突出。穿掘沼池，掇山叠石，亭榭楼阁，又植以花木，且妙用借景，这已成为后代山水园的蓝本。

3. 佛寺丛林和游览胜地

魏晋以来，随着佛教传入中原，这一时期逐渐流行佛教思想与浮屠的建造，从而使寺庙丛林这种园林形式应运而生。佛寺建筑多用宫殿形式，宏伟壮丽，并附有庭园。这些寺庙不仅是信徒朝拜进香的圣地，而且逐渐成为风景游览胜地。不少贵族官僚舍宅为寺，使原有宅园成为寺庙的园林。尤其是到了南北朝时期，城市中的佛寺，莫不附设有林阴苍翠、花卉馥郁，甚或有幽池假山景色的庭园。在郊野的寺院，更是选占山奇水秀的名山胜境，结合自然风景而营造。故有"天下名山僧占多"之谚语。南朝的建康是当时佛寺集中之地，唐朝诗人杜牧有诗云："千里莺啼绿映红，水村山郭酒旗风。南朝四百八十寺，多少楼台烟雨中。"此外，一些风景优美的胜地，逐渐有了山居、别业、庄园和聚徒讲学的精舍。这样，自然风景中就渗入了人文景观，逐步发展成为今天具有中国特色的风景名胜。

从上可以看出，这个时期的园林在类型、形式和内容上都有了转变：园林类型日益丰富，出现了皇家园林、私家园林、寺观园林和风景名胜区等；园林形式由粗略地模仿真山真水转到用写实手法再现山水，即自然山水园；园林植物，由欣赏奇花异木转到种草栽树，追求野致；园林建筑，不再徘徊连属，而是结合山水，列于上下，点缀成景。

（三）全盛期

中国园林的全盛期，出现在隋、唐时期（公元581年～公元907年）。帝国复归统一，豪族势力和庄园经济受到抑制，中央集权的封建官僚机构更为健全、完善，在前一时期诸家争鸣的基础上，形成儒、道、释互补共尊，儒家仍居正统地位的格局。唐王朝的建立，开创了中国历史上一个意气风发、勇于开拓、充满活力的全盛时代。从这个时代可以看到中国传统文化曾经有过的宏放风度和旺盛生命力。隋唐园林在魏晋南北朝时期所奠定的风景式园林艺术的基础上，随着当时经济和文化的进一步发展而达到全盛时期。作为一个园林体系，它所具有的风格特征已经基本形成。这一时期城市建设也得到了极大的发展，如隋代的大兴城，虽继承了周制，即宫城居中，前朝后市，左庙右社的传统，又沿用了曹魏邺城改进的方案，同时又有所创新，采取宫城、皇城、大城三重环套的配置形式，整齐严整。

1. 隋代山水建筑宫苑

隋炀帝杨广继位后，在东京洛阳大力营建宫殿苑囿。别苑中以西苑最著名，其风格明显受到南北朝时期自然山水园的影响，采取了以湖、渠水系为主体，将宫苑建筑融于山水之中。这是中国园林从建筑宫苑演变到山水建筑宫苑的转折点。

2. 唐代宫苑和游乐地

唐朝国力强盛，长安城宫苑壮丽。大明宫北有太液池，池中蓬莱山独踞，池周建回廊400多间。兴庆宫以龙池为中心，围有多组院落。大内三苑以西苑最为优美，苑中有假山、湖池，渠流连环。华清宫位于陕西临潼县，离西安东约30km的骊山之麓，以骊山脚下涌出的温泉得天独厚和以杨贵妃赐浴华清池的艳事而闻名于世。华清宫最大的特点是体现我国早期自然山水园的艺术特色，随地势高下曲折而筑，这里风光秀丽，绿阴丛中隐现着亭台轩榭楼阁，登上望京楼，可远眺近赏。华清宫本身是一宫城，占地2000m²，其形方整，由宫殿亭阁、回廊组成，内有著名的贵妃池和长生殿。相传唐玄宗与杨贵妃于某年乞巧节曾在长生殿内山盟海誓愿生生世世为夫妇，这就是白居易《长恨歌》中所提到的"在天愿作比翼鸟，在地愿为连理枝"的故事。除华清宫、长生殿外，这里还有朝元阁、集灵台、宜春亭、斗鸡殿等景，组成了一个规模较大的宫苑，供唐玄宗、杨贵妃等宫室权贵们享乐悠游。

长安城东南隅有芙蓉园、曲江池，定时向公众开放，实为古代一种公共游乐地。唐代的离宫别苑，比较著名的有麟游县天台山的九成宫，是避暑的夏宫；临潼县骊山北麓的华清宫，是避寒的冬宫。

3. 唐代自然园林式别业山居

盛唐时期，中国山水画已有很大发展，出现了寄兴写情的画风，园林艺术开始有意识地融合诗情、画意，出现了体现山水之情的创作。

盛唐诗人、画家王维在蓝田县天然胜区，利用自然景物，略施建筑点缀，经营了"辋川别业"，形成了既富有自然之趣，又有诗情画意的自然园林。

中唐诗人白居易游庐山，见香炉峰下云山泉石胜绝，故置草堂，建筑朴素，不施朱漆粉刷。草堂旁，春有绣花谷（映山红）、夏有石门云、秋有虎溪月、冬有炉峰雪，四时佳景，收之不尽。唐代文学家柳宗元在柳州城南门外沿江处，发现一块弃地，斩除荆丛，种植竹、松、杉、桂等树，临江配置亭堂。这些园林创作反映了唐代自然式别业山居，都是在充分认识自然美的基础上，运用艺术和技术手段来造景、借景而构成优美园林境域的。

这些园林突出的特征是以画设景，以景入画，相互融会贯通，使得山水诗、山水画、山水园林互相融合。

4. 唐宋写意山水园

从中晚唐到宋，士大夫们要求深居市井也能闹处寻幽，于是在宅旁葺园地，在近郊置别业，蔚为风气。唐长安、洛阳和宋开封都建有第宅园池，宋代洛阳的第宅园池，风格多袭隋唐之旧。从《洛阳名园记》一书中可知唐宋大都是在面积不大的宅旁地里，因高就低，掇山理水，表现山壑溪池之胜，点景起亭，览胜筑台，茂林蔽天，繁花覆地，小桥流水，曲径通幽，巧得自然之趣。这些名园各具特色，均系造园者根据对山水的艺术认识和生活需求，因地制宜地表现山水真情和诗情画意的园，称之为写意山水园。

总之，隋唐园林在魏晋南北朝风景式园林的基础上，随着经济和文化的进一步发展而臻于全盛，皇家园林不仅规模宏大，且总体布局和局部设计更加完善，出现了像大明宫、华清宫这样具有划时代意义的作品。唐代把诗、画情趣赋予园林山水景物之中，因画成景，以诗入园，意境的塑造已处于朦胧状态，形成了文人写意山水园。隋唐园林不仅发扬了秦汉的大气磅礴，又在精致的艺术经营上取得了辉煌的成就，这个全盛的局面继续发展到宋代。

（四）成熟时期和成熟后期

成熟时期在两宋到清初。继隋唐盛世之后，中国封建社会发育定型，农村的地主小农经济稳步成长，城市的商业经济空前繁荣，市民文化的兴起为传统的封建文化注入了新鲜血液。封建文化的发展虽已失去汉、唐的宏放风度，但却转化为在日愈缩小的精致境界中实现着从总体到细节的自我完善。相应地，园林的发展亦由盛年期而升华为富于创造进取精神的完全成熟的境地。

成熟后期在清中叶到清末。清代乾隆王朝是中国封建社会的最后一个繁盛时代，表面的繁盛掩盖着四伏的危机。以后随着西方帝国主义势力入侵，封建社会盛极而衰逐渐趋于解体，封建文化也愈来愈呈现衰颓的迹象。园林的发展，一方面继承前一时期的成熟传统而更趋于精致，表现了中国古典园林的辉煌成就；另一方面则暴露出某些衰颓的倾向，已多少丧失前一时期的积极、创新精神。清末民初，封建社会完全解体、历史发生急剧变化、西方文化大量涌入，中国园林的发展亦相应地产生了根本性的变化，结束了它的古典时期，开始进入世界园林发展的第三阶段——现代园林的阶段。

1. 北宋山水宫苑

北宋时建筑技术和绘画都有发展，出版了《营造法式》。政和七年，宋徽宗赵佶始筑万岁山，后更名为艮岳，岗连阜属，西延平夷之岭，有瀑布、溪涧、池沼形成的水系。在这样一个山水兼胜的境域中，树木花草群植成景，亭台楼阁因势布列。这种全景式的表现山水、植物和建筑之胜的园林，就是山水宫苑。

2. 元明清宫苑

元、明、清时期，园林建设取得长足发展，出现了许多著名园林，如三代都建都北京，完成了西苑三海（北海、中海、南海）、圆明园、清漪园（今颐和园）、静宜园（香山）、静明园（玉泉山）及承德避暑山庄等，达到园林建设的高潮期。

（1）圆明园　圆明园的旧址是明戚的遗址，位于畅春园北部，康熙赐给雍正建圆明园。雍正三年，大兴土木，增建殿堂。乾隆时期在雍正旧园的范围内增加新的建筑群组，由原来的"二十八景"增加到"四十景"，新增的景区包括曲院风荷、坐石临流、北远山村、映水兰香、水木明瑟、鸿慈永祜、月地云居、山高水长、澡身浴德、别有洞天、涵虚朗鉴、方壶胜境等。此后又在它的东邻和东南邻另建附园"长春园"和"绮春园"，后人把三园统称圆明园，共占地 350hm^2（见图 2-1）。圆明园是封建帝王的大型行宫御苑，用玉泉山和万泉河的水构成完整的水系，采用了园中有园的布局手法，山环水抱，吸收模仿江南园林的特点，具有中西合璧的建筑群。人们曾将中国的圆明园和法国的凡尔赛宫称为世界园林史上的两大奇观。

圆明三园都是水景园，园林造景大部分是以水面为主题，因水而成趣的。三园都由人工创设的山水地貌作为园林的骨架，但山水的具体布置却又有不同。圆明园依水系构图可分为五区。第一区包括朝政的正大光明殿、勤政亲贤殿、保和太和殿等，称为宫殿区。第二区为后湖区，包括环湖9景（九州清晏、镂月开云、天然图画、碧桐书院、慈云普护、上下天光、杏花春馆、坦坦荡荡、茹古涵今）以及后湖东面的曲院风荷、九孔桥，东面的如意馆、洞天深处，前垂天贶，西面的万方安和、山高水长，西南面的长春仙馆、四宜书屋、三十所、藻园等，其功能是为帝王后妃居住及游乐。第三区的各组建筑群大都有特殊用途，如汇总万春之庙是供十二月花神的庙宇；安佑宫是供奉清圣祖世宗等神位的祖庙，日天琳宇是截断红尘的化外之城等。第四区环绕福海的各景大都是仿江南名胜或名园建造的，如平湖秋月、南屏晚钟等。第五区包括内宫北墙外的长条地区，有天宇空明、清旷楼、关帝庙等，是

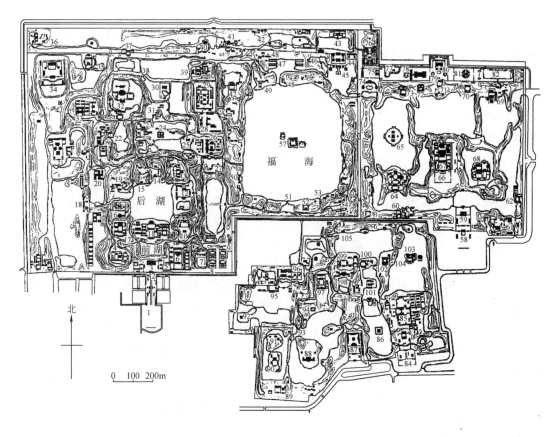

图 2-1　乾嘉时期圆明三园平面图

1—大宫门；2—出入贤良门；3—正大光明；4—长春仙馆；5—勤政亲贤；6—保和太和；7—前垂天贶；8—洞天深处；9—如意馆；10—缕月开云；11—九州清晏；12—天然图画；13—碧桐书院；14—慈云普护；15—上下天光；16—坦坦荡荡；17—茹古涵今；18—山高水长；19—杏花春馆；20—万方安和；21—月地云居；22—武陵春色；23—映水兰香；24—澹泊宁静；25—坐石临流；26—同乐园；27—曲院风荷；28—买卖街；29—舍卫城；30—文渊阁；31—水木明瑟；32—濂溪乐处；33—日天琳宇；34—鸿慈永祜；35—汇芳书院；36—紫碧山房；37—多稼如云；38—柳浪闻莺；39—西峰秀色；40—鱼跃鸢飞；41—北远山村；42—廓然大公；43—天宇空明；44—蕊珠宫；45—方壶胜境；46—三潭印月；47—大船坞；48—双峰插云；49—平湖秋月；50—藻身浴德；51—夹镜鸣琴；52—广育宫；53—南屏晚钟；54—别有洞天；55—接秀山房；56—涵壶鉴鉴；57—蓬岛瑶台（以上为圆明园）；58—长春园大宫门；59—澹怀堂；60—茜园；61—如园；62—鉴园；63—映清斋；64—思永斋；65—海岳开襟；66—含经堂；67—淳化轩；68—玉玲珑馆；69—狮子林；70—转香帆；71—泽兰堂；72—宝相寺；73—法慧寺；74—谐奇趣；75—养雀笼；76—万花阵；77—方外观；78—海晏堂；79—观水法；80—远瀛观；81—线法山；82—方河；83—线法墙（以上为长春园）；84—绮春园大宫门；85—敷春堂；86—鉴碧亭；87—正觉寺；88—澄心堂；89—河神庙；90—畅和堂；91—绿满轩；92—招凉榭；93—别有洞天；94—云绮馆；95—含晖楼；96—延寿寺；97—四宜书屋；98—生冬室；99—春泽园；100—展诗应律；101—庄严法界；102—涵秋馆；103—凤麟洲；104—承露台；105—松风梦月（以上为绮春园）

帝王在宫苑内建的一个用以调换口味的农村式样的区域。

　　长春园总体布局的骨干也是水系，但由于岛屿洲堤的布列，北部形成了几个较大的水面，南部和东南部形成河湾，中央部分是主体建筑所在的大岛，而园址四面边界为陆岸。澹怀堂、茜园和倩园成为河湾之南陆岸部分的三个景区。中心大岛有含经堂、淳化轩、思永斋，另外还有玉玲珑馆和海岳开襟等景点。长春园北部有一组西式宫殿建筑，统称西洋楼。

　　绮春园（万春园）是皇太后居住的地方，也是其他嫔妃的住处，万春园的风格秀丽婉约多姿，无论是水面或是岗阜都曲折有致，浪漫自如。主要建筑有敷春堂、澄心堂、春泽斋、别有洞天、含晖楼等。

圆明三园共有 100 景，其中圆明园 40 景，长春园 30 景，绮春园 30 景。历经 151 年维修增建，成了举世瞩目的万园之园，但在 1860 年被英法联军焚毁。

(2) 颐和园（见图 2-2）　始建于乾隆十五年（1750 年），为庆祝其母 60 寿辰而建，命名为清漪园。18 世纪初，清王朝在北京西郊兴建了好几座规模宏大的皇家园林，最著名的三山五园即畅春园、圆明园、香山静宜园、玉泉山静明园、万寿山清漪园。而清漪园是最后兴建的一座。光绪年间，慈禧太后进行重建，改名为"颐和园"。

颐和园北依万寿山，南临昆明湖，占地 290hm²，其中水面占 3/5，陆地占 2/5。主要分三个区。宫殿区，以仁寿殿为中心，严格中轴对称布置，是清王朝政治活动的主要场所，建筑采用卷棚灰瓦顶，院中置假山，与后山的园林景观相谐调。生活居住区，由玉澜堂、宜芸馆和乐寿堂三座四合院组成，是帝后们居住的地方。风景游览区，即万寿山前山、昆明湖和后山、后湖，这是全园的精华所在。万寿山的前山以佛香阁为构图中心，从临湖的牌坊经排云门、排云殿、佛香阁直达山顶的智慧海，形成明显的中轴线，层层登高，气魄宏伟。轴线两侧有铜亭（宝云阁）、转轮藏、听鹂馆、画中游、景福阁等景。沿湖建长廊，东起邀月门，西至石丈亭，长 728m，共 273 间，将前山各组景点联为一体，漫步廊中，步移景异。昆明湖水面辽阔，湖中有堤有岛，继承了"一池三山"的传统，仿杭州西湖建有西堤六桥，湖中的堤岛划分组织水面空间，增加了层次。前山前湖以金碧辉煌的建筑群和碧波千顷的湖光山色取胜，后山后湖则以幽静深邃的山林野趣见长。乾隆建清漪园时，后湖两岸建成买卖街，也称苏州街。当时，后山山腰也有如赅春园、味闲斋、花承阁、六兼斋等多组建筑，后被焚毁，现以松柏森林及花木取代，有条件时逐渐恢复，园子东北部是园中园——谐趣园，是仿无锡寄畅园建造的。

总之，颐和园是以天然山水结合建筑创造的宏伟景观，在造园上运用借景的手法，远借玉泉山、西山，扩大了园林的范围，运用了对比的手法，前山前湖与后山后湖形成鲜明的对比，同时继承了传统的造园手法，艺术地再现自然山水，颐和园集皇家园林大成，创诗情画意于自然，是中华民族智慧结成的一块珍宝。

(3) 避暑山庄（见图 2-3）　位于河北省承德市，始建于康熙四十二年（公元 1703 年），完成于乾隆五十七年（公元 1792 年），占地 560hm²，是我国现存最大的皇家园林。

避暑山庄具备了山壑林泉的天然形态，有交错的山岭溪谷，有平坦的平原森林，有低凹的湖泊洲岛，还有周围的山峦奇景，经过多年的构筑，或因山构室，或依山傍水而建，由宫殿区、湖区、平原区、山区四部分组成。宫殿区包括正宫、松鹤斋、东宫及万壑松风等，是皇帝居住和处理国事的地方。湖区是山庄风景的精华所在。整个湖区是由洲、岛、桥、堤划分成若干水域的一个大水面。水域分为 8 个湖，最大的是北面的澄湖和西面的如意湖。大小岛屿也是 8 个，最大的如意洲有堤"芝径云堤"连接南岸。湖区南部堤上设闸门，调节东西两半部水量，闸上建有"水心榭"，四面有景可观，金山、烟雨楼、文园狮子林仿江南景色，湖北岸边有"水流云在""莺啭乔木""濠濮间想""莆田丛樾"四亭，湖区理水曲折幽深，层次丰富，巧借晴峦翠岭，天光云影，意境天成。平原区有辽阔的草原风景，东为"万树园"，西为"试马埭"，北为永佑寺，全区古木参天，芳草如茵，依山傍水，景色宜人。山区层峦叠嶂，山巅有"四面云山""锤峰落照""南山积雪"和"北枕双峰"四亭，可凭眺远景，还有"青枫绿屿""玉岑精舍""山近轩""秀起堂"等建筑群，因山构室，更为胜景。避暑山庄园外的外八庙及磬锤峰是山庄的借景，也为山庄大大增色。

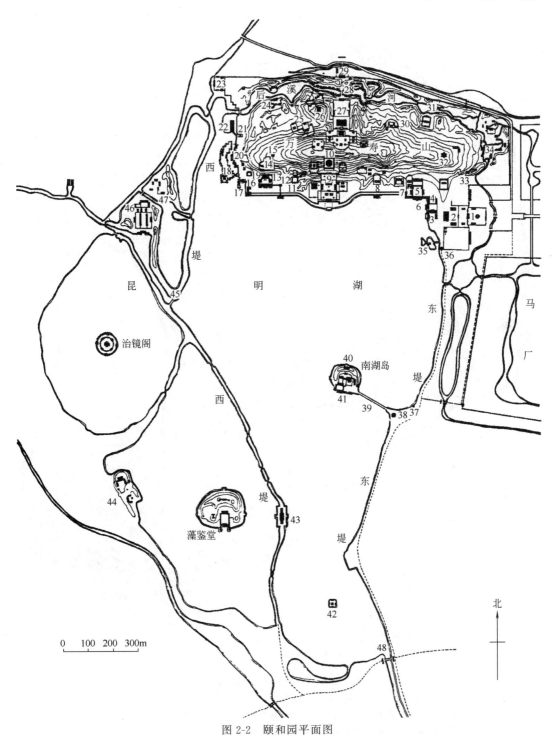

图 2-2 颐和园平面图

1—东宫门；2—勤政殿；3—玉澜堂；4—宜芸馆；5—乐寿堂；6—水木自亲；7—养云轩；8—无尽意轩；9—大报恩延寿寺；10—佛香阁；11—云松巢；12—山色湖光共一楼；13—听鹂馆；14—画中游；15—湖山真意；16—石丈亭；17—石舫；18—小西泠；19—蕴古室；20—西所买卖街；21—贝阙；22—大船坞；23—西北门；24—绮望轩；25—赅春园；26—构虚轩；27—须弥灵境；28—后溪河买卖街；29—北宫门；30—花承阁；31—澹宁堂；32—昙华阁；33—赤城霞起；34—惠山园；35—知春亭；36—文昌阁；37—铜牛；38—廓如亭；39—十七孔长桥；40—望蟾阁；41—鉴远堂；42—凤凰礅；43—景明楼；44—畅观堂；45—玉带桥；46—耕织图；47—蚕神庙；48—绣绮桥

北

0 100 300m

图 2-3 避暑山庄平面图

1—丽正门；2—正宫；3—松鹤斋；4—德汇门；5—东宫；6—万壑松风；7—芝径云堤；
8—如意洲；9—烟雨楼；10—临芳墅；11—水流云在；12—濠濮间想；13—莺啭乔木；
14—莆田丛樾；15—苹香沜；16—香远益清；17—金山亭；18—花神庙；19—月色江
声；20—清舒山馆；21—戒得堂；22—文园狮子林；23—殊源寺；24—远近泉声；25—
千尺雪；26—文津阁；27—蒙古包；28—永佑寺；29—澄观斋；30—北枕双峰；31—青
枫绿屿；32—南山积雪；33—云容水态；34—清溪远流；35—水月庵；36—斗老阁；
37—山近轩；38—广元宫；39—敞晴斋；40—含青斋；41—碧静堂；42—玉岑精舍；
43—宜照斋；44—创得斋；45—秀起堂；46—食蔗居；47—有真意轩；48—碧峰寺；
49—锤峰落照；50—松鹤清越；51—梨花伴月；52—观瀑亭；53—四面云山

康熙时期，山庄有三十六景，到乾隆又增三十六景，共七十二景，景色各异。避暑山庄以体现自然美见胜，"虽由人作，宛自天开"，因势借景构筑轩斋，巧于因借，精在体宜，融北雄南秀于一体，山水配合，相得益彰。

3. 元明清私家园林

明清时期江、浙一带经济繁荣、文化发达，南京、湖州、杭州、扬州、无锡、苏州、岭南等城市，宅园兴筑，盛极一时。这些园林是在唐宋写意山水园的基础上发展起来的，强调主观意兴与心绪表达，重视掇山、叠石、理水等技巧，突出山水之美，注重园林的文学趣味，称为文人山水园。

（1）江南私家园林　江南自宋、元、明、清以来，一直都是经济繁荣，人文荟萃的地区，私家园林建设继承上代势头，普遍兴旺发达。由于江南水乡，气候温暖，植物繁茂，其园林多为地主及文人雅士所建的私家宅园，特点是："妙在小，精在景，贵在变，长在情"。也是我国园林艺术的精华所在。较有名的江南园林分布在苏州（有拙政园、留园等）、扬州（个园、何园等）和上海（豫园等）。下面以苏州拙政园（见图2-4）为例。

拙政园在苏州娄门内之东北街，始建于明初。园主初为封建官僚御史王献臣，他因与权贵不和，弃官还乡建此园，取晋代潘岳《闲居赋》中"灌园鬻蔬，以供朝夕之膳"，是亦拙者之为政也之意，取名"拙政园"。以后随时代变迁，屡易园主。

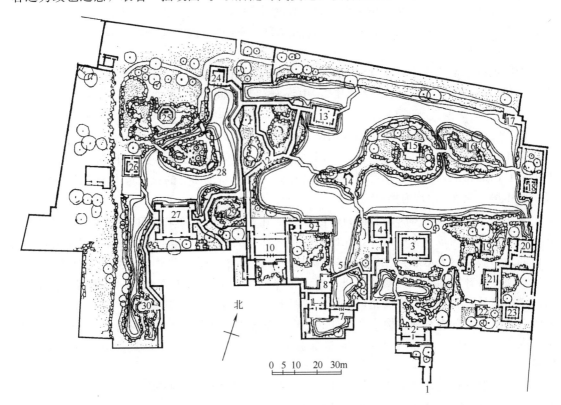

图 2-4　拙政园中部及西部平面图

1—园门；2—腰门；3—远香堂；4—倚玉轩；5—小飞虹；6—松风亭；7—小沧浪；8—得真亭；9—香洲；10—玉兰堂；11—别有洞天；12—柳荫曲路；13—见山楼；14—荷风四面亭；15—雪香云蔚亭；16—北山亭；17—绿漪亭；18—梧竹幽居；19—枇绮亭；20—海棠春坞；21—玲珑馆；22—嘉宝亭；23—听雨轩；24—倒影楼；25—浮翠阁；26—留听阁；27—三十六鸳鸯馆；28—与谁同坐轩；29—宜两亭；30—塔影亭

拙政园全园面积 4.1hm²，是一座大型宅园，分东、西、中三部分。东部原为"归田园居"早已荒废。中园是全园的主体和精华所在，它的主景区以大水池为中心。水面有聚有散，聚处以辽阔见长，散处则以曲折取胜。池的东西两端留有水口、伸出水尾，显示疏水若为无尽之意。池中有东海三岛意境，东山较小，山后建六方形的"待霜亭"，亭边植橘树，待霜降始红，藏而不露。中岛最大，上建"雪香云蔚亭"与"远香堂"隔水互为对景，亭周围植梅花以寓其意，与前者成对比之烘托。西部小岛上有"荷风四面亭"，四面遍植荷花，转向南经小桥达远香堂西北面的"倚玉轩"（南轩）；西过小桥而北可达"见山楼"。待霜亭东行下山过桥向南便到池畔的"梧竹幽居"，亭北植桐、竹故名，亭方形，各面开圆洞门，透过洞门看园中景物，待霜亭、雪香云蔚亭、荷风四面亭、香洲、南轩、远香堂等汇聚眼前，形体大小、位置高低、错落有致、虚实对比、层次分明、开朗明静，情趣倍增。远香堂为园中部的主题建筑物，周围环境开阔。堂面阔三间，安装落地长窗，在堂内可观赏四面之景犹如长幅画卷。远香堂东侧，有黄石假山一座，山顶有"绣绮亭"，山南为"枇杷园"小院，小院云墙上有月洞门，内望环中"嘉宝亭"周围枇杷丛丛；入洞门回望，环中雪香云蔚亭映衬于林木之中。庭院中有"玲珑馆"，馆东南有"听雨轩"为赏雨听声之处。馆东北有小院"海棠春坞"，内植海棠，铺地为卵石海棠花纹。远香堂西南有"小飞虹""小沧浪"一组建筑，由小沧浪凭栏北望，透过小飞虹遥望荷风四面亭，亭后背景为见山楼，中间曲桥紧贴水面，池边垂柳摇曳，水中倒影浮动，空间层次深远。春光月夜，漫步其间，雅静清幽，如处仙境。小飞虹向西尚有"得真亭"，转北则到"香洲"石舫，香洲西去经"玉兰堂"即达西园东南入口。

西园也以水池为中心，主厅在池南为"卅六鸳鸯馆"和"十八曼陀罗馆"，馆东叠石为山，上建"宜两亭"。北部有"倒影楼"，中部有"与谁同坐轩""笠亭""浮翠阁""留听阁"，南为"塔影亭"。西园是迂回曲折，流畅明快的境界。

（2）岭南私家园林　岭南泛指我国南方的五岭以南的地区。清初，岭南的珠江三角洲地区经济比较发达，文化亦相应繁荣，在园林的布局、空间组织、水石运用和花木配置方面逐渐形成自己的特点，终于异军突起而成为与江南、北方鼎足而立的三大地方风格之一。下面以余荫山房（见图 2-5）为例。

余荫山房在广州市郊番禺县南村，园主为邬姓大商人，是粤中的四大名园之一。园门设在东南角，入门经过一个小天井，左面植腊梅一株，右面穿过月洞门以一幅壁塑作为对景。折而北为二门，门上对联："余地三弓红雨足；荫天一角绿云深。"点出"余荫"之意。进入二门，便是园林的西半部。西半部以一个方形水池为中心，池北的正厅"深柳堂"面阔三间。堂前的月台左右各植炮仗花树一株，古藤缠绕，花开时宛如红雨一片。深柳堂隔水与池南的"临池别馆"相对映，构成西半部这个庭院的南北中轴线。水池的东南为一带游廊，当中跨拱形亭桥一座。此桥与园林东半部的主题建筑"玲珑水榭"相对映，构成东西向的中轴线。

东半部面积较大，中央开凿八方形水池，有水渠穿过亭桥，与西半部的方形水池沟通。八方形水池的正中建置八方形的"玲珑水榭"，八面开敞，可以环眺八方之景。沿着园的南墙和东墙叠小型的英石假山，周围种植竹丛，犹如雅致的竹石画卷。园东北角跨水渠建方形小亭"孔雀亭"。贴墙建半亭"南薰亭"。水榭的西北面有平桥连接于游廊，迂曲蜿蜒通达西半部。

余荫山房的总体布局很有特色，两个规整形的水池并列组成水庭，水池的规整几何形及

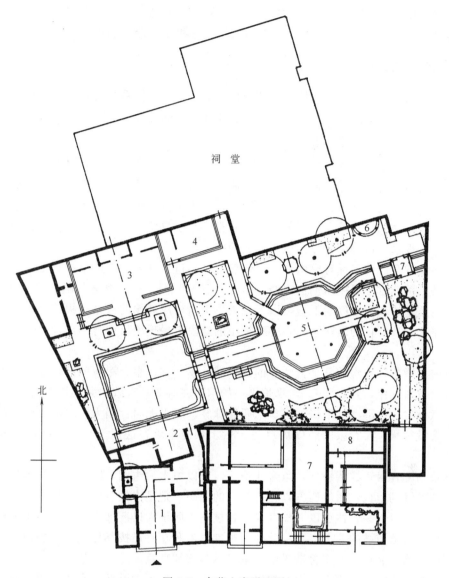

图 2-5　余荫山房平面图

1—园门；2—临池别馆；3—深柳堂；4—榄核厅；5—玲珑水榭；6—南薰亭；7—船厅；8—书房

某些园林小品受到西方园林的影响。园林建筑内外通透，雕饰丰富，尤以木雕、砖雕、灰雕最为精致。园中植物四季常绿，花开似锦。

　　总之，元、明、清是我国园林艺术的集成时期，元、明、清园林继承了传统的造园手法并形成了具有地方风格的园林特色。北方以北京为中心的皇家园林，多与离宫结合，建于郊外，少数建在城内，或在山水的基础上加以改造，或是人工开凿兴建，建筑宏伟浑厚，色彩丰富，豪华富丽。南方苏州、扬州、杭州、南京、岭南等地的私家园林，多与住宅相连，在不大的面积内，追求空间艺术变化，风格素雅精巧，因势随形创造出了"咫尺山林，小中见大"的景观效果。

　　元、明、清时期造园理论也有了重大发展，其中比较系统的造园著作就是明末计成的《园冶》。书中从相地、立基、铺地、掇山、选石、借景等几个方面专门论述造园艺术，并提出以"虽由人作，宛自天开""巧于因借，精在体宜""寓情于景，情景交融"为其造园思想和"相地合宜，造园得体"等主张，为我国造园艺术提供了珍贵的理论基础。

二、中国古典园林的特点

中国古典园林作为一个园林体系，若与世界上其他园林体系相比较，它所具有的个性是鲜明的，而其内部各个类型之间，又有着许多相同相近的共性。

(一) 本于自然、高于自然

中国古典园林是典型的自然山水园，是人工与自然结合的产物。布局上采取不规则的平面，辽阔疏朗与紧凑迂回相结合，构成许多曲折而富有变化的风景，避免一览无余。园内常以假山、树木、房屋、走廊、围墙等阻隔视线，采用曲桥、曲径、曲廊，使人几经转折还未窥见全园之貌，达到步移景异、耐人寻味的感觉。本于自然，高于自然的特点在中国人工山水园的筑山、理水、植物配置方面表现得尤为突出。

南北各地现存的许多优秀叠山作品，一般最高不过八九米，无论摹拟真山的全貌或截取真山的一角，都能以小尺度而创造出峰、峦、岭、岫、洞、谷、悬岩、峭壁等形象的写照。从它们的堆叠章法和构图经营上，可以看到天然山岳构成规律的概括和提炼。园林假山都是真山的抽象化和典型化的缩移摹写，能在很小的地段上展现咫尺山林的局面、幻化千岩万壑的气势。

园林内开凿的各种水体都是自然界的河、湖、溪、涧、泉、瀑等的艺术概括。人工理水务必做到"虽由人作，宛自天开"，哪怕再小的水面亦必曲折有致，并利用山石点缀岸、矶，有的还故意做出一弯港汊、水口，以显示源流脉脉、疏水无尽。稍大一些的水面，则必堆筑岛、堤，架设桥梁。在有限的空间内尽写天然水景的全貌，这就是"一勺则江湖万里"之立意。

园林植物配置尽管姹紫嫣红、争奇斗艳，但都以树木为主调，因为翳然林木最能让人联想到大自然的勃勃生机，而像西方以花卉为主的花园，则是比较少的。栽植树木不讲求成行成列，但亦非随意参差。往往以三株五株、虬枝枯干而予人以蓊郁之感，运用少量树木的艺术概括而表现天然植被的万千气象。此外，观赏树木和花卉还按其形、色、香而"拟人化"，赋予不同的性格和品德，在园林造景中尽量显示其象征寓意。

北京颐和园是一个利用天然山水加以人工改造而成的大型园林。它利用周围环境创造了开阔的空间，以龙王庙岛和西堤将水面分隔成若断若续的几部分，使湖面显得深远而有层叠感；同时还运用传统的借景手法通过西堤西湖和万寿山西部的建筑相结合将西山诸峰和山下的庄田、玉泉山塔等组合到园景中，扩大了颐和园的园景范围。在后湖一区，利用山势高低起伏，湖面宽窄变化，原有松柏古树，布置了曲径拱桥，呈现出一片乡村风光，使游人感到自然之趣。建筑物依山而建，背靠万寿山，南向昆明湖，地势居高，视野开阔，山麓下有750多米长廊环立，远望宛如一条彩带界于山水之间，还有长堤、桥亭、岛屿均随地形布置，顺其自然，达到美妙的境界。

又如苏州拙政园，原地是一片积水弥漫的洼地，当年规划园林时因地制宜，利用洼地积水，稍加竣治，整理成池。沿池环以树木，造成一个以水为主的风景园。园中曲廊顺地势起伏而建，凌水若波，构筑别致。因园地极不规则，园内水池占全园面积五分之三，因此建筑多邻水而筑，错杂环列。

总之，本于自然、高于自然是中国古典园林创作的主旨，目的在于求得一个概括、精练、典型而又不失其自然生态的山水环境。这样的创作又必须合乎自然之理，方能获致天成之趣，否则就不免流于矫揉造作，犹如买椟还珠，徒具抽象的躯壳而失却风景式园林的灵魂了。

（二）小中见大，大中有小，虚中有实，实中有虚

园林空间总是有限的，而园林风景却给人以无限的感觉，苏州园林在这方面表现了高度的技巧。

如苏州留园的建筑空间的处理，采用了空间大小不同以及明暗、开合、高低参差对比，使占地不大的园林感到园内层次丰富。入园经过一段狭窄的曲廊、小院，视觉为之收敛，到达古木交柯一带，空间略有扩大，沿路透过漏窗，隐约可见园中山池亭阁。经过这一小段空间绕至绿阴轩，却感到豁然开朗，山池景物显得格外明亮。这都是运用了"小中见大，大中有小，虚中有实，实中有虚"的对比手法，使有限的空间产生无限的景面，使小面积有大空间之感。

借景是小中见大的空间处理手法。所谓借景，实即园外之景。如陶渊明诗"采菊东篱下，悠然见南山"。南山是借景，也是园外的对景，把园外景物收入园内，增加园中景致，可扩大园内境界。苏州园林如此，皇家的苑囿北京颐和园和承德避暑山庄也莫不如此。

计成在《园冶》借景篇中指出："借"主要指借园外的风光美景、峰峦、岗岭、田野村落、树丛及天际烟云，只要极目所至的远景都可借资。而远借必登高眺望，所谓"欲穷千里目，更上一层楼"就是这个意思。

俯借和仰借只是视角的不同。一般来说，碧空、白云、皓月、明星、飞鸟翔空为仰借。湖光倒影、观鱼游跃却是凭栏静赏的俯借美景。此外，还可因时而借，如春天的花、夏天的荫、秋天的叶、冬天的雪以及留得浅荷听雨声、雨打芭蕉等，均可借得。

（三）曲径通幽，处理手法含蓄

每当进入园门后，面对山石参差、藤萝掩映、长廊曲折的景致，人会感到深邃莫测。园内丰富的层次使人感到"山重水复疑无路，柳暗花明又一村"。

如北京颐和园，进入东宫门，所见不过是像四合院的内景；过仁寿门，看到仁寿殿及后面的假山丛林，才感到有一点园林感。再穿过山间曲径出来，视野豁然开朗；过桥到知春亭，就可以坐观全园风景，湖山楼阁，尽在目中。

苏州拙政园入门后也采用山石为障，看不见什么。越过池水，到远香堂，从这里才看到全园景物。所以中国古典园林总是把主要风景藏而不露，以增加园景的层次。

园林艺术妙在含蓄。苏州留园就包含了许多绝妙的含蓄的艺术手法。它的入口是一条狭窄的走廊，将全园分割成几个小小的庭院，透过走廊上一排排花色各异的漏窗，隐约可见园中部的池、台、亭、榭，使景物不致一览无余，而是若隐若现，使游人可望而不可即。人们穿过"涵碧山房"，步入近水凉台，但见周围山石峻峭，高低错落。远望迂回曲折，仿佛深不见底，步移景迁，变化无穷，使人留恋不已。

（四）空间的流通与对比

我国园林设计主要是山、池、树、石与房屋的空间组合，并使各空间有开有合，相互穿插渗透。走进苏州留园，就感到一个空间接着一个空间，虚虚实实，层层布局。它采取了化整为零、划分景区的手法。空间可分为室内和室外。内部空间是通过门、窗、廊达到互相流通，并以虚实明暗作对比。外部空间则用石、山、树、池进行有限的划分，组织大小不同的空间，并由亭、廊等建筑物穿插组合，相互流通，构成各种不同的环境，使园景丰富多彩。这是园林中创造多风景以及扩大空间感的基本手法之一。

苏州拙政园中的远香堂前面的空间，封闭程度在 1/2 左右。人们走到这里，向四面环顾，可以将自己的视线透过屋宇、假山、树木、桥梁的空隙，看到邻区的景物，西望荷风四面亭，南望枇杷园，层层交叠的风景，有空间似乎延伸不尽之感。

北京颐和园万寿山山前和山后的风景不同，山前开朗，水碧山青，山后幽邃，清流萦纡，各有特色，形成鲜明的对比。苏州拙政园中部，池中的两山与南岸建筑群的对比就不同，一疏一密，一虚一实，都是为观景而设：有爱那山高月明的，便可登山而去；有爱那皓月清波的，就进廊榭中倚栏观月影。不同的空间不同的景，并对比成趣，互相呼应，为各游客所喜好。

（五）诗情画意

古代造园者善于运用文学上的形象思维的艺术魅力来美化园林。园林建筑上常用匾额、对联、碑碣作装饰。园中亭、堂、榭上的匾额、题字、节诗，不仅起装饰作用，而且借景抒情，画龙点睛，为园景增色。

北京颐和园的知春亭，题名来自苏东坡的诗句"春江水暖鸭先知"，加深了此处的意境，引起游客富于诗情画意的联想。

游人获得园林意境的信息，不仅通过视觉器官的感受或者借助于文字信号的感受，而且还通过听觉、嗅觉的感受。诸如十里荷花、丹桂飘香、雨打芭蕉、流水淙淙，乃至风动竹篁有如碎玉倾洒，柳浪松涛之若天籁清音，都能以"味"入景、以"声"入景而引发意境的遐思。

以上所述古典园林之五大特点，是中国园林在世界上独树一帜的主要标志。它们的成长乃至最终形成，固然由于政治、经济、文化等诸多复杂因素的制约，但从根本上来说，又与中国传统的天人合一哲理，以及重整体观照、重直觉感知、重综合推衍的思维方式的主导有着直接的关系。可以说，五大特点本身正是这种哲理和思维方式在园林艺术领域内的具体表现。园林的全部发展历史反映了这五大特点的形成过程，园林的成熟时期也意味着这五大特点的最终形成。

三、中国近代和现代园林

中国近代园林发生的变化是巨大的。园林为公众服务的思想，以及把园林作为一门科学的思想得到了发展。清朝末年出现了首批中国自建的公园。辛亥革命后，北京的皇家园囿和坛庙陆续转变为开放公园，供公众参观。许多城市也陆续兴建公园，如广州的中央公园、重庆中央公园、南京的中山陵等新园林。到抗日战争前夕，在全国已经建有数百座公园。抗日战争爆发直至1949年，各地的园林建设基本上处于停顿状态。

20 世纪 50 年代以来，我国现代园林事业的建设发展很快。一改过去的私园性质以及像清末的上海外滩公园及广州中央公园等，为统治者和富人阶层服务的那种"公共性质"的园林状况，使现代园林真正走上了为广大人民服务的轨道。经过园林工作者多年的艰苦创业，全国各地不仅恢复、整修了1949年前留下的近代公园和一些历史园林，而且还新建了大量的现代城镇园林绿地，如综合性公园、花园、动植物园、儿童公园、街头绿地等，出现了一些新的园林形式，如主题公园、郊野公园、森林公园、国家矿山公园、江滩公园、绿道等。规模之广，形式之多，成效之大，是历代所不及的。据统计，截至 1995 年，全国城市平均绿化覆盖率达到 24.4%，人均公共绿地达到 5.3m²，2018 年，中国城市建成区绿地率增长为 37.25%，人均公园绿地的面积增长为 13.7m²，增幅较大。截至 2017 年底，全国已有 210 个城市达到"园林城市"标准，一个城区达到"园林城区"标准。一些大、中城市，如北京、上海、合肥、西安等地，还建设了公园绿地网，使城市公园在城市的绿地系统布局中有了比较合理均匀的分布，力争市民在半径 500m 范围内就能拥抱绿色。

根据我国现代园林的发展进程，及对大量资料的分析研究，可将现代园林分为下述几个阶段。

1949~1952 年为修复改造阶段。其间，全国各地以恢复旧有公园和改造、开放私园为主，很少营建新园，同时还广辟苗圃，大量育苗，为以后的公园建设做好铺垫。这其间，由北京农业大学园艺系和清华大学营建系合创了我国第一个高等园林教育专业——造园专业。

1953~1957 年为初建阶段，主要结合全国的新城开发和市政卫生工程而新建起大量公园，对原有公园也进行着进一步的充实完善，公园的规划设计，则主要受到苏联的影响，强调功能分区，尤其偏重文体活动区的规划。

1958~1965 年为减缓阶段。由于我国经济建设受到暂时挫折，全国各地公园建设的速度逐步减缓，工作重心转向强调普遍绿化和园林结合生产，出现了把公园经营农场化和林场化的倾向。在公园规划设计上，仍然主要受苏联影响，但也出现了一些把我国传统的自然山水园形式应用于新园林创作中的探索。

1966~1976 年为受挫阶段。由于十年内乱，全国各城市公园建设事业均遭破坏，新建工程趋于停滞。一些城市的主要公园被彻底破坏，大量公园被非法侵占，并中断了对专业人才的培养教育工作。

1977~1984 年为振兴发展阶段。全国各地公园建设重新起步，建设速度加快，质量不断提高，并开始探索民族化与现代化相结合的造园道路。

1985 年以来，随着我国城市经济体制改革的展开和深化，城市建设和城市生活都相应地发生了新的变化，城市公园建设又进入了新的发展阶段。值得一提的是，一些小城镇的园林建设随着经济的发展而开始起步，并取得了一定的成就。近年来生态环境越来越受到重视，全国各地也开始强调生态园林的建设，建设生态园林城市的行动也日益高涨。

国家园林城市评选自 1992 年开始，每两年评选一次，是根据中华人民共和国住房和城乡建设部《国家园林城市标准》评选出的分布均衡、结构合理、功能完善、景观优美，人居生态环境清新舒适、安全宜人的城市。2001 年 2 月，国务院召开全国城市绿化工作会议，国家的号召大大激发了各地开展园林绿化建设的热情，全国大中小城市积极响应，争创"国家园林城市"的热情也越来越高涨。2005 年 3 月，建设部印发了新的《国家园林城市标准》。该文件中园林城市三大基本评审指标与修订前相比均有提高，其中，人均公共绿地面积提高了 1m²，绿地率、绿化覆盖率分别提高了 1%。规定如表 2-1 所列。

表 2-1　绿地率、绿化覆盖率标准

项　目	位　置	100 万人口以上	(50~100)万人口	50 万人口以下
人均公共绿地面积/m²	秦岭淮河以南	7.5	8	9
	秦岭淮河以北	7	7.5	8.5
绿化率/%	秦岭淮河以南	31	33	35
	秦岭淮河以北	29	31	34
绿化覆盖率/%	秦岭淮河以南	36	38	40
	秦岭淮河以北	34	36	38

2010 年住房城乡建设部又修订出台了《国家园林城市申报与评审办法》和《国家园林城市标准》，标准规定城市人均建设用地小于 80m² 的城市人均公园绿地面积≥7.5m²/人，城市人均建设用地 80～100m² 的城市人均公园绿地面积≥8.0m²/人，城市人均建设用地大于 100m² 的城市人均公园绿地面积≥9.0m²/人，对各地的园林建设提出了更高的要求。

2016 年 10 月 28 日，住房和城乡建设部又印发了《国家园林城市标准》建筑绿化的指标，其中包括国家园林城市标准、国家生态园林城市标准、国家园林县城标准以及国家园林城镇标准，如表 2-2。

表 2-2　国家园林城市与国家生态园林城市标准对比

项目	国家园林城市		国家生态园林城市	
城市公众对园林绿化的满意率/%	≥80%		≥90%	
建成区绿地率/%	≥31%		≥35%	
建成区绿化覆盖率/%	≥36%		≥40%	
人均公园绿地面积/%	人均建设用地面积小于 105m² 的城市≥8.00m²/人	人均建设用地面积大于等于 105m² 的城市≥9.00m²/人	人均建设用地面积小于 105m² 的城市≥10.00m²/人	人均建设用地面积大于等于 105m² 的城市≥12.00m²/人

从上表可以看出，国家生态园林城市的指标比国家园林城市指标要求高，不仅如此，较之"园林城市"的评比标准，"生态园林城市"的评估增加了衡量一个地区生态保护、生态建设与恢复水平的综合物种指数，本地植物指数，建成区道路广场用地中透水面积的比重，城市热岛效应程度，公众对城市生态环境的满意度等评估指标。"国家生态园林城市"的申报城市必须是已经获得"国家园林城市"称号的城市，在 2016 年公布首批国家生态园林城市名单中有七个城市上榜：徐州市、苏州市、昆山市、寿光市、珠海市、南宁市、宝鸡市。2017 年常熟市、张家港市、杭州市、许昌市四个城市上榜，2019 年南京市、太仓市、南通市、宿迁市、诸暨市、厦门市、东营市、郑州市八个城市上榜。

中国各地的现代园林在长期的发展中逐步形成了一些独特的地方风格。如广州园林的地方风格主要表现在：植物造景情调热烈，形成四季花海；园林建筑布局自由曲折，造型畅朗轻盈；山水结构注重水景的自然布局；擅长运用塑石工艺和"园中园"形式等。哈尔滨园林的地方风格主要表现在：多采取有轴线的规整形式平面布局；园林建筑受俄罗斯建筑风格的影响，大量运用雕塑和五色草花坛作为园林绿地的点缀；以夏季野游为主的游憩生活的内容和冬季利用冰雕雪塑造景。福州园林吸取中国古典园林和西方现代园林的精华，结合当地文化、风土民情，创造出具有特色的意象园林。新的技术也应用到园林绿化中来，如计算机的应用使园林设计摆脱了以前的笨重的绘图工具，一些应用软件如 AutoCAD、Photoshop、3Dmax、Flash、SketchUp 等使设计的园林作品更加漂亮直观，且具有动画效果。随着信息化时代的来临，数字地球、数字城市是人类社会信息化发展过程中的重要概念和基本目标。CAD 技术可以提供便捷和精确的概念表述方法，但该技术无法为景观规划师提供空间信息采集、分析、处理到管理、储存、更新，以及景观成像上连贯的并且相互兼容的一系列功能。近年来，以 3S（全球定位系统 GPS、遥感 RS、地理信息系统 GIS）技术为代表的空间信息系统集成技术的发展，改变了原来单纯依靠 CAD 系统进行电脑制图的传统设计方法，其所提供的强大的空间信息采集、处理和模拟成像能力为数字地球的实现提供了现实途径，深刻影响景观规划设计的基础手段，为制订科学的规划提供了现代化的技术手段。

总之，改革开放四十几年来，我国园林绿化事业得到蓬勃发展，成果丰盛。中国园林在继承优良传统的同时，努力与世界接轨，吸取外国造园艺术的精华，创造出既具有中国特色又具有现代气息的优秀园林。

第二节　国外园林简介

世界各民族都有自己的造园活动，但由于其历史文化传统的不同，经过漫长的历史发展过程，形成了其独特的艺术风格。学习外国园林艺术，有助于了解外国园林的形成、内容及其产生发展的社会、历史背景和自然条件，掌握园林的基本艺术特征，取其精华，洋为中用。

外国园林就其形成历史的悠久程度、风格特点及对世界园林的影响，具有代表性的有东方的日本园林，15世纪中叶意大利文艺复兴时期后的欧洲园林，包括意大利、法国、英国园林；近代又出现了美国园林。

一、日本庭园

日本气候湿润多雨，山清水秀，为造园提供了良好的客观条件。日本民族崇尚自然，喜好户外活动。中国的造园艺术传入日本后，经过长期实践和创新，形成了日本独特的园林艺术。

（一）日本庭园风格——缩景园

日本庭园特色的形成与日本民族的生活方式与艺术趣味，以及日本的地理环境密切相关。日本多山、多溪流瀑布，特别是瀑布，作为神圣、庄严、雄伟、力量的象征，历来为日本人民所崇敬喜爱。由于日本是岛国，海岸线曲折复杂，有许多优美的港湾，再加上海洋性气候，植物资源丰富，这都影响到造园的题材和风格。

日本庭园在古代受中国文化，尤其是唐宋山水园的影响，后又受日本宗教影响，逐渐发展形成了日本民族所特有的"山水庭"，十分精致细巧。它是模仿自然风景，并缩景于一块不大的园址上，象征一幅自然山水风景画，因此说日本庭园是自然风景的缩景园。

（二）日本庭园形式

1. 筑山庭

筑山庭主要是山和池，规模较大。表现山岭，湖池开阔，还有海岸、河流的景观。特别值得一提的是另外一种筑山庭形式——"枯山水"，它是受禅宗思想影响，以我国北宋山水画为借鉴的写意庭园，到了室町时代（日本园林最盛时期），发展为有日本艺术气质的独立石庭，即所谓"枯山水"，又称涸山水、唐山水。它是用白沙象征水，水中置石，用以模拟大海、岛屿、山峦以及河流、瀑布。这种以纯粹观赏为特点的庭园形式，力求在一个很小的空间内表现出广阔而浩瀚的自然景观，其写意手法与

图 2-6　龙安寺石庭

禅宗僧徒面壁参悟、内省的修炼方式是十分吻合的。日本枯山石庭中最为典型的是京都龙安寺石庭（见图 2-6）。即所谓鉴赏"山水园"，以山为主景，以流自山涧的瀑布为焦点。山分主山、客山，山前有池，池中有中岛，池右为"主人岛"，池左为"客人岛"，以小桥相连。山以土为主，山上植盆景式的乔灌木模拟林地。

2. 平庭

一般布置于平坦园地上，有的堆土山，有的仅于地面聚散一些大小不等的石组，布置一些石灯笼、植物和溪流，象征山野和谷地的自然风貌。岩石象征真山，树木代表森林。

3. 茶庭

只是一小块庭地，单设或与庭园其他部分隔开，一般面积很小，布置在筑山庭或平庭之中，四周有竹篱围起来，有庭门和小径通过，到最主要的建筑即茶汤仪式的茶屋。茶庭中有洗手钵和石灯笼装点。茶庭植物主要是常绿树，极少用花木，庭地和石山上有青苔，表现出自然的意境，创造出深山幽谷的清凉天地，与茶的气氛很协调，使人进入茶庭犹如远离尘世一般。

二、文艺复兴时期意大利台地园

意大利位于欧洲南部以风景著称的阿尔卑斯山南麓，是个半岛国家，由于历史和社会生活条件，意大利的造园继承了古罗马庄园的传统，并给予了其新的内容。16 世纪欧洲以意大利为中心，兴起文艺复兴运动，贵族、资产阶级追求个性解放，把人生和自然从宗教神秘的色彩下解放出来，重新认识到人的价值和自然对人类生活的重要性，研究自然的热情被激发起来了。当时，无论是建筑学还是园林艺术都被看作是造型艺术，庄园别墅的设计者和建造者往往是画家、雕塑家、建筑师。

由于意大利丘陵起伏的地形和夏季闷热的气候，人们多由闷热潮湿的地方迁居到郊外或海滨的山坡上，在这种山坡上建园，视线开阔，有利于借景俯视，这样便形成了意大利独特的园林风格——台地园。

意大利台地园一般依山就势，辟出台层，主体建筑在最上层，可眺望远景和低处台层的景观。每个台层用挡土墙分隔，由此出现了洞府、壁龛、雕塑小品。水在意大利台地园中是极重要的题材，充分利用地形高差形成不同的水景，上层常为水池，起蓄水的作用，然后顺坡势往下利用高差形成叠水、跌水、瀑布。在下层台地部分，可利用高下水位差做成喷泉，在最底层台地，又把众水汇成水池。初期的水池与雕塑相结合，后期强调水本身的景观。在音响效果上，运用水的乐音组成乐曲。从最高层台地开始，急湍的奔腾是第一乐章，缓流和帘瀑是第二乐章，最后是平静的水池倒影是第三乐章。建筑与园林成为统一体，园林是建筑的扩展延伸，是户外的起居室，建筑周围的植物多为整形式，远离建筑的部分，线条渐柔和，把视线引向自然的怀抱。高大植物留透视线，形成框景，中、下层台地多为绿丛植坛，做成各式图案的模样，以供俯视图案美。植物以常绿树为主，很少用色彩鲜艳的花卉，多运用明暗浓淡不同的绿色进行配置，增加变化，园路两旁注意遮阴，以防夏季阳光照射。主要植物材料有黄杨、冬青、女贞、丝杉等。

意大利台地园林的代表作有文艺复兴初期的美第奇庄园（Villa Medici at Fiesole），中期的 Villa D'Este，后期迄今规模尚存的著名庄园有 Villa Aldobrandini、Farnesi Villa 、Villa Lante 等，图 2-7 为白齐诺雅的朗俄脱别墅。

Villa Lante，位于罗马西北面的巴格内亚（Bagnania）村，是 16 世纪中叶比较完整地

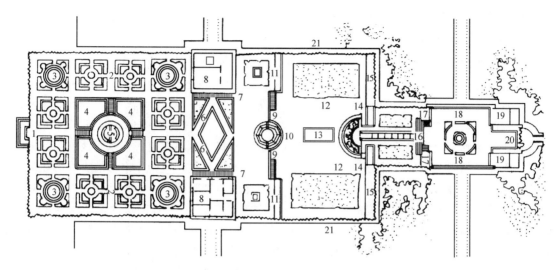

图 2-7　意大利白齐诺雅的朗俄脱别墅

1—主要入口大门；2—花坛；3—矮丛林；4—水池；5—圆形岛；6—到第一层平台去的斜坡；7—石梯级；8—娱乐馆或陈列室；9—到第二层平台去的石梯级；10—石梯间的壁龛喷泉；11—在第二层平台挡土墙下的柱廊；12—花丛式花坛；13—人工水池；14—到第三层平台去的石梯级；15—圆柱廊；16—庄严的瀑布；17—到第四层平台去的石级；18—有回栏的花坛；19—陈列室或花房建筑；20—喷泉水池花园进水口；21—与地形配合的栽植部分

保存下来的名园之一。从平面图看，大抵分为四层台地。最低一层呈方形，由花坛和水池雕塑喷泉组成，十分壮观；通过坡形草地和两侧对称房屋登上第二层平台，台面呈扁长方形，这里左右各有一块草地，种有梧桐树群；然后通过神奇的圆形喷泉池两边的台阶上到第三层平台，这里的空间大了一些，中间为长方形水池，两侧对称地布置种有树木的草坪；第四层台地是最上面的一层，有瀑布，下端为具有三级溢流式的半圆形水池；最上层台地的中心部分是一个八角形喷泉，四周有植篱和座椅；全园的终点是居中的一个洞府和两边的凉廊，这个洞府也是贮存水以供全园水系的水源地，后面是与地形配合的栽植部分。

三、法国园林

在 14 世纪时，法国对自然园地的利用还仅限于实用果园。到 16 世纪末，法国在与意大利的战争中接触到意大利文艺复兴时期的文化，于是意大利文艺复兴时期的建筑及园林艺术也开始影响到法国。但法国国土绝大部分是平原地区，很难直接学习意大利台地园。广阔的平原地带，森林茂密，水草丰盛，有大的河流湖泊，形成了法国园林传统特征，一是森林式栽植，一是河流湖泊式理水。路易十四时期，法国国力强盛，根据自然条件，吸收意大利等国的园林艺术成就，创造出具有法国民族独特园林风格——精致而开朗的规则式园林。宏伟的凡尔赛宫苑，是这种形式杰出的代表作，在西方造园史上写下了光辉的一页。

（一）福开子爵的"服"苑

宫苑建造之前，一个具有新风格的苑园已在形成中，那就是财政大臣福开（Fouguet）所建造的服苑（Vaux-Le-Vicomte），花园部分由勒·诺特设计，勒·诺特是一位富有广泛绘画和园林艺术知识的建筑师。服苑精美的邸宅前有广阔开朗园地，可举行盛大的宴会，可有各种活动、演戏和放焰火等演出，并在这个重大场面的两旁设置灌木丛林构成框景，灌木丛中还可以形成一个空间，一个个隐蔽的庭园。

（二）凡尔赛宫苑

路易十四时期，法兰西帝国处于极盛时期，路易十四为了表示他至尊无上的权威，建立了凡尔赛宫苑。

凡尔赛宫（见图 2-8）占地大约 600hm²，包括"宫"和"苑"两部分。广大苑林区在宫殿建筑西面，由著名的造园家勒诺特设计规划。它有一条自宫殿中央往西延伸长达 2km 的中轴线，西侧大片的树林把中轴线衬托成为一条极宽阔的林阴大道，自东向西一直消逝在无垠的天际。林阴大道的设计分为东西两段，西段以水景为主，包括十字形的大水渠和阿波罗水池，饰以大理石雕像和喷泉。十字水渠横臂的北端为别墅园，南端为动物饲养园。东段的开阔平地上则是左右对称布置的几组大型的"绣毯式植坛"。大林阴道两侧的树林里隐蔽地布列着一些洞府、水景、剧场、迷宫、小型别墅等，是较安静的就近观赏场所，树林里还开辟出许多笔直交叉的小林阴路，它们的尽端都有对景。中央大林阴道上的水池、喷泉、台阶、保坎、雕像等建筑小品以及植坛、绿篱均严格按对称均齐的几何格式布置，是为规整式园林的典范。

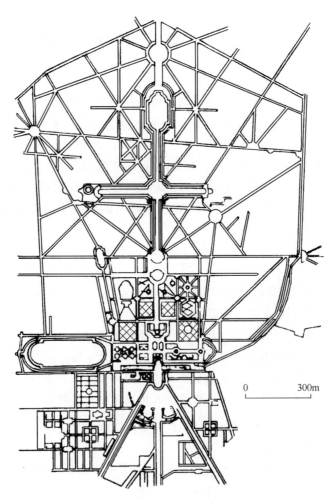

0   300m

图 2-8　法国凡尔赛宫平面图

四、英国自然风景园

英国地处西欧，是大西洋的岛国，地形多变，气候温暖湿润，土地肥沃，花草树木种类繁多，栽培容易，故英国园林多以植物为主题。15 世纪前，大多数园林比较朴实，采用具有草原牧地风光的风景园，以表现大自然的美景。16～17 世纪受意大利文艺复兴影响，一度流行规则式园林风格。18 世纪浪漫主义思潮在欧洲兴起，也影响到英国的园林艺术，出现了追求自然美，反对呆板、规则的布局，传统的风景园得以复兴发展，尤其是英国造园家威廉·康伯介绍了中国自然式山水园后，在英国出现了崇尚中国式园林的时期，后又在伦敦郊外建造了丘园，影响颇大。这时田园、歌曲、风景画盛行，出现了爱好自然热。到 19 世纪以后，英国园林成熟地发展为自然风景园林。

英国风景园的特点是从发现自然美出发，园林中有自然的水池，略有起伏的大片草地，在大草地中的孤植树、树丛、树群均可成为园林的一景，道路、湖岸、林缘线多采用自然圆滑曲线，追求"田园野趣"，小路多不铺装，任游人在草地上漫步或做运动。善于运用风景透视线，采用"对景""借景"手法，对人工痕迹和园林界墙，均以自然式处理隐蔽。从建筑到自然风景，采用由规则向自然的过渡手法。植物采用自然式种植，种类繁多，色彩丰富，常以花卉为主题。此外，英国自然风景园在植物丰富的条件下运用了对自然地理、植物生态群落的研究成果，把园林建立在生物科学的基础上，创建了各种不同的生态环境，后来发展到以某一风景为主题的专类园，如岩石园、高山植物园、水景园、杜鹃园、百合园、芍药园等。这种专类园对自然风景有高度的艺术表现力，对造园艺术的发展有一定的影响，见图 2-9。

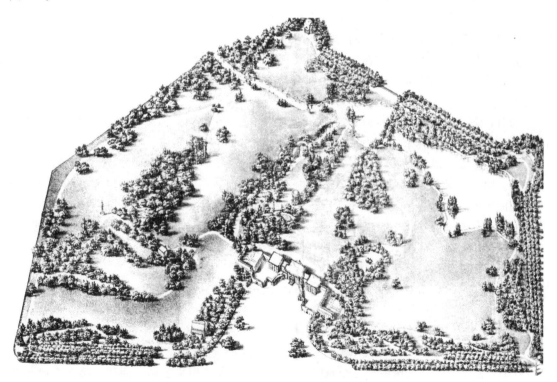

图 2-9　英国自然风景园

五、美国园林

美国国家历史不长。居民多为欧洲移民的后代，主要来自英国、爱尔兰、法国、德国、瑞典、荷兰、墨西哥，黑人占人口总数的11％。园林作为社会文化的一个组成部分，与美国社会生活有着紧密的联系，所以美国园林也是在美国特定的社会和自然条件下，形成了自己的风格。因美国是移民国，各人种、各民族都带来了各自的文化，在园林的形式、风格等方面，也反映了各自的特点。所以说美国园林的特色之一，就是风格上的多样性。内容丰富多样，具有一定的混杂性。上述特点主要表现在美国城市园林中。

由于美国的地理环境及气候条件较好，森林与植物资源丰富，具有发展天然公园的良好自然基础，所以美国的现代公园和庭园比较注重自然风景。园林中的园路和水池形状为自然曲线形，植物设计采取自然式种植，建筑物周围逐步用规则式绿篱或半自然的花径作为过渡，园林中铺设草坪，以防尘土飞扬并能改善小气候。在私人庭园中，对花卉运用较多，以点缀草坪和庭园，有时也常用枯树、雕塑、喷泉、水池等来增加园林景观。美国第一个国家公园是"黄石国家公园"。它位于美国西部的北落基山，占地面积8900km²，崇山峻岭，温泉广布。数百个间歇泉中，有的喷出几十米高的水柱，有的水温高达85℃，风光绮丽，也是世界上第一个国家公园。美国其他类型的公园游览地，如国家名胜、国家海岸、历史名胜、花园路等多种形式，其园林景观都极为优美，如瀑布、温泉、火山、原始森林、草原、珍奇的野生动植物等。这些形式的园林游览地，组成了美国的国家公园系统。同时，对于自然风景资源的保护、国家公园经营与管理机构以及立法等工作比较完善。这对我国的风景旅游区开发建设与利用是一个良好的参考。

时至今日，美国仍在努力开辟更多的城市公园绿地，以改善生活环境。在建设过程中，不断吸收他国园林艺术的优点。同时，美国园林利用本国的自然特色和在营造技术及材料上的优势，不断创新，使其园林在表现手法上趋于多样化，且注重天然风景与人文建筑的有机组合；在规模上趋于宏大等。这些主要特点正逐步形成美国园林的风格（图2-10为纽约中央公园）。

同时，美国又是当今世界科学最发达的国家之一，在推动美国风景园林建设和发展的同时，对世界的风景园林事业产生了较大的影响，做出了重要的贡献。

第一个重要贡献是提出了"国家公园"（national park）概念，创立了世界上第一个国家公园。国家公园是在一个比较大的区域内，把未受到破坏、生态系统比较完整的、自然景观美丽的地区，包括自然界地质变迁遗迹，野生的动植物种类，具有特殊的科学、教育和娱乐价值，或具有非常优美的自然风景。由国家最高主管部门（国家公园管理局）统一管理，并有效地保护公园的生态、地貌或美的特色，为了精神享受、教育、文化和娱乐的目的，允许游人进入游览、探奇。

美国国家公园有其独立完整的体系，即国家公园系统。

截至2020年1月，全美30个州以及美属萨摩亚和美属维尔京群岛拥有国家公园，其中加利福尼亚州以9个居首，阿拉斯加州以8个紧随其后，接下来分别是犹他州（5个）和亚利桑那州和科罗拉多州（4个）。阿拉斯加州的兰格尔-圣伊莱亚斯国家公园占地面积超过3.2万平方公里，大于美国最小9个州的面积，也是最大的国家公园，面积排第2至第4的国家公园同样位于阿拉斯加州。阿肯色州的温泉国家公园占地面积不足24km²，是最小的国家公园。所有国家公园的面积总和约有21万平方公里，平均每个3620km²。

此外，还有国家纪念地、国家禁猎地、国家海滨区、国家古战场、军事公园等。

自从美国出现国家公园后，对世界其他国家产生了积极的影响。之后加拿大、英国、德国、日本等许多国家都建立了自己的国家公园。据 1981 年底统计，全世界已有 100 多个国家建立了约 1200 个国家公园，面积占世界陆地总面积的 2% 左右。

第二个贡献是提出了"风景建造"（Landscape Architecture，有的译为风景建筑）的概念，建造了较有影响的现代城市公园。奥姆斯特德率先在美国采用"Landscape Architect"和"Landscape Architecture"来分别代替过去一直沿用的英国术语"Landscape Gardener"和"Landscape Gardening"。他和学生的作品遍布美国和加拿大各地及更大的范围，代表了这个时代造园发展的主流，进入到城市公园时代。美国最早的园林，多是承袭英国的风格，后来美国的造园家在承袭的基础上，结合美国的地理、气候及人们的需求，逐步发展形成自己的特点。美国近代造园家奥姆斯特德提出纽约中央公园的设计方案，于 1858 年获得政府通过，后被欧洲以及世界许多造园家所接受，成为世界造园学上通用的名词。美国纽约中央公园的兴建，是世界正规的现代城市公园典范，随后美国的其他城市也相继兴起了现代城市公园的建设并对世界上其他国家的城市公园建设产生了积极的影响。

城市公园包括城市中各种类型、不同规模的公园、动物园、植物园等。这类公园主要供市民进行短时间的锻炼、休息、游览，并进行一些文化娱乐活动，由市政府的有关部门进行管理。此外，在城市中也有一些私人或各种基金会经营管理的园林，有的对外开放，供人参观游览。例如纽约中央公园，位于曼哈顿区繁华地段，面积约 340hm²。经多年的建设，到 1873 年才最终建成，游人可自由出入，不收门票，园内有游步道、马车道，游人可坐马车观赏景色。还有网球场、游泳及滑冰两用池、儿童游戏场，夏天还举行露天音乐会，草坪所用的草种多为羊茅草、黑麦草。乔木有悬铃木、山毛榉、黄金树、枫树、樱花等，树木枝繁叶茂，绿阴匝地。林阴道两旁塑造了不少雕像。由于这里生态环境好，许多鸟类都在公园内生活，中央公园成为鸟语花香的地方。

第三个贡献是提出"城市森林"的概念。目前美国正在开展这种"城市森林"的运动。这场运动的意义远远超过了美国建成第一个城市大型公园——纽约中央公园以及掀起的一场城市公园运动所产生的

图 2-10　纽约中央公园

社会效果。"城市森林"这个概念产生于 1965 年，乔根森在加拿大的多伦多大学第一次介绍了"城市森林"这个概念，它包括所有的城镇、乡村的道路、溪流、湖泊、牧场、荒野和其他大片的森林地带。城市森林是一个改革的概念，改变了单株树的意义，也就是讲整个城市的树木归纳于一个森林的范畴而进行系统的规划和管理。这样做的结果是提供了尽可能完善的城市环境效益。城市森林的规划要求：它必须有景观构图，以生态学为基础。要求树种有较强的适应性，以当地树种为主，并具有教育意义，为群众所喜爱的树木。以加利福尼亚州的两项改革工作为例，那里的园林工作者革新了城市树木的栽培方法，对整个城市树木生长作统一规划。一个是拉法埃脱，人口 2 万多；一个是奥克兰，人口 35 万。拉法埃脱规划的基本特点是，考虑树木生态学的适应性，要求选择新的树木和管理好本地树种，以便保持良好的半村野的社会特色；而奥克兰的规划方法是，规划区域或地带是根据城市土壤覆盖图的系统、地形、气候及周围环境全面考虑。总之，使城市森林通过合理的规划，形成一个综合的整体，产生其最大的环境效益和社会效益。

"城市森林"这一概念的产生和发展，意味着当今世界园林概念的发展，园林不再是"在一定范围内"，而园林的概念为：它有范围，又"没有范围"。它最深刻的含义是处理人与自然、人类与环境之间的直接关系，即克服环境污染，重视环境生态，保护自然，最终人类回归大自然的怀抱。

第三节　世界园林的发展趋势

世界园林经过了漫长的孕育、发展、交融、成熟过程，到 20 世纪末，已基本形成了诸如以中国园林为主调的自然山水式园林；以欧式水景园林为主调的规则式园林；以英国庭园为主调的混合式园林三大模式。但是，随着世界生产力水平的不断提高和人们对生态环境质量要求不断提高的今天，园林规划必须贯彻生态原则，运用生态学和生态系统原理，对园林景观要素进行生态配置，为城市居民提供舒适、优美、生态的环境。园林绿化是基础，美化是园林的一种重要功能，而生态化是现代园林进行可持续发展的根本出路，是 21 世纪社会发展和人类文明进步不可缺少的重要一环。因而生态园林是世界园林发展的主要趋势。

人类渴望自然，城市呼唤绿色，园林绿化发展就应该以人为本，充分认识和确定人的主体地位和人与环境的双向互动关系，强调把关心人、尊重人的宗旨具体体现在城市园林的创造中，满足人们的休闲、游憩和观赏的需要，使人、城市和自然形成一个相互依存、相互影响的良好生态系统。

1. 生态园林的概念

生态园林是以生态学原理为指导（如互惠互生、生态位、物种多样性、竞争、化学互感作用等）所建设的园林系统。在这个系统中，乔木、灌木、草本和藤本植物被因地制宜地配置在一个群落中，种群间相互协调，有复合的层次和相宜的季相色彩，具有不同生态特性的植物能各得其所，能够充分利用阳光、空气、土地空间、养分、水分等，构成一个和谐有序、稳定的群落。

2. 生态园林的科学内涵

① 依靠科学配置，建立具备合理的时间结构、空间结构和营养结构的人工植物群落，为人们提供一个赖以生存的生态良性循环的生活环境。

② 充分利用绿色植物，将太阳能转化为化学能，提高太阳能的利用率和生物能的转化率，调节小气候，吸收环境中的有毒有害气体，衰减噪声，调节生态平衡。

③ 美化景观，在绿色环境中提高艺术水平，提高游览观赏价值，提高社会公益效益，提高保健休养功能，为人们提供更高层次的文化、游憩、娱乐需要和人们生存发展的绿色生态环境。

3. 生态园林规划原则

（1）自然优先原则　自然景观资源包括原始自然保留地、历史文化遗迹、山体、坡地、森林、湖泊以及大的植被斑块等，规划时应优先考虑，作为绿地或遗迹保护地。

（2）整体优化原则　景观是一系列生态系统组成的具有一定结构与功能的整体，在规划中应把景观作为一个整体单位来思考和管理，达到整体最佳状态，实现优化利用，而不必苛求且限定于局部的优化。

（3）异质性原则　异质性高的景观，其相应的生态稳定性高。将景观异质性具体到城市景观，产生了城市景观异质性。

（4）多样性原则　在城市绿地中，多种植被组成乔木、林木、灌木、草本复合型生物群落，比单一纯林或单一草坪更具有良好的生态功能。一个园林体系应形成由基质、廊道、斑块、边界等构成要素相互穿插融合的系统。

（5）景观个性原则　地域的不同构成不同个性的城市绿地景观体系。城市应创造出具有地方特色、乡土风味的绿地景观。一味模仿抄袭而导致园林绿地形式雷同是不可取的。绿地设计要有特色，要重视历史文脉精神、场所精神等，创造出来自于当地独一无二的地域文化的特色园林。

（6）生态关系协调原则　指人与环境、自然资源与社会发展、人工生态系统与自然系统之间的协调。应把社会经济的持续发展建立在良好的生态环境基础之上，以人为本与保护环境相结合，实现人与自然共生。

（7）综合性原则　景观是自然与文化生活系统的载体，所牵涉的内容跨多种学科，因此，园林景观生态规划需要运用多学科的知识，综合多种因素，满足人们各方面的需求。

哥本哈根气候大会之后，低碳理念成为全球的共识，得到广泛认同，低碳园林也逐渐成为园林景观的主流趋势。所谓"低碳生活（low carbon life）"，就是指生活作息时所耗用的能量要尽量减少，从而减低二氧化碳的排放量。低碳生活代表着更健康、更自然、更安全，同时也是一种低成本、低代价的生活方式。而低碳园林的精确定义还不完善，一般是指充分利用自然资源、选用乡土树种，植物配置尊重生态规律，地形改造因地制宜，建筑材料与其他园林素材选择以绿色节能为主，以减少化石能源的使用、提高能效，降低二氧化碳排放量为目标，使人、城市和自然形成一个相互依存、相互影响的良好生态系统，达到可持续发展的"天人合一"的理想境界。

低碳园林的科学内涵如下。

① 依靠科学配置，建立具备合理的时间结构、空间结构和营养结构的人工植物群落，为人们提供一个赖以生存的生态良性循环的生活环境；充分利用绿色植物，将太阳能转化为化学能，提高太阳能的利用率和生物能的转化率，调节小气候，吸收环境中的有毒有害气体，衰减噪声，调节生态平衡；美化景观，在绿色环境中提高艺术水平，提高游览观赏价值，提高社会公益效益，提高保健休养功能，为人们提供更高层次的文化、游憩、娱乐需要和人们生存发展的绿色生态环境。

② 园林设计本着低碳生态的原则，设计时要充分利用自然元素，如阳光、气温、风等创造出宜人的微气候；利用太阳、风、生物、水等来发电满足园林用电，园林用水保证做到循环利用；运用多种造景手法营造丰富的视觉空间，创造出步移景异的园林景观；提供环境宜人的互动场所空间，满足游人休憩游玩要求。

③ 园林材料选择：以软质铺装为主，硬质铺装为辅，硬质铺装尽量采用环保节能材料，像天然石材、木材、透水砖等，园林建筑尽可能采用绿色环保材料，降低碳排放；在植被种类的选择上，多使用本地树种，尽可能多地增加阔叶树种，植物配置形成一个复层结构等。

 思考题

1. 名词解释
（1）圃；（2）写意山水园；（3）生态园林；（4）低碳园林
2. 简述中国古典园林的发展历程。
3. 简述中国古典园林的特点。
4. 简述外国园林的代表形式。
5. 简述中西园林的异同。

第三章 园林规划设计的基本理论

第一节 园林美的概念及特征

一、美的含义

要研究园林美，首先要懂得什么是美？美是美学研究中的中心范畴，关于美的定义，众说纷纭，各式各样。前人提出的较有影响的说法有：美就是和谐；美是完善；美是愉快；美是关系；美是理念的感情显现；美是生活等。从哲学的出发点看，美的理论基本上不外两种：一种是从客观物质的属性中去寻找美的根源；另一种是从精神中去寻找美的根源。此外还有游移于上述两者之间的各种折中、含混的说法。人类探索美的历史过程的基本线索是：从注重物的形式，到形式的目的性，再到由形式引起的情感的表现或情感的客观化；从注重美的客观性，到注重主观性，再到注重研究二者之间的关系；从注重美的自然性，到注重美的社会性，再到注重二者之间的辩证关系。

关于美的本质，几千年来，哲学家和美学家们对美的本质进行了许许多多的探索。概括起来，以往哲学家和美学家对美的本质大致从以下几个方面进行探索。

（1）美在观念　就是说，决定事物美与不美的根据是观念。

（2）美在物本身　就是说，物之所以成为审美对象，是由物本身的自然属性所致。

（3）美在感觉　就是说，事物的美与不美，取决于主体的感觉，感觉到美，事物就美，感觉不到美，事物就不美。

事实上，美无处不在，无论是在自然界、人类社会生活还是艺术领域里，例如，大自然中的石头，粗糙的石头是一种美，打磨光滑的石头也是一种美；磅礴的大海是一种美，涓涓溪流也是一种美；日出是一种美，日落也是一种美等，大自然中的万物都具有美的特性。在人类社会生活中，美也是普遍存在的，涉及人类日常生活中吃、穿、用、住、行的所有方面，均含有美的因素，更不用说以美为表现目的的艺术领域了。

总之，美是对能引起人们美感的客观事物的共同本质属性的抽象概括，是一切事物的本质与表象中固有的特征之一，是一种客观的社会现象，它是人类在能动地改造客观世界的实践中，将人的本质力量对象化的结果，是在对象中以感性形象表现出来的对人的本质力量的肯定和确证。

二、园林美的含义

园林美是一种以模拟自然山水为目的，把自然的或经人工改造的山水、植物与建筑物按照一定的审美要求组成的建筑综合艺术的美。它与自然美、生活美和艺术美既有紧密联系又有区别，是自然美、生活美与艺术美的高度统一。

园林美源于自然，又高于自然，是大自然造化的典型概括，是自然美的再现。园林不管就整体而言还是就各类单体而言，都具有"将自然美典型化"的特点。例如为了解决园林因空间局限而不能容纳下原有山水的大体量的矛盾，常常使用"缩龙成寸"的巧妙手法，很多自然美的再现是"外师造化，中得心源"的结果等。并且园林美不同于自然美不仅在于园林美容纳了若干艺术美的因素，更重要的还在于它不能不体现人们对自然美的艺术理解、把握，体现人们对"人征服自然"又是"自然的一部分"的辩证统一关系的认识和态度。

园林美与其他艺术美一样，都是艺术家按照客观的美的规律和某种审美观念进行创造的产物，是现实美的集中和提高，是艺术家对社会生活形象化、情感化、审美化的结果。但园林美与其他艺术美又是有所区别的，在许多方面都接近或近似于自然美。园林美不允许根本改变自然，更多的是体现人对"人是自然的一部分"的明智态度和自我意识。

园林美是一种独立的艺术，一种不能分割的整体艺术美，是包括自然环境和社会环境在内的、艺术化了的整体生态环境美，它随着文学绘画艺术和宗教活动的发展而发展，是自然景观和人文景观的高度统一。

总之，园林美是在特定的有限整体生态环境里，按照客观美的规律和人对自然足够明智的审美观念创造出来的艺术美，用鲜明、突出、生动的正面形象，有力地揭示了人对自然既征服又保持和谐一致的本质。

三、园林美的特征

园林中的自然美、生活美、艺术美与意境美是高度统一的，必须作为一个整体来考虑，不能割裂开来，孤立地去考虑。

（一）园林中的自然美

植物是园林构成的重要素材。园林植物的美，首先取决于植物的自然美（见图 3-1 桂林山水），植物的自然美，必须是生长健壮、生机勃勃和没有病虫害的。这样，就必须有适宜的土壤、合理的排灌设施，要经常施肥，防治病虫害，确保植物生长健壮。然后运用构图艺术结合植物自身的生理生态要求进行植物配置，形成高艺术水平的园林。其次，园林植物的色彩及季相变化也给园林带来无穷魅力。例如因植物色彩而形成的著名景点有：北京香山红叶，杭州西湖的苏堤春晓、孤山雪梅、曲院风荷等。最后，由植物构成的群落景观各具特色，如针叶林景观、阔叶林景观、热带雨林景观、溪涧植物景观等多姿多彩。

此外大自然的山川草木、风云雨雪、日月星辰、虫鱼鸟兽以及大自然晦明、阴晴、晨昏、昼夜、春秋的瞬息变化都是园林美的重要组成部分，如果加以巧妙的借用，就会形成美丽的风景。如杭州西湖，它有朝夕黄昏之异，风雪雨霜之变，春夏秋冬之别，呈现出异常丰富的气象景观。前人曾言："晴湖不如风湖，风湖不如雨湖，雨湖不如月湖，月湖不如雪湖"。西湖风景区呈现出春花烂漫、夏阴浓郁、秋色绚丽、冬景苍翠的季相变化。西湖瞬息万变，仪态万千，西湖的自然美因时空而异，因而令人游而不厌。

图 3-1　桂林山水

　　园林中的声音美也是一种自然美。海潮击岸的咆哮声，"飞流直下三千尺"的瀑布发出的轰然如雷鸣声，峡谷溪涧的哗哗声，清泉石上流的潺潺声，雨打芭蕉的嗒嗒声；山里的空谷传声、风摇松涛、林中蝉鸣、树上鸟语、池边蛙奏等，都是大自然的演奏家给予游人的音乐享受。

（二）园林中的生活美

　　园林作为一个现实的物质生活环境，是一个可游、可憩、可赏、可学、可居、可食的综合空间，必须使园林布局能保证游人在游园时感到方便和舒适。

　　第一，应该使园林的空气清新，无污染，水体清透无异味，卫生条件良好；第二，要有宜人的小气候，使气温、湿度、风等综合作用达到理想的要求。冬季既要防风又能有和煦的阳光；夏季则要有良好的气流交换条件以及遮阳的措施。因而园林规划既要有一定的水面、空旷的草地又要有大面积的庇荫树林。第三，要避免噪声。要避免噪声的干扰就要在规划时深入研究场地环境，根据具体情况设置防护林或采取消声和隔声的处理。第四，植物种类要丰富，生长健壮繁茂，形成立体景观。第五，要有方便的交通，完善的生活福利设施，适合园林的文化娱乐活动和美丽安静的休息环境。既有广阔的户外活动场所，有安静的休息、散步、垂钓、阅读、休息的场所，又有划船、游泳、溜冰等体育运动的设施，还有各种展览、舞台艺术、音乐演奏等场地，这些都能愉悦身心，带来生活的美感。第六要有可挡烈日、避寒风，供休息、就餐和观赏相结合的建筑物。现代人们建设园林和开辟风景区，主要为人们创造接近大自然的机会，接受大自然的爱抚，享受大自然的阳光、空气和特有的自然美。在大自然中充分舒展身心，解除疲劳恢复健康。

（三）园林中的艺术美

　　艺术美是社会美和自然美的集中、概括和反映，它虽然没有社会美和自然美那样广阔和丰富，可是由于它对社会美和自然美经过了一番去粗取精、去伪存真、由此及彼、由表及里的加工改造，去掉了社会美的分散、粗糙和偶然的缺点，去掉了自然美不够纯粹（美丑合一）、不够标准的特点，因而，它比社会美和自然美更集中、更纯粹、更典型，因而也更富有美感。

园林美是一种时空综合艺术美。在体现时间艺术美方面它具有诗与音乐般的节奏与旋律，能通过想象与联想，使人将一系列的感受转化为艺术形象。在体现空间艺术美方面，它具有比一般造型艺术更为完备的三维空间，既能使人能感受和触摸，又能使人深入其内，身临其境，观赏和体验到它的序列、层次、高低、大小、宽窄、深浅、色彩。

在园林形式的艺术美方面，园林景物轮廓的线形、景物的体形、色彩、明暗、静态空间的组织、动态风景的节奏安排是园林形式美的重要因素。

（四）园林中的意境美

园林艺术美还包括意境美。园林意境就是通过园林的形象所反映的情意使游赏者触景生情产生情景交融的一种艺术境界。陈从周老先生定义："园林之诗情画意即诗与画之境界在实际景物中出现之，统名之曰意境。"意境是一种审美的精神效果，它不像一山、一石、一花、一草那么实在，但它是客观存在的，它应是言外之意、弦外之音。它既不存在于客观，也不完全存在于主观，而存在于主客观之间。既是主观的想象，也是客观的反映。只有当主客观达到高度统一时，才能产生意境。意境具有景尽意在的特点，因物移情，缘情发趣，令人遐想，使人流连。

园林是自然的一个空间境域，与文学、绘画不同之处在于，园林意境寄情于自然物及其综合关系之中，情生于境而超出由之所激发的境域事物之外，给感受者以余味或遐想的余地。要想创造出意境，就要求作者用强烈而真挚的思想感情，去深刻认识所要表现的对象，目寄心期，去粗取精、去伪存真，经过高度概括和提炼的思维过程，才能达到艺术上的再现。简而言之，即"外师造化，中得心源"，关键不在于形似，而在于神似。如园林中的假山，并不是模拟某一座真山的外形，而是造园者在观赏了众多大好河山的自然风貌得出山的典型性的特征的体现。如环秀山庄假山尽管仅半亩，却有真山的意境。

意境之所以能引起强烈的美感，是因为：一是意境美具有生动的形象。意境中的形象集中了现实美的精髓，也就抓住了生活中那些能唤起某种情感的特征。只有艺术家在自然形象中抓住那种富有情、意的特征，才能引起人的美感。二是意境美中包含着艺术家的情感，有人说，"以情写景意境生，无情写景意境亡，"这是有道理的。李方膺有两句诗"触目横斜千万朵，赏心只有两三枝"。这赏心的两三枝就是以情写景的结果，这两三枝是最能表达艺术家情感的两三枝。意境之所以感人是因为形象中寄托了艺术家的感情，形象成为艺术家情感的化身。三是意境中包含了精湛的艺术技巧。意境是一种创造。"红杏枝头春意闹"这个"闹"字，就体现运用语言的技巧。"闹"字，既反映了自然从寒冬中苏醒，一切都活跃起来的春天特有的景色。又表现了诗人心中的喜悦。四是意境中的含蓄能唤起欣赏者的想象。意境中的含蓄，使人感到"言有尽而意无穷""意则期多，字则期少"，都是说以最少的言辞、笔墨表现最丰富的内容。利用含蓄给欣赏者留有想象的余地，使游人获得美的感受。

对欣赏者而言，因人而异，见仁见智，不一定都能按照设计者的意图去欣赏和体会，这正说明了一切景物所表达的信息具有多样性和不定性的特点，意随人异，境随时迁。

❧❧ 第二节　园林绿地构图的基本规律 ❧❧

一、园林绿地构图的含义、特点和基本要求

（一）园林绿地构图的含义

构图是造型艺术的术语。艺术家为了表现作品的主题思想和美观效果，在一定的空间，安排人物的关系和位置，把个别或局部的形象组成艺术的整体。园林绿地构图亦然，是为了满足人们对某种物质生活和精神生活需要，采用一定的物质手段来组织特定的空间，能使该空间在形式与内容、审美与功能、科学与艺术、自然美与艺术美以及生活美取得高度统一的创作技法，其中园林绿地的性质与功能是园林绿地艺术构图的依据，园林绿地的地形地貌、植被以及园林建筑等是构图的物质基础，在一定的空间内，结合各种功能要求对各种构景要素的取舍、剪裁、配置以及组合称为园林绿地艺术构图。如何把这些素材的组合关系处理恰当，使之在长期内呈现完美与和谐，主次分明，从而有利于充分发挥园林的最大综合效益，这正是园林构图所要解决的问题。在工程技术上要符合实用、经济、美观的原则，在艺术上除了运用造景的各种手法外，还应考虑诸如比例与尺度、调和与对比、动势与均衡等造型艺术的多样统一规律的运用。

（二）园林绿地构图的特点

园林绿地的构图不同于一般的平面构图，它有自身的特点。

1. 园林构图的综合性

园林美是自然美、生活美、艺术美、意境美、建筑美等的综合统一。园林空间的形式与内容、审美与功能、科学与技术、自然美与艺术美以及生活美、意境美等在艺术构图中要有充分的体现。

2. 园林构图时空的规定性、延续性、变化性和持久性

绘画虽然能应用透视学原理和明暗手法去描绘三维空间的形体美，但它毕竟是二维空间艺术，即是平面构图。雕塑是三维空间艺术，但它是静止的立体构图。音乐是时间构图，戏剧虽然是时间和空间的综合艺术，是四维空间，但它的空间与时间是有规定的，它的空间是舞台，故事的情节需要在规定的时间内完成，它们与观众的相对位置不变。

唯独园林空间之大、时间之长是上述各种艺术形式无法相比的。园林本身既是艺术空间，也是生活空间，人们能深入其境，在欣赏各种景物的同时进行各种文化娱乐活动，或在进行各种文化娱乐活动的同时，欣赏园林空间艺术，景物与观众之间的相对位置是不固定的。园林空间景观又随时间和季相而变化，这就给园林构图增加了复杂性。为此，园林构图在时空上不得不有所规定，否则难以着手，空间规定是指园林的整个范围以及内部由于障隔而形成的有断有续、有开有放、大小不同、形状各异的空间，但这并不意味着空间的局限性，即使古典园林在围墙高筑的同时，尚且考虑到用各种手法去突破空间的局限性，现代园林则更需考虑园内外、室内外空间的相互联系与相互渗透和流通，达到你中有我、我中有你，亦即城市中园林和园林化了的城市一样。时间规定性是指构图时需要考虑到园林空间在一日之间，四时之际以及 10 年、20 年、30 年甚至更长的时间。园林空间造型是在时间中得到充实和完善的，移步换景和时进景新是使园林永远充满着艺术魅力的奥秘。园林建设原非

一日之工和出于一人之手，园林空间造型的最后实现，需通过构思立意、规划设计、施工以及年复一年的精心养护的全部过程。这正好说明园林构图不同于一般艺术构图，在时间上具有延续性、变化性和持久性。

3. 园林构图的整体性和可分割性

任何艺术构图都是统一的整体，园林绿地构图也莫能例外。构图中的每一个局部对整体都具有相互依存、相互烘托、互相呼应、互相陪衬以及相得益彰的关系。如北京颐和园的万寿山、昆明湖、谐趣园以及苏州河之间就形成了这种关系。富丽堂皇的万寿山有宽阔的昆明湖烘托，万寿山越显得高耸与堂皇，形成一组气势宏伟的画面，这组画面恰好与宁静的谐趣园形成对比，宁静的更显其宁静，宏伟的益显其宏伟。颐和园有了千顷碧波的昆明湖，才必须有蜿蜒曲折、涓涓细流的苏州河，有了苏州河，越显得昆明湖之壮阔，有了昆明湖更显得苏州河之幽深。显然，昆明湖与苏州河、万寿山与谐趣园并没有出现在同一画面之中，却都是颐和园统一构图中的组成部分，构成了各种美感的有机融合及统一，给游人以整体美感，即和谐的整体美。不过园林构图中整体与局部之间的关系，毕竟不同于其他造型艺术的整体与局部之间具有不可分割性的关系，园林构图的整体与局部之间的关系，一是主从关系，局部必须服从整体；二是整体与局部之间保持相对独立，如颐和园的万寿山，山前区与山后区的景观和环境气氛蔚然不同，都可独立存在，自成体系，因而是可分割的。园林中的园中园，如北海公园的濠濮间、画舫斋、静心斋等都是整体中的独立单元，既可合，又可分。

（三）园林绿地构图的基本要求

① 园林绿地构图应先确定主题思想，即意在笔先，还必须与园林绿地的实用功能相统一，要根据园林绿地的性质、功能用途确定其设施与形式。

② 要根据工程技术、生物学要求和经济上的可能性进行构图。

③ 按照功能进行分区、各区要各得其所，景色分区要各有特色，化整为零，园中有园，互相提携又要多样统一，既分隔又联系，避免杂乱无章。

④ 各园都要有特点、有主题、有主景，要主次分明，主题突出，避免喧宾夺主。

⑤ 要根据地形地貌特点，结合周围景色环境，巧于因借，做到"虽由人作，宛自天开"，避免矫揉造作。

⑥ 要具有诗情画意，这是我国园林艺术的特点之一。诗和画，把现实风景中的自然美，提炼为艺术美，上升为诗情和画境。园林造景，要把这种艺术中的美，把诗情和画境搬回到现实中来。

二、园林绿地构图的基本规律

一座园林给人以美或不美的感受，在人们心理上、情绪上产生某种反映，存在着某种规律。园林艺术形式美法则就表述了这种规律。园林由各种构成要素——山水、植物、建筑、园路等组成，这些构成要素具有一定的形状、大小、色彩和质感，而形状又可抽象为点、线、面、体。园林形式美法则就表述了这些点、线、面、体及色彩、质感的普遍组合规律。

（一）比例与尺度

比例与尺度是园林绿地构图的基本规律。

比例要体现的是事物的整体之间或整体与局部之间，局部与局部之间的一种关系。

园林绿地构图的比例是指园景和景物各组成要素之间空间形体体量的关系，不是单纯的平面比例关系，包含两方面的意义：一方面是园林景物、建筑物整体或者某个局部长、宽、高之间的关系；另一方面是园林景物、建筑物整体与局部，或者局部与局部空间形体、体量大小的关系。和谐的比例是完美构图的条件之一，可以使人产生美感。

园林构图中，常用的数学比例有黄金分割比、等差数列比、整数数列比、调和数列比、等比数列比、斐波那契数列（Fibonacii Series）比（相加级数比）等。

黄金分割比，为 $1:0.618$。

等差数列比，如 $1:3:5:7:9\cdots$

整数数列比，如 $1:2:3:4:5\cdots$

调和数列比，如 $1/1$，$1/2$，$1/3$，$1/4$，$1/5\cdots$

等比数列比，如 $1:2:4:8:16\cdots$

斐波那契数列比，如 $1:2:3:5:8:13\cdots$

在以上各种比例中，世界公认黄金分割比（即近似值 $1:0.618$）是最佳形式美的比例。但是在人们的审美活动中，更多的是人的心理感应，随着时代的进步，人们的审美观及审美习惯也在悄悄地发生变化，黄金比例关系也不能被看作是永恒不变的最佳比例关系。

比例体现在园林景物的体型上，具有适当美好的关系，其中既有景物本身各部分之间的比例关系，也有景物之间、个体与整体之间的比例关系，这些关系难以用精确的数字来表达，而是属于人们感觉上和经验上的审美概念。

比例只能表明各种对比要素之间的相对数比关系，不能涉及对比要素的真实尺寸，要确定园林景物的真实尺寸大小，必须应用人与物的对比关系，这种对比关系就是尺度。

园林绿地构图的尺度是景物与人的身高、使用活动空间的度量关系。这是因为人们习惯用人的身高和使用活动所需要的空间为视觉感知的度量标准，如台阶的宽度不小于 30cm（对比人的脚长），高度以 $12\sim19$cm 为宜，栏杆、窗台高 1m 左右。又如人的肩宽决定路宽，一般园路宽能容二人并行，宽度以 $1.2\sim1.5$m 较合适。在园林里如果人工造景尺度超越人们习惯的尺度，可使人感到雄伟壮观，如颐和园从佛香阁至智慧海的假山蹬道，处理成一级高差 $30\sim40$cm，走不了几步，使人感到很吃力，产生比实际高的感受。如果尺度符合一般习惯要求或者较小，则会使人感到小巧紧凑，自然亲切。

比例与尺度受多种因素的变化影响，典型的例子如苏州古典园林，它是明清时期江南私家山水园，园林各部分造景都是效法自然山水，把自然山水经提炼后缩小在园林之中，建筑道路曲折有致，尺度也较小，所以整个园林的建筑、山、水、树、道路等比例是相称的，就当时少数人起居游赏来说，其尺度也是合适的。但是随着旅游事业的发展，国内外游客大量增加，游廊显得矮而窄，假山显得低而小，庭院不敷回旋，其尺度就不符合现代旅游功能的需要。所以不同的功能要求不同的空间尺度，另外不同的功能也要求不同的比例，如颐和园是皇家宫苑，气势雄伟，殿堂山水比例均比苏州私家古典园林为大。

在规划设计中从局部到整体、从个体到群体到环境，从近期到远期，相互之间的比例关系与客观所需要的尺度能否恰当地结合起来，是园林艺术设计成败的关键。园林中有许多设计，特别是植物配置设计，在树木定植的最初几年，它们本身与整体之间的比例与尺度是恰当的，但随着岁月的增加，树木就会失去最初认为和谐的比例与尺度。如苏州古典园林中的山水亭桥在巨大的古树名木的对比下，已变成了土丘和小水沟了，亭桥更是矮小不堪，完全失去了"一勺水江湖万里，一峰山太华千寻"的魅力。亦有树木在定植的初期比例与尺度并不恰当，但到一二十年后树木的比例与尺度都达到了最佳的程度，如杭州花港观鱼公园的雪松大草坪。因而在园林绿地设计中，要综合考虑各种因素。

（二）均衡与稳定

由于园林景物是由一定的体量和不同材料组成的实体，因而常常表现出不同的重量感，探讨均衡与稳定的原则，是为了获得园林布局的完整和安全感。均衡与稳定法则，来源于自然物体的属性，是动力和重心两者矛盾的统一。自然界凡属静止的物体都要遵循力学原则，以平衡的状态存在，不平衡的物体或造景使人产生燥乱和不稳定感，亦即危险感。在园林中的景物一般都要求赏心悦目，使人心旷神怡，所以无论供静观或动观的景物在艺术构图上都要求达到均衡。均衡能促成安定，防止不安和混乱，给景物外观以魅力和统一（见图3-2）。

图3-2　均衡与稳定

1. 均衡

园林布局中要求园林景物的体量关系符合人们在日常生活中形成的平衡安定的概念，所以除少数动势造景外（如悬崖、峭壁等），一般艺术构图都力求均衡。均衡可分为对称均衡和非对称均衡。

（1）对称均衡　对称布局是有明确的轴线，景物在轴线两端对称布置。如果布置的景物从形象、色彩、质地以及分量上完全相同，如同镜面反映一般，则称为绝对对称。如果布置的景物在总体上是一致的，而在某些局部却存在着差异的则称为拟对称。最典型的例子如寺院门口的一对石狮子，初看是一致的，细看却有雌雄之别。凡是由对称布置所产生的均衡就称为对称均衡。对称均衡在人们心理上产生理性的严谨、条理性和稳定感。在园林构图上这种对称布置的手法是用来陪衬主题的，如果处理恰当，能达到主题突出，井然有序。如法国凡尔赛宫那样，显示出由对称布置所产生的非凡的美，成为千古佳作。规则式的园林绿地中采用较多，如纪念性园林、公共建筑的前庭绿化等。但如果不分场合，不顾功能要求，一味追求对称性，有时反而流于平庸和呆板。

（2）非对称均衡　自然界中除了日、月、人和动物外，绝大多数的景物是以非对称均衡存在的。尤其我国传统园林都是摹山范水，景观都以非对称均衡的状态存在。在景物非对称的情况下取得均衡，其原理与力学上的杠杆平衡原理颇有相似之处。一个小小的秤砣可以与一个重量比它大得多的物体取得平衡，这个平衡中心就是支点。调节秤砣与支点的距离可以取得与物体重量的平衡。所以说在园林布局上，重量感大的物体离均衡中心近，重量感小的物体离均衡中心远，两者因而取得均衡。国画中常有近处的山石与远处的一叶轻舟相均衡的处理，齐白石画中的花、鸟、鱼、虫在布局上与题词和印章取得均衡，用的也是这个原理。

中国园林中假山的堆叠，树桩盆景和山石盆景的景物布置等也都是非对称均衡。非对称均衡构图的美学价值，大大超过对称均衡构图的美学价值，可以起到移步换景的效果。不过在构图时要综合衡量构成园林绿地的物质要素的虚实、色彩、质感、疏密、线条、体型、数量等给人产生的体量感觉，切忌单纯考虑平面构图，还要考虑立面构图，要努力培养对景物的多维空间的想象力，用立面图和鸟瞰图以及模型来核实对创作的判断力。

非对称均衡的布置小至树丛、散置山石、自然水池；大至整个园林绿地、风景区的布局，它在人们心理上产生偏移性的自由灵活，它予人以轻松活泼的美感，充满着动势，故又可称为动态平衡，广泛应用于一般游憩性的自然式园林绿地中。

2. 稳定

自然界的物体，由于受到地心引力的作用，为了维持自身的稳定，靠近地面的部分往往大而重，而在上面的部分则小而轻，给人以稳定的感觉。园林布局中稳定是指园林建筑、山石和园林植物等上下、大小所呈现的轻重感的关系而言。在园林布局上，往往在体量上采用下面大，向上逐渐缩小的方法来取得稳定坚固感，如我国古典园林中的塔和阁等；另外在园林建筑和山石处理上也常利用材料、质地所给人的不同的重量感来获得稳定感，如在建筑的基部墙面多用粗石和深色的表面来处理，而上层部分采用较光滑或色彩较浅的材料，在土山带石的土丘上，也往往把山石设置在山麓部分而给人以稳定感。

（三）对比与调和

构图中各种景物之间的比较，总有差异大小之别。差异小的亦即这些景物比较类同，共性多于差异性，把这些类同的景物组合在一起，容易协调，这类景物之间的关系便是调和关系。有些景物之间的差异很大，甚至大到对立的程度，把差异性大于共性的这类景物组合在一起，它们之间的关系便是对比关系。对比与调和只存在于同一性质的差异之间，要有共同的因素，如体量的大小，空间的开敞与封闭，线条的曲直、色调的冷暖、明暗、材料质感的粗糙与细腻等，而不同性质的差异之间不存在调和对比，如体量大小与色调冷暖就不能比较（见图3-3）。

（1）调和　使园林中不同艺术形象和不同功能要求的局部，求得一定的共同性与相互转化，这种构图上的技法称为调和，调和有相似调和与近似调和。

① 相似调和　构图中形状相似而大小或排列上有变化称为相似调和。当一个园景的组成部分重复出现时，如果在相似的基础上变化，即可产生调和统一感。例如在一个大圆形的广场上，中央有圆形的水池，水池周围有圆形的花坛，这就是相似调和，相似调和也称同一调和。

图 3-3　对比与调和

② 近似调和　构图中近似的形体重复出现，称为近似调和。如方形与长方形的变化，圆形与椭圆形的变化都是近似调和。自然式的园林，如果细加分析，其中有许许多多的近似调和，植物叶片之间大同小异，本身就是一个近似调和的整体，自然式园林中起伏变化的山丘，蜿蜒的小河，曲折的园路，树林的林冠线与林缘线，这一切都统一在曲线之中，给人以

调和的美感。

在园林中，调和的表现是多方面的（形态、色彩、线条、比例、虚实、明暗……）主要通过构景要素中的山石、水体、建筑、植物、道路、小品等的风格和色调的一致而获得的。园林的主体是植物，尽管各种植物在形态、体量、色泽上千差万别，但总体上它们之间的共性多于差异性，在绿色这个色调上得到了统一。园林建筑虽个体的平面、立面、体量、屋顶形式存在着差异变化，但可从色彩、风格、方式、材料等取得相同，求得共同，采用调和技法在变化中求统一。总之，凡用调和手法取得统一的构图，易达到含蓄与幽雅的美，比起对比强烈的景物更为安静。

（2）对比　对比的作用一般是为了突出表现一个景点或景观，使之鲜明显著，引人注目。其他艺术理论中常提醒人们"对比手法用得频繁等于不用"，园林艺术也不例外。如园林中的主景，可用对比手法加以突出，明确主题，但主景是少数，若到处是主景，也就没主景了，所以对比手法不能多用。对比引起的感觉是激动、强烈、浓重、兴奋、突然、崇高、仰慕等；不同情绪由不同的内容产生，如游览过程中，景观构图使人到处感到兴奋、激动、惊奇，人就会很累，而得不到安静、休息，对比不能多用原因也在此。

对比的手法很多，在空间构图程序安排上有欲扬先抑，欲高先低，欲大先小，以暗求明，以素求艳等。下面介绍对比手法。

① 形象的对比　园林布局中构成园林景物的线、面、体和空间常具有各种不同的形状，如长宽、高低、大小等的不同形象的对比。以短衬长，长者更长；以低衬高，高者更高；以小衬大，大者更大。造成人们视觉上的错觉。在布局中只采用一种或类似的形状时易取得协调统一的效果，如在圆形的广场中央布置圆形的花坛，因形状一致显得协调。在园林景物中应用形状的对比与调和常常是多方面的，如建筑、广场与植物之间的布置，建筑与广场在平面上多采用调和的手法，因为它们都是人工形象，而植物本身是自然形象，建筑与植物配合；常以树木的自然曲线与建筑的直线形成对比，来丰富立面景观。

② 体量的对比　体量相同的物体，在不同环境中，给人的感觉不同，在大的环境中，会感觉其小，在小的环境中，会感觉其大。拿园林来说，大园气势开敞、通透、深远、磅礴；小园封闭，亲切，纤巧，曲折。大园中套小园，互相衬托，较小体量景物衬托大体量的景物，大的更加突出，小的更加亲切。如颐和园的佛香阁体量很大，而阁周围的廊，体量都较小，就是这一效果。还有为了突出假山的雄伟，假山周围都配以低矮的植物以衬托假山的高大。

③ 方向的对比　在园林中立面、形体、空间的处理中，常常运用垂直和水平方向的对比，以丰富园林景物的形象，如园林中常常把山水互相配合在一起，使垂直方向高耸的山体与横向的水面互相衬托，避免了只有山或只有水的单调；园林中还常在水平的湖面岸边配以高直的乔木，如杭州植物园小湖边配植高耸的水杉等，平直的强烈对比，给人留下了难忘的印象。园林布局中还常利用忽而横向，忽而纵向，忽而深远，忽而开阔的手法，造成方向上的对比，增加空间在方向上变化的效果。

④ 空间的对比　在空间处理上，开敞空间与闭锁空间也可形成对比。在园林绿地中利用空间的收放与开合，形成敞景与聚景的对比，开敞风景与闭锁风景两者共存于同一园林中，相互对比，彼此烘托，视线忽远忽近，忽放忽收，可增加空间的对比感、层次感，达到引人入胜。如颐和园中苏州河的河道由东向西，随万寿山后山山脚曲折蜿蜒，河道时窄时宽，两岸古树参天，影响空间时开时合，时收时放，交替向前，通向昆明湖。合者，空间幽

静深邃；开者，空间宽敞明朗；在前后空间大小的对比中，景观效果由于对比而彼此得到加强。最后来到昆明湖，则更感空间之宏大，湖面之宽阔，水波之浩渺，使游园者的情绪，由最初的沉静转为兴奋，再沉静，再兴奋，把游人情绪引向高潮。这种对比手法在园林空间的处理上是变化无穷的。

⑤ 明暗的对比　由于光线的强弱，造成景物、环境明暗，而环境的明暗使人有不同的感受。明，给人以开朗、活泼的感觉；暗，给人以幽静柔和的感觉。在园林绿地中，布置明朗的广场空地供游人活动，布置幽暗的疏林、密林，供游人散步休息。一般来说，明暗对比强的景物令人有轻快振奋的感觉，明暗对比弱的景物令人有柔和沉郁的感觉。在密林中留块空地，叫林间隙地，是典型的明暗对比，如同较暗的屋中开个天窗。如苏州留园，要先经过一段狭长而幽暗的弄堂和山洞，然后才到达主庭院，经过明暗对比，使人产生"柳暗花明又一村"的感觉，深感庭院空间的开敞明朗。

⑥ 虚实的对比　园林绿地中的虚实，常常是指园林中的实墙与空间，密林与疏林草地，山与水的对比，等等，在园林布局中要做到虚中有实、实中有虚是很重要的。虚予人以轻松，实予人以厚重，山水对比，山是实、水是虚；建筑与庭院对比，则建筑是实，庭院是虚；建筑四壁是实，内部空间是虚；墙是实，门窗是虚；岸上的景物是实，水中倒影是虚。由于虚实的对比，使景物坚实而有力度，空凌而又生动。园林十分重视布置空间，处理虚的地方以达到"实中有虚，虚中有实，虚实相生"的目的。例如圆明园九州"上下天光"用水面衬托庭院，扩大空间感，以虚代实；再如苏州怡园面壁亭的镜借法，用镜子把对面的假山和螺髻亭收入镜内，以实代虚，扩大了境界。此外，还有借用粉墙、树影产生虚实相生的景色。园林中的围墙，常做成透花墙或铁栅栏，就打破了实墙的沉重闭塞感，产生虚实对比效果，隔而不断，意境深远，与园林活泼气氛协调。

⑦ 色彩的对比　色彩的对比与调和包括色相与色度的对比与调和。色相的对比是指相对的两个补色产生对比效果，如红与绿，黄与紫；色相的调和是指相邻的色，如红与橙、橙与黄等。颜色的深浅叫色度，黑是深，白是浅，深浅变化即是黑到白之间的变化。一种色相中色度的变化是调和的效果。园林中色彩的对比与调和是指在色相与色度上，只要差异明显就可产生对比的效果，差异近似就产生调和的效果。利用色彩的对比关系可引人注目，以便更加突出主题，如"万绿丛中一点红"，由于万绿的衬托，而一点红显得格外醒目，成为构图中的主题。还有如常绿树前的白色大理石雕像，无论色彩和质地都是恰当的对比，使主题十分突出。植物的色彩一般是比较调和的，因此在种植上多用对比，以产生层次。秋季在艳红的枫叶林、黄色的银杏树的后面，应有深绿色的背景树林来衬托。反之如果白玉兰的背景是天空，紫薇的背景是红墙，那就会给人一种模糊不清的感觉，观赏效果较差。

⑧ 质感的对比　在园林绿地中，可利用山石、水体、建筑、植物、道路、广场等所使用不同材料的质感造成对比，增强效果。即使植物，也因种类不同，有粗糙与细密、厚实与空透的不同。建筑中的墙，有砖墙、石墙、混凝土墙、大理石墙以及加工方法的不同，而使材料质感上有差异。不同材料质地给人不同的感觉，如粗面的石材、混凝土、粗木、建筑等给人的感觉稳重，而细致光滑的石材、细木等给人的感觉轻松。利用材料质感的对比，可造成雄厚、轻巧、庄严、活泼或以人工胜或以自然胜的不同艺术效果。

⑨ 疏密对比　疏密对比在园林构图中比比皆是。如群林的林缘变化是由疏到密和由密到疏和疏密相间，给景观增加韵律感。《画论》中提到"宽处可容走马，密处难以藏针"，故颐和园中有烟波浩渺的昆明湖，也有林木葱郁、宫室建筑密集的万寿山，形成了强烈的疏密

对比。有疏有密才能形成不同的空间，达到步移景异的效果。

　　⑩ 动静对比　六朝诗人王藉《入若耶溪》诗里有一联说："蝉噪林逾静，鸟鸣山更幽"。诗中的"噪"和"静""鸣"和"幽"都是自相矛盾的两个方面，作者却把它们撮合在一起，需要仔细玩味，方能知其奥妙。林阴深处有蝉常噪，可使环境平添几分寂静之感。山谷之中有鸟啼鸣，益增环境之幽邃气氛。人们只有在夜深人静的时候，才能听到秒钟的滴答声，它表明四周万籁俱寂。在庭院里种上几株芭蕉，能把庭院空间提高到诗一般的境界。动静对比在园林中表现在各个方面，亭、台、楼、阁等园林建筑原本是静止的，但它的飞檐翘角在静穆中有飞动之势，静态中有动势之美。

图 3-4　韵律与节奏

　　在园林艺术结构图中，如果只有调和，没有对比，则虽易达到统一，但构图欠生动，使人感到单调；如果过分强调对比而忽略了调和，则虽构图多样、生动，但缺少统一感，使人感到杂乱无章。故调和是园林艺术构图变化中求统一的手法，对比是统一中求变化的手法。

（四）韵律与节奏

　　诗歌要有韵律，音乐要求节奏，是指声音和乐曲有规律的重复和变化。自然界中许多现象，常是有规律的重复出现，有节奏的重复变化。例如海边的浪潮，一浪一浪地向岸上扑来，均匀而有节奏。在园林绿地中，如道旁植树，是种一种树好，还是两种树间种好；在一个带形用地上，设计一个长花坛好，还是设计成几个花坛并列起来好，这都牵涉构图中的韵律节奏问题（见图 3-4）。

　　所谓韵律与节奏即某些组成因素作有规律的重复，在重复中又组织变化。韵律与节奏能赋予园林以生气活跃感，表现出情趣和速度感。重复是获得韵律的必要条件，但只有简单的重复则易感单调，故在韵律中又要有节奏上的变化。园林构图中的韵律与节奏方式很多，常见的有如下形式。

　　（1）简单韵律　即由同一组成因素作有规律的重复出现的连续构图，如等距栽植的行道树，等高、等距的梯级登山道，等高、等距的游廊、宣传廊等。

　　（2）交替韵律　即由两种以上组成要素有规律地交替重复出现的连续构图。如"溪湾柳间栽桃"；两个品种相间种植的行道树；一段梯级与一段平台交替布置等。

　　（3）渐变韵律　即由同一组成因素有规律地增加或有规律地减少出现的逐渐变化的连续构图。色彩由深到浅的变化，体形由小到大的逐渐变化都能构成渐变韵律，如中国式建筑——塔、层云式的树桩盆景。

（4）起伏韵律　即由某一组成因素有规律地增加和有规律地减少同时出现的起伏增减变化的连续构图。如山脊地形线、林冠线的有起有伏，水岸线、林缘线的有进有退。

（5）拟态韵律　即由某一组成因素有规律纵横交错或多个方向出现重复变化的连续构图。如在园林铺地中，以卵石、片石、水泥板、砖瓦等不同材料，可按纵横交错的各种花纹，组成连续图案，设计得宜，能引人入胜。花坛的外形相同，但花坛内种的花草种类、布置又各不相同；漏窗的窗框一样，但花饰又各不相同等。这些都能产生良好的韵律节奏感。

（6）交错韵律　即某一因素作有规律的纵横穿插或交错，其变化是按纵横或多个方向进行的。如空间的一开一合，一明一暗，景色有时鲜艳，有时素雅，有时热闹，有时幽静，如组织得好都可产生节奏感。常见的例子是园路的铺装，用鹅卵石、片石、水泥板、砖瓦等组成纵横交错的各种花纹图案，连续交替出现，设计得宜，能引人入胜。

在园林布局中，有时一个景物，往往有多种韵律节奏方式可以运用，在满足功能要求的前提下，可采用合理的组合形式，能创作出理想的园林艺术形象。

（五）渐变

渐变是按一定顺序发生、发展的、连续的、逐渐的变化。例如自然界中一年四季的季相变化；天穹中自天空到地平线的色彩变化；人的视野由近到远，物体从清晰到模糊的过程；建筑墙面由于光源影响所呈现的由明到暗以及色彩上的逐渐转变等均属渐变。这种变化的范围，有时也可能是从对比的这一个极端逐渐变化为另一个极端。因此，渐变有时也包含着对比与调和两个因素，通过渐变的形式，把两个对立因素统一在同一个构图之中。这种构图方式给人以既含蓄又富于变幻的情思。

中国南北跨度甚远，气候变化是一个渐变过程，但也有因一山之隔而引起气候的突变。如因秦岭山脉的阻隔，山的南北气候迥然不同，这就产生了急变，这是自然现象。反映在园林设计中，由一个空间转向另一个空间，时常采用渐变的手法，注重空间过渡，使景物之间容易协调统一。然而也并不排斥园林空间的突变，如处理园中园时，一定采取封闭式庭院，周围院墙高筑，与外界隔离，其中风景结构自成体系，这时无需采取过渡形式，这在构图中是允许的。与中国园林风格迥异的西洋园林之所以能出现在圆明园中，就是用的这种手法。

（六）多样与统一

多样与统一是形式美的最高原则，因为它包含了比例尺度、均衡与稳定、对比与调和、韵律与节奏、渐变等方面的所有内容，体现出的是整个宇宙世间多样统一、变化一致的整齐性、差异性。

多样是指宇宙万物间诸多事物千差万别的差异性、个性，而统一则指各种具有差异性的个性事物间所蕴藏的整体性、共性。它体现了事物自身所具有的特性，事物自身在形式上有大小、方圆、高低、长短、粗细、正斜、曲直等特性，在质量上具有刚柔、润燥、轻重特性，在动势上具有疾徐、动静、聚散、抑扬、进退、升降等性质，而这些相对立的因素有机地体现在某一具体事物上，便形成了和谐美。因而，和谐就是一种寓异于同，同中见异，寓多于一，多统于一，在纷繁丰富的差异性表现中体现出共同一致的美，具有相辅相成、相映成趣的审美魅力。

多样统一的原则在园林中的应用是指园林中的各组成部分，它们的体形、体量、色彩、线条、形式、风格等，要求有一定程度的相似性或一致性，给人以统一的感觉。由于一致性程度的不同，引起统一感的强弱也不同。十分相似的一些园林组成部分即产生整齐、庄严、肃穆的感觉，但过分一致又觉呆板、郁闷、单调。所以园林中常要求统一当中有变化，或是变化当中有统一，也就是"多样统一"的原则。

（七）比拟联想

园林绿地既是物质产品又是造型艺术，所以国外有人称其为"人类自然环境的塑造"。但我国园林艺术不仅塑造了自然环境，更具有独到的意境设计，即"寓情于景，寓意于景"，把"情"与"意"通过"景"而见景生情。这就是通过形象思维、比拟联想创造比园景更为广阔、久远、丰富的内容，创造了诗情画意，平添了无限的意趣。

园林构图中运用比拟联想的方法很多，略举一二。

1. 模拟

模拟自然山水风景，创造"小中见大""咫尺山林"的意境，使人有"真山真水"的感受，联想到名山大川，天然胜地。若处理得当，使人面对着园林的小山、小水产生"一峰则太华千寻，一勺则江湖万里"的联想，这是以人力巧夺天工的"弄假成真"。

中国园林在模拟自然山水的手法上有独到之处，善于综合运用空间组织、比例尺度、色彩质感、视觉感受等，使一石有一峰的感觉，使散置山石有平岗山峦的感觉，使池水有不尽之意，犹如国画"意到笔未到"，给人联想无穷。

2. 对植物的拟人化

运用植物的特性美、姿态美，给人以不同的感染。产生了比拟与联想。

松——象征坚强不屈万古长青的英雄气概；

竹——象征"虚心有节"，节高清雅的风尚；

梅——象征不屈不挠，英勇坚贞的品质；

兰——象征居静而芳，高雅不俗的情操；

菊——象征贞烈多姿，不怕风霜的性格；

柳——象征强健灵活，适应环境的优点；

枫——象征不怕艰难困苦，晚秋更红；

荷花——象征廉洁朴素，出淤泥而不染；

迎春——象征欣欣向荣，大地回春。

这些园林植物，如"松、竹、梅"有"岁寒三友"之称；"梅兰竹菊"有"四君子"之称；常是诗人画家吟诗作画的好题材。在园林绿地中适当运用，可增色不少。

3. 运用园林建筑、雕塑造型产生的比拟联想

园林建筑雕塑造型常与历史事件、人物故事、神话小说、动植物形象相联系，所以能使人产生艺术联想。卡通式的小房、蘑菇亭、月洞门，使人犹入神话世界。如上海虹口公园鲁迅墓前的鲁迅像，身穿长衫，和蔼地坐在花坛中，使人联想起鲁迅生前如何亲切地生活在群众之中的故事。再如西安儿童公园"娃娃骑金鱼"，青岛中山公园"海滩的婴儿"喷水池雕都是富于想象的。雕塑造型在我国现代化园林绿地中应该加以提倡，它在联想上的作用特别显著。

4. 遗址访古产生联想

我国历史悠久，古迹、文物很多，在近代历史中还有许多革命纪念地和故居，存有许多民间神话传说以及革命故事。人们参观游览时，自然会联想到当时的情景，给人以多方面的教益。如杭州的岳坟、灵隐寺，武汉的黄鹤楼，上海豫园的点春堂，北京的颐和园，成都的武侯祠、杜甫草堂，苏州的虎丘等，遗址访古内容特别丰富，在旅行游览中具有很大的吸引力，给游人带来许多回忆与深思。在规划中务必抓住一个"古"字，如果对国家文物保护单位的古迹、故居，不保持当时的环境面貌，不"整旧如旧"，那就无所谓"遗址访古"，也无法从古迹、故居、古物中联想当时情景了。

5. 题名、题咏等所产生的比拟联想

好的题名、题咏不仅对"景"起画龙点睛的作用，而且含义深、韵味浓、意境高，能使游人产生诗情画意的联想。如西湖的"平湖秋月"，每当无风的月夜，水平似镜，秋月倒影湖中，令人联想起"万顷湖平长似镜，四时月好最宜秋"的诗句。再如桂林的"象山水月"。象鼻山位于漓江之滨，山下有"水月洞"，水、月、洞三者结合，景色奇幻，正是"水底有明月，水上明月浮，水流月不去，月去水还流"。

题咏也有运用比拟联想的，如陈毅"游桂林"诗摘句："水作青罗带，山如碧玉簪。洞穴幽且深，处处呈奇观。桂林此三绝，足供一生看。春花娇且媚，夏洪波更宽。冬雪山如画，秋桂馨而丹"。短短几句把桂林"三绝"和"四季"景色特点描写得栩栩如生。把实境升华为意境，令人浮想联翩。

题名、题咏、题诗确能丰富人们的联想，提高风景游览的艺术效果。

第三节　园林绿地构图的基本手法

一、景与赏景

（一）景与园林中的景

什么是景？《说文解字》中说景："光也。从日京声"。古人认为风和日丽就叫景，一切景物都只有在日光下才能在视觉上成景。《辞海》中说景："风光、景色"；《现代汉语词典》和《汉语大词典》中说景："风景、景致"。它们把对景的一般解释引向了审美范畴，认为景是美的，是可以供人们观赏的。景的形象是多种多样的。如高山峻岭之景、江河湖海之景、林海雪原之景、高山草原之景、花港观鱼之景、与文物古迹结合的观览之景、与风土民情结合的风光美景，等等。景的类型之多、变化之大，不胜枚举，但都有一个共同的特征：即景是以自然物为主体所形成的，能引起美感的审美对象，而且必定是以时空为特点的多维空间，具有诗情画意，令人赏心悦目，使人流连。

园林中的景，是指在园林绿地中，自然或经人工创造的，以能引起人的美感为特征的一种供作游憩欣赏的空间环境。园林和风景名胜是由许多孤立的、连续或断续的景，以某种方式组接和流通所构成的空间境域。黄山之奇、泰山之雄、峨眉之秀和华山之险，都是这些空间景域内的风景特征。由众多的景构成和谐的统一体，统一性愈强，其风景特征愈明显。一般园林中的景均根据特征而命名，如"卢沟晓月""断桥残雪"等，这些景有人工的也有自然的。人工造景要根据园林绿地的性质、功能、规模，因地制宜地运用园林绿地构图的基本规律去规划设计。

（二）园林赏景

1. 赏景的方式

风景被感知的途径有两个系统。首先景的感受是通过人体的五种感觉器官去感受的，即眼、耳、鼻、舌、身。按感觉的重要性，以视觉为最，视觉作用于客体，首先是物体的形状与色彩，所以景观的空间轮廓和色彩是非常重要的。但是还有许多景是要配合其他器官去感受的，如西湖十景的柳浪闻莺和南屏晚钟，突出的就是音响效果。兰花的幽香，梅花暗香，均需要嗅觉器官来配合。重庆的南北温泉，西安的华清池和青岛的海滨浴场，都是全国闻名的风景区，但只有当人们泳沐其间，才能感受其间的奥妙。这正是触觉的作用。歌德说"人是一个整体，一个多方面的内在联系着的能力的统一体，人的眼、耳、鼻、舌、身在一个统一体上，会共同发生作用。人的大脑发达，又具各种器官，所以产生美感的条件胜过任何动物。"其次，由于人具有大脑，所以人能思考，能联想，当人身临其境的时候，审美的客体和主体产生了互动，作为客体的风景对人的作用由人的年龄、职业、性别、文化水平、社会经历、兴趣和爱好的不同而不同。中国古典园林的精华所在，就在于强调感受，即触景生情，情景交融，最后达到艺术的最高境界产生意境。对同一景色，不同的人有不同的感受。同一景色，同一个人由于不同的赏景方式如视点、位置等不同得到的感受也不同。

（1）动态观赏与静态观赏 景的观赏有动静之分，即动态观赏和静态观赏。动就是游，静就是息。游而不息则累，息而不游则怠。因此一般园林绿地的规划，应从动静两方面的要求考虑。在动的游览路线上，应系统地布置多种景观，在重点地区，游人必须停下来，对四周景物进行静态的观赏品评。动态观赏如同看电影，成为一种动态的连续构图。动态观赏一般多为进行中的观赏，可采用步行或乘车乘船的方式进行。静态观赏，如同欣赏一幅风景画。静态构图中，主景、配景、前景、背景、空间组织和构图的平衡轻重固定不变。所以静态构图的景观观赏点也正是摄影家和画家乐于拍照和写生的位置。静态观赏除主要方向的主要景色外，还要考虑其他方向的景色布置，静态观赏则多在亭廊台榭中进行。现以步行游西湖为例，自湖滨公园起，经断桥白堤至平湖秋月，在水轩露台中稍作停留，依曲栏展视三潭印月、玉皇山、吴山和杭州城，四面八方均有景色，或近或远，形成静态观赏画面。离开平湖秋月继续前进，左面是湖，右面是孤山南麓诸景色，又转为动态观赏，及登孤山之顶，在西泠印社，居高临下，再展视全湖，又成静态观赏。离孤山，在动态观赏中继续前进，至岳坟后再停下来，又可作静态观赏。再前行则为横断湖面的苏堤，中通六桥，春时晨光初后、宿雾乍收、夹岸柳桃、柔丝飘拂、落英缤纷，游人漫步堤上，两面临波，随六桥之高下，路线有起有伏，这自然又是动态观赏了。但在堤中登仙桥处，布置花港观鱼景区，游人在此可以休息，可以观鱼观牡丹，可以观三潭印月、西山南山诸胜，又可作静态观赏。实际上，动静观赏不可能完全分开，可自由选择，动中有静、静中有动，或因时令变化、交通安排、饮食供应的不同而异（见图3-5）。

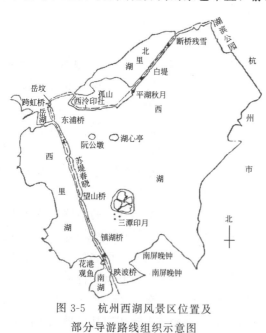

图3-5 杭州西湖风景区位置及
部分导游路线组织示意图

同是动态观赏，景观效果也不完全相同。如乘车游览，无限风光扑面而来，但往往是一瞥的印象，景物在瞬间即向后消逝。所以动态观赏往往因游览者前进的速度不同，对景色的感受各异。如缓步慢行，景物向后移动的速度较慢，景物与人的距离较近，可随人意既可注视前方，又能左顾右盼，视线的选择就更自由了。步行游览应是游览的主要方式。乘船游览虽属动态，如水面较大，视野宽阔，景物深远，视线的选择也较自由，与置身车中的展望就不一样了。在园林设计中，应重视动观之中量的掌握。一般来说，速度与景物的观赏上存在以下的关系：时速1km移动的观赏者，对景物的观察有足够的时间，且与景物的距离较近，焦点一般集中在细部的观察上，比较适宜观赏近景。而时速5km移动时，观赏者可以保证对中景有适宜的观赏速度，而时速30km移动时，观赏者已无暇顾及细节的赏析，而比较注重对整体的把握，对远景有较强的捕捉能力。一般对景物的观赏是先远后近，先群体后个体，先整体后局部，先特殊后普通，先动景如舟车人物，后静景如桥梁树木。乘车观赏选择性较少，多注意景物的体量轮廓和天际线，沿途重点景物应有适当视距，并注意景物不凌乱、不单调、连续而有节奏、丰富而有整体感。因此，对景区景点的规划布置应注意动静的要求，各种方式的游览要求，能给人以完整的艺术形象和境界。

（2）平视、俯视、仰视的观赏　游人在观赏过程中，因所在位置不同，或高或低而有平视、俯视、仰视之分。平视、俯视、仰视的观赏对游人的感受是不同的。

① 平视观赏　视线平望向前，使人有平静、深远、安宁的气氛，不易疲劳。平视风景与地面平行的线组，均有向前消失感。距离愈远景物愈小，色泽愈灰，能反映出景物的远近和深度。因而平视对景物的深度有较强的感染力。平视风景都布置在开阔的江、河、湖、海之滨。在视点处可设亭、廊或水榭以供凭栏远眺。同时在远眺中有一种可望而不可即的心理，如远山、天边白云，水天一色，闲闲鸥鸟，风帆远扬，孤村炊烟等引起的情怀十分复杂，是渴望远眺的一种引力。对西湖风景温柔恬静之感，大多是与平视景观分不开的。

② 俯视观赏　游人视点高，景物都呈现在视点下方，如果观者的视线俯视向前，此时与中视线平行的线组，均向下消失，故视点愈高，景物就显得愈小。"会当凌绝顶，一览众山小"，过去有登泰山而小天下之说法，就是这种境界。再者人的视点受身材高度的影响，视线高一般为1.5～1.7m，对周围景物均存在严重的透视变形，圆的成了椭圆，方的成了长方，已经习以为常。如一旦提高视点，看到平日不常见到的全貌，感到十分新奇，尤其有图案的花坛俯视比平视美多了。这一点也是人们喜欢居高临下的重要原因之一。

俯视景观的空间垂直深度感特别强烈。由于俯视点与景物的水平距离不同，便产生了俯视鸟瞰和平视鸟瞰两种不同的景观。在形势险峻的高山上，可以俯视深沟峡谷，有惊险感。平视鸟瞰是远景，视点远伸，有胸襟开阔、目光远大、心旷神怡之感。

中国园林常常在天然形势险峻、俯视风景很深的峡谷和河川的山上布置亭桥和建筑等，居高临下，创造游览胜景。如无地势可借者，建楼台或高塔，亦可收到俯视的效果。

③ 仰视观赏　当景物高大、视点距离很近或视点在景物的下方时，均须仰视方能鉴赏景物，与中视线平行的线条有向上消失感。因而对景物高度的感染力特别强烈，易形成雄伟、庄严感。在园林中为了强调主景形象高大，可以把游人视点安排在离主景高度一倍以内，不使人有后退的余地，借用错觉使景象显得比实际高大，这是经济的艺术处理手法之一。古典园林中堆叠假山，不是从增加假山的绝对高度考虑，而是采用仰视手法，将视点安排在离假山较近的距离内，游人被迫仰视假山，产生山峰样的错觉。

苏州古典园林中，观赏点与景物之间的距离一般都不大。这固然受园林面积所限，但也由于园中厅堂常以假山作为主要对景，而通常假山高度都不超过7m，若视距过大，山石就显得低矮，所以大多以采用 12～20m 的视距为宜。峰石应近看，一般都放在庭园的小空间内，以显其高。

平视、俯视、仰视的观赏有时不能截然分开。如登高山峻岭，先在下面向上望，再一步步地向上攀登，眼前就出现一组组的仰视画面；当登上最高处时，向四周平视鸟瞰，及至一步步返回地面时，眼前又出现一组组的俯视鸟瞰景观。这是因为风景是游赏空间，是连续的立体画。

2. 观赏点与观赏视距

观赏点是指游人所处的位置。观赏点的布置最好能因高就低，位置错落，或登高（山、楼）眺望，或临水入榭平视。使游人从不同的角度、不同的高程欣赏风景、增加景色的变化。主要观赏点所在的位置，要考虑安置休息设施，如亭、榭、廊、花架、座椅等。有些设施本身就构成了风景点。

观赏视距，指观赏点与被观赏景物之间的距离。观赏视距恰当与否直接影响到观赏的艺术效果。正常人的明视距离是 25cm，4km 以外的景物就看不清楚了，在大于 500m 时，对景物有模糊的形象（见图 3-6）。如果要看清楚景物的轮廓，如雕像的造型，识别花木的类别，则距离应缩短到 250～270m。

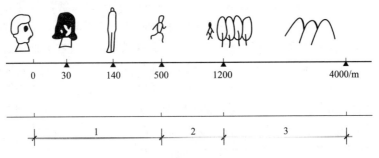

图 3-6　观赏的视距特性

观赏视域指正常人的眼睛在静止时，所能看到的视场范围。正常情况下，不转动头部，而能看清景物的垂直视场为 26°～30°，水平方向为 45°，超过此范围，就要转动头部去观察，对景物的整体构图或整体印象就不够完整，而且容易疲劳。

根据以上视距和视域清晰范围，在园林景物中，垂直视域为 30°时，其合适的观赏视距为 $D = 3.7(H-h)$。粗略估计，大型景物的合适观赏视距约为景物高度的 3.3 倍，小型景物的合适观赏视距约为景物高度的 3 倍。

水平视域为 45°时，其合适的观赏视距为景物宽度的 1.2 倍。

一般情况下，人们在观赏景物时对景物高度的完整性大于宽度的完整性，所以在园林绿地规划时，应注意当景物宽大于高时，以高为主综合考虑。当景物高大于宽时要以宽为标准计算观赏视距。对于景物的高度，垂直视角如果分别用 18°、27°、45°安排，27°为景物高度的 2 倍，45°为景物高度的 1 倍。如能分别留出空间，当以 18°的仰角观赏时，则 18°视距为景物高度的 3 倍，则可同时观察景物的整体和周围的环境。景物有逐渐疏远、淡化的感觉。当视角为 27°时，可观察到景物的全部，可获得比较紧凑的景观效果。当视角为 45°时，则只能观察景物的局部或者细部，有胁迫感（见图 3-7）。园林中的主景，如建筑、雕塑等，可考虑分别在景物高度的 1、2、3、4 倍距离处，安排广场或休息设施使游人在不同的视距内对同一景物收到步移景异的效果。

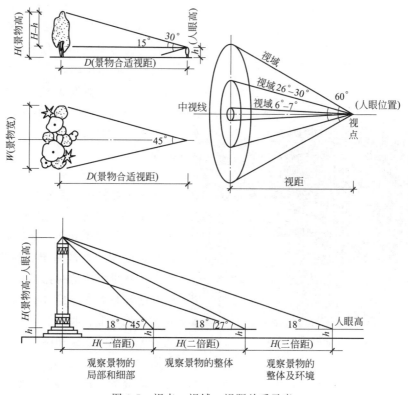

图 3-7 视点、视域、视距关系示意

3. 赏景的层次

赏景层次可简单概括为观、品、悟三个阶段，它们是一个由被动到主动、从实境至虚境的复杂的心理活动过程。园林赏景之"观"，是以园景为主，整个心理活动表现出一种相对被动状态；园林赏景之"品"，则以游赏者为主，整个心理活动表现出一种相对主动状态。园林赏景达到"品"的阶段，对一般游赏者来说也就基本完成了，但还不是园林赏景的最高境界。相对于前两个阶段，园林赏景的第三个阶段可称之为"悟"。园林赏景中的"悟"，则是理解，是思索，是了悟，是游赏者从梦境般的园游中醒悟过来，而沉入一种回忆，一种探求，在品味、体验的基础上进行哲学思考，以获得对园林意义的深层的理性把握。如范仲淹在《岳阳楼记》中，从"衔远山，吞长江，浩浩荡荡，横无际涯"的意境中，升华为"先天下之忧而忧，后天下之乐而乐"的崇高人生观。中国园林就是这样小中见大，把外界大自然的景色引到游赏者面前，使人们从小空间进到大空间，突破有限，通向无限，从而对整个人生、历史、宇宙产生一种富有哲理性的感受和领悟，引导游赏者达到园林艺术所追求的最高境界。

二、园林造景

(一) 主景与配景

景无论大小均有主景与配景之分，就整个园林而言，主景是全园的重点、核心，它是空间构图中心，它往往体现园林的功能与主题，是全园视线的控制焦点，在艺术上富有感染力。园林的主景，按其所处空间的范围不同，一般包括有两个方面的含义：一个是指整个园子的主景；一个是指园子中由于被园林要素分割的局部空间的主景。以颐和园为例，前者全

图 3-8　北海的白塔

园的主景是佛香阁排云殿一组建筑，后者如谐趣园的主景是涵远堂。配景起衬托作用，可使主景突出，像绿叶扶红花一样，在同一空间范围内，许多位置、角度都可以欣赏主景，而处在主景之中，此空间范围内的一切配景，又成为欣赏的主要对景，主景与配景相得益彰。突出主景的方法如下。

1. 主体升高

为了使构图的主题鲜明，常常把集中反映主题的主景，在空间高程上加以突出，使主景主体升高。升高的主景，由于背景是明朗简洁的蓝天，使主景的造型、轮廓、体量鲜明地衬托出来，而不受或少受其他环境因素的影响。但是升高的主景，在色彩上和明暗上，一般和明朗的蓝天取得对比。如颐和园的佛香阁、北海的白塔（见图 3-8）、南京中山陵的中山灵堂、广州越秀公园的五羊雕塑，等等，都是运用了主体升高的手法来强调主景。

2. 运用轴线和风景视线的焦点

轴线是园林风景或建筑群发展、延伸的主要方向，一般常把主景布置在中轴线的终点。此外，主景常布置在园林纵横轴线的相交点，或放射轴线的焦点或风景透视线的焦点上。

3. 对比与调和

对比是突出主景的重要技法之一。园林中，作为配景的局部，对主景要起对比作用。配景对于主景在线条、体形、体量、色彩、明暗、动势、性格、空间的开朗与封闭，布局的规则与自然，都可以用对比的手法来强调主景。

首先应该从规划上来考虑，如主要局部与次要局部的对比关系。其次考虑局部设计的配体与主体的对比关系。如昆明湖开朗的湖面，为颐和园水景中的主景，有了闭锁的苏州河及谐趣园水景作为对比，就显得格外开阔。

在局部设计上，白色的大理石雕像应以暗绿色的常绿树为背景；暗绿色的青铜像，则应以明朗的蓝天为背景，秋天的红枫应以暗绿色的油松为背景；春天红色的花坛应以绿色的草地为背景。

单纯运用对比，能把主景强调和突出，但是，突出主景仅是构图的一方面要求，构图尚有另一方面的要求，即配景和主景的调和与统一。因此，对比与调和常是渗透起来综合运用，使配景与主景达到对立统一的最高效果。

4. 动势向心

一般四面环抱的空间，如水面、广场、庭院等，其周围次要的景色往往具有动势，趋向于视线集中的焦点上，主景最宜布置在这个焦点上。为了不使构图呆板，主景不一定正对空间的几何中心，而偏于一侧。如西湖四周景物，由于视线易达湖中，形成沿湖风景的向心动势。因此，西湖中的孤山便成了"众望所归"的焦点，格外突出。杭州玉泉观鱼，则是利用这种环拱空间动势向心的规律，突出了观鱼的水池。

5. 渐层

在色彩中，色彩由不饱和的浅级到饱和的深级，或由饱和的深级到不饱和的浅级，由暗色调到明色调，由明色调到暗色调所引起的艺术上的感染，称为渐层感。

园林景物，由配景到主景，在艺术处理上，级级提高，步步引人入胜，也是渐层的处理手法。

颐和园佛香阁建筑群，游人进入排云门时，看到佛香阁的仰角为 28°。上一层到了排云殿后，看佛香阁仰角为 49°。再进一层到德辉殿后，看佛香阁时，仰角为 62°。游人与景物之间，关系步步靠近，佛香阁主体建筑的雄伟感随着视角的上升而步步上升。把主景全置在渐层和级进的顶点，把主景步步引向高潮，是强调主景和提高主景艺术感染的重要处理的手法。此外空间的进一重又一重，所谓"园中有园，湖中有湖"的层层引人入胜的手法，也是渐层的手法。杭州的三潭印月为湖中有湖、岛中有岛，颐和园的谐趣园为园中有园。

6. 空间构图的重心

为了强调和突出主景，常常把主景布置在整个构图的重心处。规则式园林构图，主景常居于构图的几何中心。如天安门广场中央的人民英雄纪念碑，居于广场的几何中心。自然式园林构图，主景常布置在构图的自然重心上。如中国传统假山，主峰切忌居中，就是主峰不设在构图的几何中心，而有所偏，但必须布置在自然空间的重心上，四周景物要与其配合。

7. 抑扬

中国园林艺术的传统，反对一览无余的景色，主张"山重水复疑无路，柳暗花明又一村"先藏后露的构图。中国园林的主要构图和高潮，并不是一进园就展现眼前，而是采用欲"扬"先"抑"的手法，来提高主景的艺术效果。如苏州拙政园中部，进了腰门以后，对门就布置了一座假山，把园景屏障起来，使游人有"疑无路"的感觉，可是假山有曲折的山洞，仿佛有光，游人穿过了山洞，所得的印象豁然开朗，达到别有洞天的境界，使主景的艺术感染大大提高。

综上所述，主景是强调的对象，为了达到目的，一般在体量、形状、色彩、质地及位置上都被突出。为了对比，一般都用以小衬大、以低衬高的手法突出主景。但有时主景也不一定体量很大、很高，在特殊条件下低在高处、小在大处也能取胜，成为主景。如西湖孤山的"西湖天下景"，就是低在高处的主景。

（二）景的层次

景就距离远近、空间层次而言，有前景、中景、背景之分（也叫近景、中景与远景）。一般前景、背景都是为了突出中景而言的。这样的景富有层次和感染力，给人以丰富而不单调的感觉。

在绿化种植设计中，也有前景、中景和背景的组织问题，如以常绿的桧柏（或龙柏）丛作为背景，衬托以五角枫、海棠花等形成的中景，再以月季引导作为前景，即可组成一个完整统一的景观。

有时因不同的造景要求，前景、中景、背景不一定全部具备，如在纪念性园林中，需要主景气势宏伟，空间广阔豪放，以低矮的前景简洁的背景烘托即可。另外，在一些大型建筑物的前面，为了突出建筑物，使视线不被遮挡，只做一些低于视平线的水池、花坛、草地作为前景，而背景借助于蓝天白云（见图3-9）。

图 3-9　景的层次

前景处理的手法有框景、夹景、漏景、添景。

1. 框景

凡利用门框、窗框、树框、山洞等，有选择地摄取另一空间的优美景色，恰似一幅嵌于框中的立体风景画，称为框景（见图 3-10）。《园冶》中谓"籍以粉壁为纸，以石为绘也。理者相石皴纹，仿古人笔意，植黄山松柏、古梅、美竹，收之圆窗，宛然镜中游也"。李渔于自己室内创设"尺幅窗"（又名"无心画"）讲的也是框景。扬州瘦西湖的吹台，即是这种手法。

框景的作用在于把园林绿地的自然美、绘画美与建筑美高度统一，高度提炼，最大限度地发挥自然美的多种效应。由于有简洁的框为前景，可使视线集中于画面的主景上，同时框景讲求构图和景深处理，又是生气勃勃的天然画面，从而给人以强烈的艺术感染力。

框景必须设计好入框的对景。如先有景而后开窗，则窗的位置应朝向最美的景物；如先有窗而后造景，则应在窗的对景处设置，窗外无景时，则以"景窗"代之。观赏点与框的距离应保持在框直径 2 倍以上，视点最好在框中心。

图 3-10　框景

2. 夹景

为了突出优美景色，常将左右两侧贫乏景观以树丛、树列、土山或建筑物等加以屏障，形成左右较封闭的狭长空间，这种左右两侧的前景叫夹景。夹景是运用透视线、轴线突出对景的方法之一，还可以起到障丑显美的作用，增加园景的深远感。同时也是引导游人注意的有效方法。

3. 漏景

漏景由框景发展而来，框景景色全现，漏景景色则若隐若现，有"犹抱琵琶半遮面"的感觉，含蓄雅致，是空间渗透的一种主要方法。漏景不仅限于漏窗看景，还有漏花墙、漏屏风等（见图 3-11）。除建筑构件外，疏林树干也是好材料，但植物不宜色彩华丽，树干宜空透阴暗，排列宜与景并列，所对景物则以色彩鲜艳、亮度较大为宜。

图 3-11　漏景

4. 添景

当风景点与远方对景之间没有其他中景、近景过渡时，为求主景或对景有丰富的层次感，加强远景"景深"的感染力，常做添景处理。添景可用建筑的一角、建筑小品、树木花卉等。用树木添景时，树木体形宜高大、姿态宜优美，如在湖边看远景若有几丝垂柳枝条作为近景的装饰就很生动。

（三）借景

有意识地把园外的景物"借"到园内可透视、感受的范围中来，称为借景。借景是中国园林艺术的传统手法。一座园林的面积和空间是有限的，为了扩大景物的深度和广度，丰富游赏的内容，除了运用多样统一、迂回曲折等造园手法外，造园者还常常运用借景的手法，收无限于有限之中（见图3-12）。

图 3-12 苏州拙政园借景北寺塔

1. 借景的内容

（1）借形组景 主要采用对景、框景、渗透等构图手法，把有一定景观价值的远、近建筑物，以至山、石、花木等自然景物纳入画面。

（2）借声组景 自然界声音多种多样，园林所需要的是能激发感情、怡情养性的声音。在我国园林中，远借寺庙的暮鼓晨钟、近借溪谷泉声、林中鸟语；秋借雨打芭蕉，春借柳岸莺啼。凡此均可为园林空间增添几分诗情画意。

（3）借色组景 夜色中对月色的因借在园林中受到十分重视。如杭州西湖的"三潭印月""平湖秋月"，避暑山庄的"月色江声""梨花伴月"等，都以借月色组景而得名。皓月当空是赏景的最佳时刻。

除月色之外，天空中的云霞也是极富色彩和变化的自然景色，云霞在许多名园佳景中作用是很大的，如在武夷山风景区游览的最佳时刻莫过于"翠云飞送雨"的时候，在雨中或雨后远眺"仙游"满山云雾紫绕，飞瀑天降，亭、阁隐现，顿添仙居神秘气氛，画面很动人。

植物的色彩也是组景的重要因素，如白色的树干、红色的树叶、黑色的果实等。

（4）借香组景 在造园中如何运用植物散发出来的幽香以增添游园的兴致是园林设计中一项不可忽视的因素。广州兰圃以兰花著称，每当微风轻拂，兰香馥郁，便为园增添了几分雅韵。苏州拙政园中"荷风四面亭"就是借花香组景的佳例。

2. 借景的方法

（1）远借 把远处的园外风景借到园内，一般是山、水、树木、建筑等大的风景。如北京颐和园远借西山及玉泉山之塔；避暑山庄借僧帽山、磬锤峰；无锡寄畅园借惠山；济南大明湖借千佛山等。为使远借获得更多景色，常常需登高远眺。要充分利用园内有利地形，开辟透视线，也可堆假山叠高台，山顶设亭或高敞建筑（如重阁、照山楼等）。

（2）邻借（近借） 就是把园子邻近的景色组织进来，一般景物均可作为借景的内容。如苏州沧浪亭园内缺水，而临园有河，则沿河做假山、驳岸和复廊，不设封闭围墙，从园内透过漏窗可领略园外河中景色，园外隔河与漏窗也可望园内，园内园外融为一体，就是很好的一例。再如邻家有一枝红杏或一株绿柳、一个小山亭,亦可对景观赏或设漏窗借取。如"一枝红杏出墙来""杨柳宜作两家春""宜两亭"等布局手法。

(3)仰借 系利用仰视借取的园外景观,以借高景物为主,如古塔、高层建筑、山峰、大树,包括碧空白云、明月繁星、翔空飞鸟等。如北京的北海借景山,南京玄武湖借鸡鸣寺均属仰借。仰借视觉较疲劳,观赏点应设亭台座椅。

(4)俯借 是指利用居高临下俯视观赏园外景物,登高四望,四周景物尽收眼底,就是俯借。所借景物甚多,如江湖原野、湖光倒影等。

(5)应时而借 系利用一年四季、一日之时,由大自然的变化和景物的配合而成。对一日来说,日出朝霞、晓星夜月。以一年四季来说,春光明媚,夏日原野,秋天丽日,冬日冰雪;就是植物也随季节转换,如春天的百花争艳,夏天的浓荫覆盖,秋天的层林尽染,冬天的树木姿态,这些都是应时而借的意境素材。许多名景都是应时而借而成名的,如"苏堤春晓""曲院风荷""平湖秋月""断桥残雪"等。

(四)对景与分景

为了满足不同性质园林绿地的功能要求,达到各种不同景的欣赏效果,创造不同的景观气氛,园林中常利用各种景观材料来进行空间组织,并在各种空间之间创造相互呼应的景观,对景和分景就是两种常用的手法。

1. 对景

位于园林轴线及风景线端点的景物叫对景。对景可以使两个景物相互观望,丰富园林景色,一般选择园内透视画面最精彩的位置作为观赏点。如安排亭、榭、草地等与景相对。景可以正对,也可以互对,位于轴线一端的景叫正对景,正对可达到雄伟、庄严、气魄宏大的效果。正对景在规则式园林中常成为轴线上的主景,如北京景山万春亭是天安门-故宫-景山轴线的端点,成为主景。在轴线或风景视线两端点都有景则称互为对景。互对很适于静态观赏,互成对景,互对景不一定有严格的轴线,可以正对,也可以有所偏离。如颐和园佛香阁建筑与昆明湖中龙王庙岛上涵虚堂即是。

2. 分景

我国园林多含蓄有致,忌"一览无余",所谓"景愈藏,意境愈大。景愈露,意境愈小"。为此目的,中国园林多采用分景的手法分割空间,使之园中有园,景中有景,湖中有湖,岛中有岛,园景虚虚实实,实中有虚,虚中有实,半虚半实,空间变化多样,景色丰富多彩。

分景按其划分空间的作用和艺术效果,可分为障景和隔景。

(1)障景(抑景) 在园林绿地中凡是抑制视线,引导空间的屏障景物叫障景(见图3-13)。障景一般采用突然逼近的手法,视线较快受到抑制,有"山重水复疑无路"的感觉,于是必须改变空间引导方向,而后逐渐展开园景,达到豁然开朗"柳暗花明又一村"的境界,即所谓"欲扬先抑,欲露先藏"的手法。如拙政园中部入口处为一小门,进门后迎面一组奇峰怪石,绕过假山石,或从假山的山洞中出来,方是一泓池水,远香堂、雪香云蔚亭等历历在望。障景还能隐藏不美观和不求暴露的局部,而本身又成一景。

障景务求高于视线,否则无障可言。障景常应用山、石、植物、建筑(构筑物)等,多数用于入口处,或自然式园路的交叉处,或河湖港汊转弯处,使游人在不经意间视线被阻挡和组织到引导的方向。

(2)隔景 凡将园林绿地分隔为不同空间、不同景区的手法称为隔景。隔景与障景不

图 3-13　上海龙华公园的山障

同，它不单抑制某一局部的视线，而是组成各种封闭或可以流通的空间，它可以用多种手法和材料，如实隔、虚隔、虚实隔等。实墙、山丘、建筑群、山石等为实隔；水面、漏窗、通廊、花架、疏林等为虚隔；水堤曲桥、漏窗墙等为虚实隔。中国园林利用多种隔景手法，创造多种流通空间，使园景丰富各有特色。同时园景构图多变，游赏其中深远莫测，从而创造出"小中见大"的空间效果。

（五）点景

我国园林善于抓住每一景观特点，根据它的性质、用途，结合空间环境的景象和历史，高度概括，常做出形象化、诗意浓、意境深的园林题咏。其形式多样，有匾额、对联、石碑、石刻等。题咏的对象更是丰富多彩，无论景象、亭台楼阁、一门一桥、一山一水，甚至名木古树都可以给予题名、题咏，如万寿山、知春亭、爱晚亭、南天一柱、迎客松、兰亭、花港观鱼、纵览云飞、碑林等。它不但丰富了景的欣赏内容，增加了诗情画意，点出了景的主题，给人以艺术联想，还有宣传装饰和导游的作用。各种园林题咏的内容和形式是造景不可分割的组成部分，把创作设计园林题咏称为点景手法，它是诗词、书法、雕刻、建筑艺术等的高度综合。

三、组景

（一）景点与景区

凡有景的观赏价值的一定区域叫景点，它是园林绿地构成的基本单元。一般园林绿地均由若干个景点组成一个景区，再由若干个景区组成整个园林绿地。我国古典园林每个园都有许多景，如圆明园 40 景，承德避暑山庄 72 景等，都是我国传统的"园中有园"规划结构思想的运用。现就杭州花港观鱼分区和组景介绍如下（见图 3-14）。

鱼池古迹景区位于公园东部，由苏堤进入东大门，北侧临湖即是旧鱼池和御碑亭，为花港观鱼旧址。景区中部为筑有湖石假山和藏山亭的一片草坪，草坪南接蒋庄——建于民国初年的私家园林。

大草坪景区位于公园北部，以东西长 200m、南北宽 80m 的大草坪为主体，供青少年开展集体活动。草地北邻西里湖，视野开阔，可远眺湖光山色。草坪其余三面以土丘及常绿树林带与其他景区分隔。草地边缘丛植雪松，形成葱翠、高耸的景观，草地中间配置了树群和

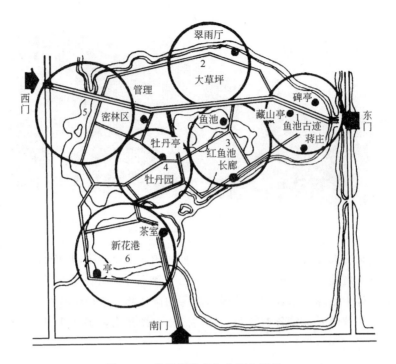

图 3-14　杭州花港观鱼分区和组景

小亭。

红鱼池景区位于公园中部，为公园平面构图中心。主体为大片鱼塘，水中置岛；以曲桥、土堤与外围园地相接。规划设置亭、廊、榭三组建筑环抱中央鱼池，将鱼池分为内外两个空间，以造成园中有园、层次丰富的空间。

牡丹园景区位于公园中部，邻接红鱼池；为公园的立面构图中心。筑有土丘假山，山顶置牡丹亭，山上种植牡丹，与假山石结合布置。小径将牡丹园划分成十多块种植台，以种植牡丹为主，以山石、红枫和翠柏衬托。

密林区位于公园西部，有贯通西里湖和小南湖的新花港水体，港岸自然曲折，两岸遍植花木及密林，每当春季，绿岸花径，野趣盎然。

新花港位于公园南部，设有草坪、疏林、亭廊及花港茶室。茶室坐落在花港与小南湖交汇处，骑岸临水，可与蒋庄、牡丹亭相互因借。

再如奥林匹克公园中心区景观设计中分为三个景区。第一部曲：渐步尘封。该段为奥林匹克中心区景观序列的序曲，展示独具特色的中国民族体育文化与传统体育文化，主要景观节点为"华夏之魂"主题雕塑和雕塑墙；第二部曲：走向世界。该段为奥林匹克中心区景观序列的高潮，是 2008 年奥运会欢庆的舞台。主要展示中国通过体育融入世界，走向未来的过程，也是中国传统型集会庆典与现代世界性集会庆典对话的地段。主要景观节点为"奥运之心"主题雕塑、奥林匹克主题广场——"相聚在北京"、中国奥林匹克博物馆、奥林匹克雕塑花园、奥林圣火坛等；第三部曲：走向未来。主题构思为畅想中国走向不可限量的未来。人类与自然和谐共处，进入可持续发展的"天人合一"的理想境界。主要景观节点为未来之门、天趣园等（见图 3-15）。

从以上分区和组景来看，各景点、景区在功能上有明确分工，构图各有特色，空间分

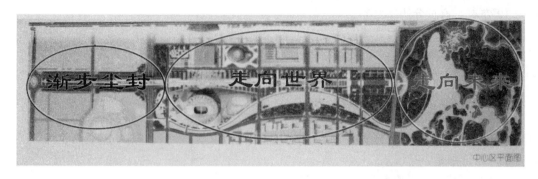

图 3-15 奥林匹克公园

隔多变而不失整体，所以景区规划结构的分级概念是组景的基本方法。

（二）空间组织

空间组织与园林绿地构图关系密切，空间有室内、室外之分，建筑设计多注意室内空间的组织，建筑群与园林绿地规划设计，则多注意室外空间的渗透过渡。

园林绿地空间组织的目的是在满足使用功能的基础上，运用各种艺术构图的规律创造既突出主题，又富于变化的园林风景。其次是根据人的视觉特性创造良好的景物观赏条件，使一定的景物在一定的空间里获得良好的观赏效果，适当处理观赏点与景物的关系。

1. 开敞空间与闭合空间的风景效果

园林绿地空间感的强弱，主要取决于空间境界物的高度和视点到境界物的水平距离，如果以境界物的高度标准定为 1（不计人眼以下高度），视距与高度的比值在 1～10 时，大概可以表示的关系如表 3-1 所列。

表 3-1 视距与高度的关系

视距与高度之比	1	2	3	4	5	6	7	8	9	10
垂直视角	45°	26.5°	18°	14°	11°	9°	8°	7°	6°	5°
空间效果	极强	很强	较强	较强	强	强	强	较弱	较弱	弱
应用范围	建筑内部空间	建筑和小庭院空间、园林空间	庭院空间、园林空间	园林空间	园林空间	园林空间	园林空间	园林空间	大型园林空间	大型园林空间

从表 3-1 中可以看出，比值越小，空间的封闭感越强，常形成意境幽深的闭合空间，但过于闭塞的空间，有井底蛙之感。比值越大，形成园林空间越弱，太开敞往往就失去空间的感觉了。如西湖风景，虽三面环山有一定的闭合性，但山高不足，垂直视角只有 2°～3°，风景过于开敞，故布置有苏白二堤、孤山、湖心亭、三潭印月等，丰富了近景，增加了闭合的气氛，做到开朗与闭合的统一处理，提高风景艺术效果。在颐和园的昆明湖边看西山，仰角为 4°，山高与湖面之比较西湖为好，这是大型园林闭合空间的情况。谐趣园中，四周为建筑和树木所环抱，由饮绿亭四望，主要建筑仰角在 5°～13° 内变化，四周树木仰角也不超过 18°，闭合空间的横向距离为 80m，纵向距离为 30m，这样闭合空间的闭合度，空间感强，同时周围景物都可以看清，所以令人感到有美的效果。拙政园内远香堂前的闭合空间，建筑仰角为 5°～10°，树木仰角也不超过 18°，空间南北长 50m，东西长 100m。留园涵碧山房前的闭合空间，建筑仰角 7°～11°，东西、南北的长宽均为 60m。这些园林空间，它们的艺术造型价值都较高。而苏州狮子林，主要观赏点以中间修竹阁为主，环顾四周，假山及建筑仰

角为 19°左右，有过分闭塞之感。

以上分析，结合表 3-1，垂直视角从 6°起至 13°止，风景艺术效果逐渐提高，超过 13°就逐渐下降，18°后有闭塞感。如从四周景物的高度和闭合空间的长宽比来看，当空间的直径大于四周景物高度 10 倍的时候，仰角近于 6°，形成空间的效果较低，当直径小于四周景物高度的 3～10 倍时，效果逐渐提高，若小于 3 倍时则空间闭塞，效果降低。许多著名的城市广场，四周建筑的高度与广场直径之比，也都在（1∶3）～（1∶6）之间变化，主要原因，系由于仰角为 13°的景物，正好映入游人 26°的垂直视场以内，游人可以不必仰起头部，而可以完整地鉴赏前景。

在设计空旷草地，或水面四周种植树群时，四周土山及林木的高度与空旷草地或水面的直径之比，也要求在（1∶3）～（1∶10）之间变化，一般树木高度，约为 20m，因此在通常四周没有土山的情况下，空旷地或草坪、水面的直径可在 60～200m 之间变化，最多不能超过 270m，否则目力就不能鉴别四周植物了。以上情况，应根据具体情况灵活运用，不能像公式一样随处乱套，同时，还要结合空间渗透、流通等多种手法创造多变的空间环境。

园林中的空间构图，不要片面强调开敞，也不要片面强调闭锁。同一园林中，既要有开敞的局部，也要有闭锁的局部，开敞与闭锁综合应用，开中有合，合中有开，两者共存，相得益彰。

2. 空间展示程序

园林空间有开敞空间、闭合空间和纵深空间几种，同时园林空间有大小不同，室内室外的空间变化和联系也较为复杂多变。如何把这些不同空间按使用功能和动态观赏的要求，划分空间，组织景点和景区，将全园组成有大有小、有明有暗、有开有闭、有节奏变化而又突出主题的多空间组合体，就需要组织好空间展示程序。

空间展示程序和园林绿地的性质有关，纪念性质的烈士陵园空间，一般较封闭严谨，透视线集中面向主体景物，和轴线方向一致，以保证观赏者精力高度集中，空间节奏感逐步加强，造成沉静、严肃的气氛。游赏性质的园林空间，变幻多，节奏快，气氛对比强烈、活泼，在空间组合上除采用导游线联系外，大量采用透视线组织、呼应和联系全园各种空间，形成许多可望而不可即的艺术效果。此类空间常是大小空间相套，开闭空间错综交替，动静空间多次转换，以便把一览无余的单一景色变为层层引导，处处更新，步步深入，曲折多变的园林艺术境界。

空间转折有急转与缓转之分。在规则式园林空间中常用急转，如在主轴线与副轴线的交点处。在自然式园林空间中常用缓转，缓转有过渡空间，如在室内外空间之间设有空廊、花架之类的过渡。

两空间分隔有虚分与实分。两空间干扰不大，需互通气息者可虚分，如用疏林、空廊、漏窗、水面等。两空间功能不同、动静不同、风格不同宜实分，可用密林、山阜、建筑、实墙来分隔。虚分是缓转，实分是急转。

（三）导游线和风景视线

1. 导游线

导游线顾名思义，是引导游人游览观赏的路线，与交通路线不完全相同，要同时解决交通问题和组织风景视线以及造景。导游线的布置也不是简单地将各景点、景区联系在一起，而是要有整体的系统的结构和艺术程序，正如一篇文章、一场戏、一首乐曲一样，要有序幕、转折、高潮、尾声的处理。园林绿地的景点、景区，在展现风景的过程中通常也可分为起景、高潮、结景三段式处理，或高潮和结景合为一体而称二段式，此外还有循环序列式、专类序列式。

（1）三段式　序景—起景—发展—转折。

（2）二段式　序景—起景—发展—转折—高潮（结景）—尾景。

（3）循环序列式　为了适应现代生活节奏的需要，多数综合性园林或风景区采用了多向入口，循环道路系统，多景区划分（也分主次景区）分散式游览线路的布局手法，以满足成千上万游人的活动需求。因此现代综合性园林或风景区系采用主景区领衔，次景区辅佐，多条展示序列。各序列环状沟通，以各自入口为起景，以主景区主景物为构图中心。以综合循环游憩景观为主线以方便游人、满足园林功能需求为主要目的来组织空间序列，这已成为现代综合性园林的特点。

（4）专类序列式　以专类活动内容为主的专类园林有着它们各自的特点。如植物园多以植物演化系统组织园景序列。如从低等到高等，从裸子植物到被子植物，从单子叶植物到双子叶植物，或按哈钦松或恩格勒系统或克朗奎斯特系统等。还有不少植物园因地制宜地创造自然生态群落景观，形成其特色。又如动物园一般从低等动物、鱼类、两栖类、爬行类到鸟类、食草、食肉及哺乳动物，国内外珍奇动物乃至灵长类高级动物等形成完整的系统，这些都为空间展示提出了规定性序列要求，故称其为专类序列式。

从导游线的组织这个角度出发，园林艺术带有一定的强制因素，但它又和电影的强制性不同，允许观赏者有一定的选择性，所以要有较大的活动余地。一般在游览线上布置动态景观和静态景观。

导游线在平面布置上宜曲不宜直，立面设计上也要有高低变化，这样易达到步移景异、层次深远、高低错落、抑扬进退、引人入胜。在较大的园林绿地中，为了减少游人步履劳累，宜将景区沿主要导游线布置，在较小的园林中，要小中见大，宜曲折迂回，拉长路线。为了引起游兴，道路景观要丰富多彩，经悬崖峭壁，山洞石室，跋山涉水，桥梁舟楫，身经不同境界。

小型园林有一条游览干道就可以，大型园林可布置几条游览干道，可用串联、并联或串联、并联结合的方式，要配以若干条环形小路形成系统，但要注意游人中有常游和初游之别，初游者希望走完全园各区，以便不漏掉参观内容，应按导游线循序渐进。常游者一般希望直达主要景区，故应有捷径并适当隐蔽，以免与主要导游线相混。

游人在公园游玩，一般不愿沿原路返回，主干道以环路为宜，同时公园中忌设"死胡同"（死路），如必须走原路回时，也要注意同一条路的来回方向有不同的景观变换。

2. 风景视线

园林绿地中的导游路线，是平面构图中的一条"实"的路线，但园林中空间变换很大，还必须仔细考虑空间构图中一条"虚"的路线——风景视线。

风景视线可以随导游线而步移景异，也可以完全离开导游线而纵横上下各处观赏，但这些透视线必须经过匠心独运的精心设计，使园林景观发挥最大限度的感染力。

在手法上主要是巧用"隐""显"二字。

① 开门见山的风景视线，主要用"显"的手法，可以一览无余。这种手法气魄大，气势雄伟，多用于纪念性园林，如南京中山陵园、北京天坛公园等。

② 半隐半现、忽隐忽现的风景视线，在山林地带、古刹丛林，为创造一种神秘气氛多用此法。如苏州虎丘，很远就可以看到山顶云岩寺隋塔，至虎丘近处塔影消失，进入山门，

又可在树丛中隐约出现。在前进的游路两旁布置各种景物，可使人在寻觅主景的过程中观赏沿途景色，细看慢行不觉来到千人台、二仙亭等所组成的空间，进入高潮，宝塔和虎丘剑池同时展现，游人在满足之余上山登塔，极目所至，沃野平川，到达结景，最后由梅翠山庄步出山门，算是尾声。

③ 深藏不露，探索前进的风景视线，将景点、景区深藏在山峦丛林之中或平川、丘陵之内，由甲风景视线导致乙、丙、丁……风景视线，游人在观赏过程中不断被吸引而终于进入高潮，有柳暗花明、豁然开朗的情趣。

 **思考题**

1. 名词解释

（1）园林美；（2）园林中的景；（3）观赏点与观赏视距；（4）导游线与风景视线；（5）对景与分景；（6）障景与隔景；（7）漏景与框景

2. 简述园林绿地构图的基本规律。

3. 简述园林造景的手法。

4. 简述突出主景的手法。

5. 简述借景的手法。

6. 找一张园林设计图分析其运用了哪些构图规律和造景手法。

第四章 园林规划设计的依据与原则

❧ 第一节 园林规划设计的依据 ❧

园林设计的最终目的是要创造出景色如画、环境舒适、健康文明的游憩境域。一方面，园林是反映社会意识形态的空间艺术，要满足人们的精神文明的需要；另一方面，园林又是社会的物质福利事业，是现实生活的实境。所以，还要满足人们良好休息、娱乐的物质文明的需要。园林设计的主要依据如下。

一、科学依据

在任何园林艺术创作的过程中，要依据有关工程项目的科学原理和技术要求进行。在园林中，要依据设计要求结合原地形进行园林的地形和水体规划。设计者必须对该地段的水文、地质、地貌、地下水位、北方的冰冻线深度、土壤状况等进行详细了解。如果没有详细资料，务必勘察后补充有关资料。可靠的科学依据，为地形改造，水体设计等提供物质基础，避免发生水体漏水、土方坍塌等工程事故。种植各种花草、树木，也要根据植物的生长习性、生物学特性，根据不同植物的生长要求进行配置。一旦违反植物生长的科学规律，必将导致种植设计的失败。园林建筑、园林工程设施，更需遵守严格的规范要求。园林设计关系到科学技术方面的问题很多，有水利、土方工程技术方面的，有建筑科学技术方面的，有园林植物，甚至还有动物方面的生物科学知识。所以，园林设计的首要问题是要有科学依据。

二、社会需要

园林是属于上层建筑范畴，它要反映社会的意识形态，为广大群众的精神与物质文明建设服务。《雅典宪章》指出：城市规划的目的是解决居住、工作、游憩与交通四大功能活动的正常进行，而游憩活动大多在各类园林绿地上开展。所以，园林设计者要体察广大人民群众的心态，了解他们对公园开展活动的要求，创造出能满足不同年龄、不同兴趣爱好、不同文化层次游人的需要，面向大众，面向人民。

三、功能要求

园林设计者要根据广大群众的审美要求、活动规律、功能要求等方面的内容，创造出景色优美、环境卫生、情趣健康、舒适方便的园林空间，满足游人游览、休息和开展健身娱乐活动的功能要求。园林空间应当富于诗情画意，处处茂林修竹、绿草如茵、繁花似锦、山清水秀、鸟语花香，令游人流连忘返。不同的功能分区，选用不同的设计手法，如儿童活动区，要求交通便捷，一般要靠近主要出入口，并要结合儿童的心理特点。该区的园林建筑造型要新颖，色泽要鲜艳，尺度要小，符合儿童身高，空间要开阔，形成一派生动活泼的景观气氛。

四、经济条件

经济条件是园林设计的重要依据。经济是基础。同样一处园林绿地，甚至同样一个设计方案，由于采用不同的建筑材料、不同规格的苗木、不同的施工标准，将需要不同的建园投资。当然设计者应当在有限的投资条件下，发挥最佳设计技能，节省开支，创造出最理想的作品。

综上所述，一项优秀的园林作品，必须做到与科学性、艺术性和经济条件、社会需要紧密结合，相互协调，全面运筹，争取达到最佳的社会效益。

第二节　园林规划设计必须遵循的原则

园林规划设计必须遵循适用、经济、生态、以人为本的原则。适用是指不同性质的园林有不同的功能要求，要满足人的活动需要；经济是指园林绿化的投资、造价、养护管理等方面的费用问题，减少人力、物力、财力的投资；美观是指园林的布局、造景的艺术要求；生态是指园林绿化必须建立在尊重自然，保护自然，恢复自然的基础上。特色是指园林的个性，要营造有特色的园林。以人为本是指园林的使用主体是人，园林设计要处处体现以人为中心的宗旨。

园林设计时首先要考虑是否适用的问题，其次考虑是否经济，然后考虑是否美观和生态问题。适用、经济、美观三者的关系是辩证统一的，但必须建立在生态的基础上。这四个方面的关系是相互依存，不可分割的。既不能片面强调，也不能相互孤立。这是园林绿化认定的总方针，一般均需按照这个方针来设计。在不同情况下，根据园林绿地类型的差异，适用、经济、美观这三者的关系可以有不同的侧重。

一、适用原则

以公园为例，首先要为游人创造出良好的休闲环境。有进行科学普及和体育活动的文体设施，有方便的交通、完善的生活设施和卫生设施，有儿童游戏的场地等，使不同年龄不同爱好的游人都能各得其乐。通俗地说，游人置身园中，夏天可少晒太阳，雨天能不淋雨，累了有凳椅可休息，饿了、渴了有饭吃、有水喝等。这就是公园的适用问题，而且是首要的问题。

以植物园为例，首先要保证各种植物的引种驯化工作及其他植物科学研究工作能够创造性的进行，以便为科学研究服务。同时，还能够向群众全面的进行植物科学知识的宣传和普及工作，使群众掌握植物的科学知识。

动物园的设计，首先要保证动物能获得适宜的生活空间，保证动物能够活得了、活得好。同时，要确保游人及饲养人员的安全，绝对不出危险。此外，还要有助于动物科学知识的宣传和普及工作。

总之，不同园林有不同的功能要求，必须首先深入分析了解。园林的功能要求虽然是首要的，但并不是孤立的，因此在解决功能问题时，要结合经济上的可能性和艺术上的要求来考虑。如果一个设计，功能问题虽然解决了，但既不经济，也不美观，甚至与生态原理相违背，则仍是一个失败的方案，不能付诸实施。

二、经济原则

自古以来，造园活动就与社会经济发展水平紧密挂钩。园林是否能建成以及其规模与内容，包括建成后的维护管理水平，在很大程度上受制于经济条件。总的来说，园林建设应尽量降低造价，节约投资，使园林建设发展水平与国家、地区或单位的经济实力相适应，否则再好的设计也是难于实现的。比如在筑山和理水时，要因地制宜，尽量利用原有地形地貌，以利用原有地形地貌为主，以适当的人工改造为辅，争取挪动最小的土方而又能发挥功能和景色的最大效果。原有建筑和原有树木，要尽量利用，又要善于借景。植物种植以乡土树种和栽培繁殖容易的树木为主、外来树种和栽培繁殖较困难的为辅。以木本为主、草本为辅。一般区域以栽培合格的出圃大苗为主，重点景区可考虑移植大树。设计时要充分考虑施工养护的管理方便。节约施工和养护管理的人力、物力、财力，贯彻因地制宜，因时制宜，就地取材的原则。艺术表现手法要采取"画龙点睛"的方法，节约使用名贵花木和艺术性虽高但造价高昂的建筑。

园林的"经济"也并不是孤立的，并不是单纯追求少花钱，而是在多办事和把事情办好的前提下少花钱。也就是说要从适用和美观来考虑，把经济和适用、美观统一起来，该花的钱和一定要花的钱，当然还是要花的。

三、美观原则

园林中的美观，是指园林除了满足功能要求以外，还要考虑游人的审美情趣，满足游人赏景的要求。主要是指园林中地形地貌、水体的起伏开合；建筑物的布置；游览路线的安排；树木及花草的搭配；园林空间的组织；色彩的运用等方面。要遵循一定的艺术原理，达到风景优美，使游人喜闻乐见，心情舒畅而流连忘返。

地形地貌的起伏变化可以丰富园林空间，增加层次，"山重水复疑无路，柳暗花明又一村"。通过地形的变化可以让人产生错觉，扩大园林空间。水体要有大有小，有主有次，有开有合，可用岛、半岛、堤、桥和曲折多变的水岸、驳岸分隔组织出丰富的水面空间景观层次，使其产生点、线、面的韵律感。建筑的布置或按轴线排列或按功能需要错落有致，或气势磅礴，或小巧玲珑。树木花草的搭配在满足其本身的生长要求的前提下，还要具有较高的观赏价值，做到四季有花，四季有变化，或繁花似锦，或满园春色。园林是绚丽的彩色世界，是供人们游览的空间境域。园林色彩作用于人的感官，能引起感情反应。例如，园林中色彩协调，景色宜人，能使游人赏心悦目，心旷神怡，游兴倍增；倘若色彩对比过于强烈，则令人产生厌恶感；若色彩复杂而纷繁，则使人眼花缭乱，心烦意乱；若色彩过于单调，则令人兴味索然。若所用色彩为冷色，可使环境气氛幽静；若为暖色，则能使环境气氛活跃。因此，如何科学、艺术地运用色彩美化环境，以满足人们精神生活需要，是一个非常重要的问题。

四、生态原则

园林如果仅仅解决了适用，经济和美观还不行，还必须考虑将园林建设成为具有良好生态效益环境的需要。20 世纪 60 年代以来，为保护人类赖以生存的环境，欧美一些国家的学者，将生态环境科学引入城市科学，从宏观上改变人类环境，体现人与自然的最大和谐。于是景观生态、环境美学的理论应运而生。国家公园的出现和城市生态系统工程的提出，即从生态学的观点出发，在人类生存的环境中保持良好的生态系统。

园林绿化被看作改善城市生态系统的重要手段之一。所以现代园林规划设计应以生态学的原理为依据，以达到融游赏娱乐于良好的生态环境之中为目的。在现代园林建设中，首先，应特别重视植物造景的作用。其次，应提倡多用乡土树种。最后，植物造景时，应以体现自然界生物多样性为主要目标之一，乔木、灌木、草本并用，层次结构合理，各种植物各得其所，以取得最大的生态效益。

五、特色性原则

特色是事物特殊的内部组织关系的表现。特色产生差异，每一个景观都具有其不同的场所特征，因此都应该具有自己的个性。特色性景观对人们具有巨大的吸引力，是园林景观设计的追求目标。城市特色性景观的创造一方面要理清历史文脉，另一方面还要结合地域特征。城市在形成发展中所具有的自然风貌、形态结构、文化格调、历史底蕴、景观形象越是有差异，特色越容易显现，这种个性和特色源于历史和传统。城市景观特色主要由文物古迹的特色、自然环境的特色、城市格局的特色、城市景观和绿化空间的特色、建筑风格和城市风貌的特色以及城市物质和精神方面的特色等构成，一个城市的景观特色是它区别于其他城市的符号特征，如桂林山水、武汉的黄鹤楼、杭州的西湖、安徽西递古城等都是其城市的特色景观。当代城市园林的设计应避免格式化的统一局面，应努力探寻出一条独具特色的道路，将各个城市的城市精神纳入园林设计的风格之中，将城市看作一个整体，城市历史、城市精神与城市园林共同打造出城市富有自身特色的精神文化内涵。

六、以人为本原则

园林空间，如果不与人的行为发生关系，则没有任何实际的意义，因为它只是一种功能的载体。人的行为如果没有空间环境作背景，没有一定的氛围条件也不可能产生。空间与行为的结合构成了为人使用的场所，以适应人们各种不同的行为，只有这样的空间才具有真正的现实意义。近年来，"以人为本"这个概念逐步走向大众生活，成为大家熟悉的名词。它的内涵就是以人为基础、以人为前提、以人为动力、以人为目的。以人为本的园林设计即人性化园林设计，人性化设计是以人为轴心，注意提升人的价值，尊重人的自然需要和社会需要的动态设计哲学。站在"以人为本"的角度上，在园林设计过程中要始终把人的各种需求作为中心和尺度，分析人的心理和活动规律，依次满足人的生理需求、交往需求、安全需求和自我实现价值的需求，按照人的活动规律统筹安排交通、用地和设施，充分考虑城市人口密集、流动量大、活动方式一致性高和流动的方向性、时间性强的特点，依据人体工程学的原理去设计、建设各种内外环境以及选择各种所需材料，对场地的规划设计致力于建设一个高度舒适的区域，杜绝非人性化的空间要素。合理安排无障碍设施，满足不同层次的人类群体的需要，使不同层次的人享受设计的使用趣味和快感，进而使人的心理更加健康、情感更加丰富，达到人和物的和谐。

 **思考题**

1. 简述园林规划设计的依据。
2. 简述园林规划设计中以人为本的原则。
3. 以你熟悉的风景区为例分析其规划设计中体现了哪些设计原则。

第五章 园林布局

第一节 立 意

园林是一门时间和空间的综合艺术，同其他艺术的创作一样，园林的建构必须根据园林的性质、规模、地形特点等因素，运用地形、植物、建筑、道路广场、园林小品等设计要素，将设计者的思想感情融入其中，创造出舒适、优美的休憩环境。这就是园林的创造过程。要完成这一设计过程，首先必须确定一定的设计意图，即必须先立意。

一、立意的概念

立意是园林设计的总意图，即设计思想。古今中外的园林无不体现设计者或造园者的思想，中国古代山水画以及诗词的创作都讲究"意在笔先"，园林的创造也是一样。

清·布颜图的《画学新法问答》中，论及布局要"……意在笔先，铺成大地，创造山川，其远近高卑，曲折深浅，皆令各得其势而不背，则格制定矣。然后相其地势之情形，可贵树木则贵树木，可置屋宇则置屋宇，可通人迳处则置道路，可通行旅处则置桥梁。无不顺适其情，克全其理……"。晋·顾恺之《论画》中提到，"巧密于精思，神仪在心。"山水画的创作如此，园林的创作亦是如此。

中国古典园林无论是帝王宫苑、私人宅园、寺庙道观的创作都反映了园林的立意思想。扬州个园，遍植修竹，取竹字一半命之曰"个园"，暗喻园主品格的清逸和气节的崇高。正如苏东坡所云："宁可食无肉，不可居无竹。无肉令人瘦，无竹令人俗"。立意之深刻，也表现园主造园之初的意在笔先。

二、相地与选址

园林是一个游赏空间，同山水画的创作其理虽通，但需用具体的形象来表达。也就是必须在一定的空间内运用园林实体去体现设计意图。首先必须做好园址的选择，然后再运用园林各要素，充分体现园林创作意图，也即立意与选址是相辅相成是两个方面。

明·计成的《园冶》中有"相地合宜，构园得体"。所谓的相地，是指园址的选择、勘察与评价。中国古代造园特别注重相地，一般选风景优美、有山水之胜的地方，稍加整理，构筑园林。即"自成天然之趣，不烦人工之事。"扬州瘦西湖、北京颐和园、河北承德避暑山庄，都是利用天然山水整理改造而成。现代园林对园址的选择，已不像古代有较佳的山水地貌，尤其城镇建设中的园林绿地的建设都是指定的地段范围，极少有天然山水的凭借。因此现代园林的立意，必须在规划设计之先进行实地勘察，测绘原地形，结合该地形周围的环境，明确园林绿地的性质和功能要求，确定造园主题，体现设计的思想，再行改造地形，创造优美的游憩环境（见图5-1）。

如上海长风公园（见图5-2～图5-4），于1956年建园，初名沪西公园、碧萝湖公园。园址原为吴淞江淤塞的河湾农田，地势低洼，多河塘、芦苇河滩地。1958年开始挖湖堆山，

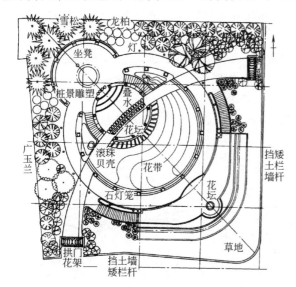

图5-1　昆明世博会上海明珠苑平面

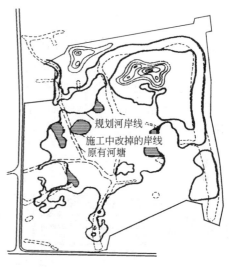

图5-2　上海长风公园用地现状图

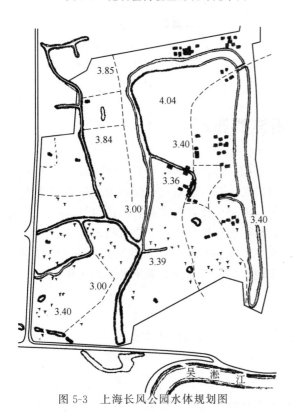

图5-3　上海长风公园水体规划图

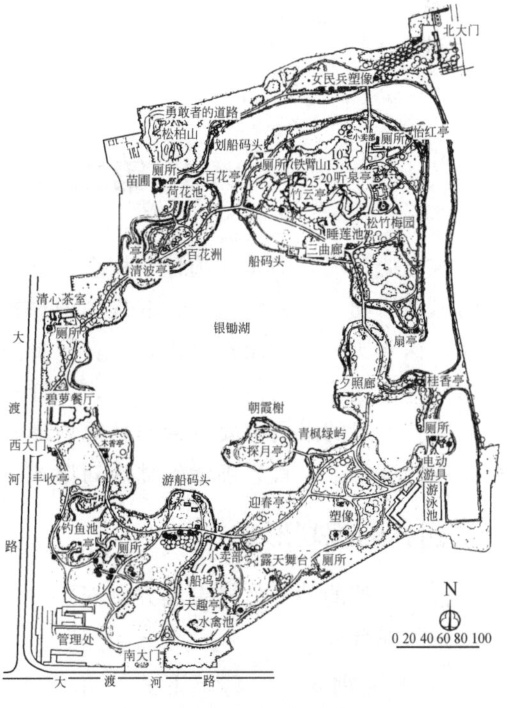

图5-4　上海长风公园总平面

改造地形。1959 年建成开放，定名为长风公园。

三、立意

园林创造的立意是根据功能、性质、环境、观赏、生态等要求经过综合考虑所产生出来的总设计图。立意关系到设计思想的体现，又是设计过程中合理运用园林要素的依据。因此，立意的好坏对整个设计是至关重要的。也就是在规划之先需要进行实地勘察、测绘，掌握情况，明确绿地性质和功能要求，然后确定风格和规划形式，做到成竹在胸。应注意以下几个方面。

① 意在笔先，要善于抓住设计中的主要方面，解决功能、观赏及艺术境界的问题。

② 立意要有新意，注重地方特色、时代特性，体现个人的艺术风格。

③ 立意着重境界的创造，提高园林艺术的感染力，寓情于景。

④ 立意根据功能和自然条件，因势就形，因境而成。如美国华盛顿越战老兵纪念碑（见图 5-5 和图 5-6）。

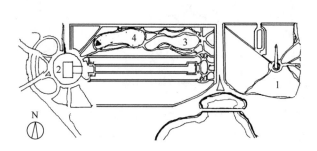

图 5-5　美国华盛顿国政公园越战老兵纪念碑位置示意
1—华盛顿纪念碑；2—林肯纪念堂；3—国政公园；4—纪念碑

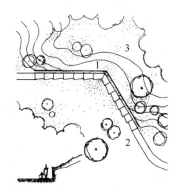

图 5-6　越战老兵纪念碑平面剖面示意
1—黑大理石碑墙；2—步道；3—斜坡

第二节　园林的布局

园林的布局，即园林选址、构思（立意）的基础，是设计者在孕育园林作品过程中所进行的思维活动。主要包括：选取提炼题材；酝酿确定主景、配景；分配功能，确定景点游览路线；探索所采用的园林形式；组合园林空间等。就是设计者为表达自己的设计思想，决定采用何种形式，运用何种园林要素，怎样展现园林景观，使之成为一个有机的整体。

园林形式的采用主要包括园林规划形式、园林要素的应用形式，即整体和部分的关系。在立意的基础上，首先确定园林规划形式，再在规划形式的基础上确定要素的运用形式。

一、园林的规划形式

古今中外的园林虽然表现方法不一、风格各异，但其布局形式主要有 3 种，即规则式、自然式和混合式。

（一）规则式（又称整形式，几何式）

规则式布局强调整齐、对称和均衡。其最为明显的特点就是有明显的轴线，园林要素的应用以轴线为基础依次展开，追求几何图案美（见图5-7）。

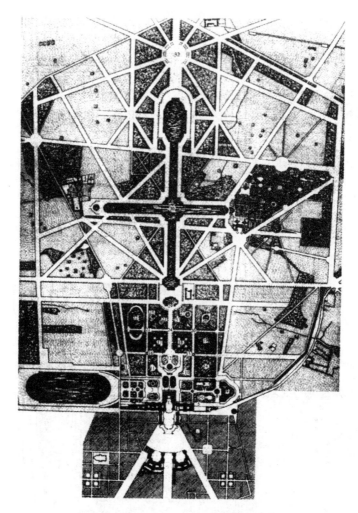

图5-7　法国凡尔赛宫平面图（规则式园林）

　　这种规划形式以建筑及建筑所形成的空间为主体。西方园林在18世纪英国出现风景式园林之前，基本上以规则式为主。其中以文艺复兴时期意大利台地园林和17世纪法国勒诺特的凡尔赛宫廷园为代表。在东方园林体系中，规则式园林也有运用，如北京天坛、南京中山陵等。

　　在这种规则形式中，整个园林的平面布局、立体造型以及建筑、广场、道路、水面、花草树木等要求严整对称，体现人工的几何图案美。给人以庄严、雄伟、整齐之感。一般用于宫苑、纪念性园林或有对称轴的建筑庭院中。其园林要素的特征主要如下。

　　1. 地形地势

　　平地类型：由不同标高的平地、缓坡组成，不同标高的地形之间有台阶连接。

　　丘陵类型：由阶梯台地、倾斜地面及石级组成，剖面线为直线组合。

　　2. 水体

　　规则式园林中的水体多以水池的形式为主，其外形多为几何形状，驳岸严整，常采用整齐式驳岸或护坡。为表现整齐的效果常以整形水池、壁泉、喷泉、整形瀑布为主。运用雕塑等其他园林小品配合形成水体景观。

3. 建筑

建筑沿轴线对称布置。如有建筑群，建筑群的轴线与园林的轴线重合或对称布置。

4. 道路广场

道路的平面和立面线条都为直线或规则的曲线，其形式多为直线几何式、环状放射形等。

5. 植物

植物的配置按一定的株行距沿轴线对称设置，植物多进行人工整形。

（二）自然式

以模仿自然为主，不要求对称严整。布置形式活泼多变，讲究师法自然（见图 5-8）。

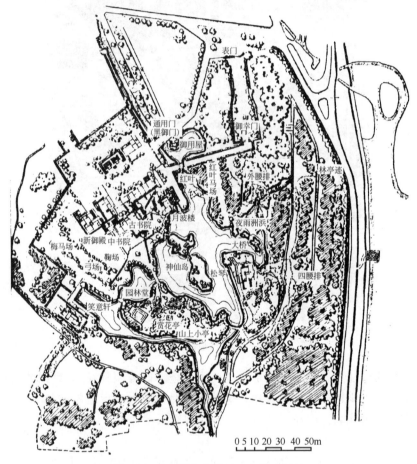

图 5-8　日本桂离宫平面（自然式园林）

1. 地形地势

多利用自然地形，因势就形，地形断面多为缓和曲线。

2. 水体

水体轮廓多为自然曲线，水岸多用自然山石驳岸或护坡，或做成倾斜的斜坡，水体形式多为拟自然式水体。

3. 建筑

建筑的布局无规律，建筑自然散落在园林中。建筑因景而设，不受轴线影响。

4. 道路广场

道路的平面、立面轮廓为自然曲线。广场一般采用疏林草地或其他形式，广场在自然式园林中布置较少。

5. 植物

植物以孤植、丛植、群植为主，模仿生态群落，植物采用自然式修剪法。

（三）混合式

混合式园林是综合规则与自然两种类型的特点，把它们有机地结合在一起，这种形式应用于现代园林中，既可发挥自然式园林布局设计的传统手法，又能吸收整齐式布局的优点，创造出既有整齐明朗、色彩鲜艳的规则部分，又有丰富多彩、变化无穷的自然式部分。其手法是在较大的现代园林建筑周围或构图中心，采用规则式布局；在远离主要建筑物的部分，采用自然式布局。见图 5-9 所示。

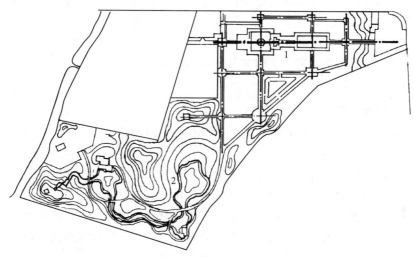

图 5-9　混合式园林示例
1—规则式部分；2—自然式部分

二、园林布局的基本原则

（一）构图有法，法无定式

园林设计涉及范围广，内容丰富，这就要求设计者要根据具体的园林内容和园林的特点，采用一定的表现形式。

不同性质的园林，必然有相对应的园林形式，力求通过园林的形式反映园林的特征。纪念性园林，较为著名的如中国广州起义烈士陵园、长沙烈士陵园、德国柏林的苏军烈士陵园、南京中山陵等，这类园林的布局形式多采用中轴对称、规则严整和逐步升高的地形处理，从而创造出雄伟崇高、庄严肃穆的气氛；植物园、动物园等园林绿地，属生物科学展示范畴，从规划形式上，要求自然、活泼，要有游赏性、寓教于游，通常采用自然式布局。其他性质的园林也有各自的基本要求，同时也包含对各自设计元素的采用形式的基本要求。再者因不同民族、不同国家文化、艺术传统的差异，也决定了园林形式的不同。中国沿袭传统文化，形成了自然山水的自然规则形式，如现存的古典园林中，北京颐和园、苏州拙政园，受中国传统文化以及山水画的影响，采用自然式的布局形式，活泼多变，自成一个有机整体。意大利受古希腊文明的影响，在加结合地形因素，形成柱廊园的布局形式。布局方正规则，有明显的轴线，即使是在自然山地，也采用台地式，形成规则式园林风格。同一国家因其不同历史时期，受不同文化的影响，其园林规划形式也是不同的，古代英国长期受意大利政治、文化的影响，受罗马教皇的严格控制。17世纪之前，主要模仿意大利的别墅、庄园，园林的规则形式常设计为封闭的环境，多为古典城堡式。17世纪之后，特别是17世纪60年代起，英国模仿法国凡尔赛宫苑，将宫邸庄园改建成法国式的整形园苑，18世纪后，随着工业和商业的发展，其造园吸取中国园林绘画与欧洲风景画的特色，出现自然风景园林。

不同类型的园林，有其各自不同的性质，也就决定各自相应的布局形式。而同一类型的园林绿地，其园林形式也根据其功能的不同来具体采用不同的园林布局形式。道路绿地中，市区交通干道绿地，因需保证机动车、非机动车及行人各自的行车、行走的安全，具备改善和保护城市环境卫生、组织交通、美化市容、减少有害气体、噪声、振动等功能，其园林形式为规则式，而居住区、公园等的游憩道路，主要是为游赏者提供通行、观赏等功能，以及美化环境和改善环境等功能，常可采用规则式和自然式两种形式。

内容和形式确定后，还要根据园址的现状，通过设计手段，创造出具有个性的园林作品。园林的造景手法有很多，但一个园林具体用何种造景手法来表现就没有固定的形式了，要根据具体情况来定。

（二）功能明确，组景有方

园林布局是园林综合艺术的最终表现，所以任何一项园林工程，必须考虑它的功能分区合理，有序组织景区、景点。

整个园林观赏活动的内容可归结于"点"的观赏、"线"的游览两方面。园林景观游赏恰似风景连续剧，或山水风景画长卷。园林布局与山水画的处理手法是一样的。

在分析园林观赏点、游览线之前，首先要了解园林的功能分区。在园林总体布局中，功能分区是首先要解决的技术问题。在功能分区合理的基础上组织游赏路线，创造系列构图空间，安排景区、景点，创造意境情景，是园林布局的核心内容。

（三）因地制宜，景以境出

《园冶》第一卷兴造论曰："故凡造作，必先相地立基，然后定其间进，量其广狭，随曲合方，是在主者能妙于得体合宜。""园林巧于因借，精在体宜，愈非匠作可为，亦非主人所能自主者；须求得人，当要节用。因者：随基势之高下，体形之端正，碍木删桠，泉流石注，互相借资；宜亭斯亭，宜榭斯榭，不妨偏径，顿置婉转，斯谓精而合宜者也。"这说明园林中地形的改造须因势就形，或挖湖堆山，或推为平地，或整成台阶式，或形成局部下沉，都需要因地制宜。建筑的布局也须因地制宜，合理安排建筑密度，合理采用建筑造型。合理设置建筑体量。道路与广场也须因地制宜，必须根据地形合理设置地形起伏。植物的配置更需要因地制宜，根据当地气候、地质、土壤及其他因素，选用乡土树种。

因地制宜、景以境出的原则是造园较重要的原则之一。如同样是帝王宫苑，由于不同的地形状况，应采用不同的造园手法，创造出迥然不同、各具风格的园林。如颐和园为主景突出式自然山水园，圆明园则为集锦式自然山水园，而避暑山庄则为风景式自然山水园。

（四）掇山理水，理及精微

《画论》云："水令人远，石令人古""胸中有山方能画水，意中有水方许作山""地得水而柔，水得地而刚""山要回抱，水要萦迴""水因山转，山因水活"等山水画要诀，就是

"挖湖堆山"的理论依据，同时明确指出掇山理水是不可分割的关系。理水要沟通水系，即"疏水之去由，察源之来历"，切忌水出无源或死水一潭，塑造的水景的类型也应该丰富，符合水因山转等原则。掇山时注意主客分明，遥相呼应；未山先麓，脉络相通；位置经营，山讲三远；山观四面而异，山形步移景变；山水相依，山抱水转等。

（五）建筑经营，时景为精

《园冶》云："凡园圃立基，定厅堂为主。先乎取景，妙在朝南。""楼阁之基，依次序定在厅堂之后，何不立半山半水之间？""花间隐榭，水际安亭，斯园林而得致者。"廊则"或蟠山腰，或穷水际，通花渡壑，蜿蜒无尽，斯寤园之篆云也。"这些说明由于建筑使用目的、功能不同，建筑的位置选择各异。园林中建筑的平面类型多种多样，屋顶的类型也形形色色，建筑的基址也千变万化。亭子可临水而建，可近岸水中建亭；岛上、桥上、溪涧、山顶、山腰、山麓、林中、角隅、平地、路旁建亭；还可以筑台、掇山石建筑。其他园林建筑也不拘一格，"景到随机""山楼凭远""围墙隐约于萝间""门楼知稼，廊庑连芸""漏层荫而藏阁，迎先月以登台""榭者，藉也。……或水边，或花畔，制亦随态。"总之，中国园林建筑的布局，依据"相地合宜，构园得体"的原则，成为园林中的景物，又是赏景点，以供凭眺、畅览园林景色，同时可防日晒、避雨淋，是纳凉、小憩的游人之处。

（六）道路系统，顺势通畅

道路的设计应该与地形巧妙地结合。路折因遇岩壁，路转因交峰回。山势平缓则路线舒展，大曲率；山势变化急剧则路径"顿置婉转"；尤其在自然山体的山脊和山谷，有高有凹，有曲有深，所以山路讲究"路宜偏径"，要"临濠蜿蜒"，做到"曲折有情"。另外园路设计还要分析园景的序列空间构图的游览形势，"因势利导""构园得体"。园路设计要求达到平面上曲折和剖面起伏融会于一条上，达到"曲折有致""起伏顺势"。园路设计应顺地形的变化而"敷设"，顺地形而起伏，顺地形而转折；反之，设计者也可以结合园路的势态而陡急，而延缓。园路与地形、地势相辅而成。园路设计切忌"拼盘"，如果在平坦的曲线园路两侧，堆砌山丘、阜障，而园路不是在已形成的地形上布设，曲线路必然失之生意。

园林道路的设计首先要考虑系统性。要从全园的总体着眼，确定主路系统。主路是全园的框架，要求成循环系统。一般园林，入园后道路不是直线延伸到底（除纪念性园林外），而是入园后两翼分展，或三路并进。分叉路的设计主要起到"循游"和"回流"的作用。道路的循环系统将形成多环、套环的游线，产生园界有限而游览无数的效果。

（七）植物造景，四时烂漫

东西方园林在植物造景上各具特色，西方园林主要体现征服自然、改造自然的指导思想，其种植设计是按人的理念出发，整形化、图案化。当然，西方园林的种植设计不可能脱离全园的总体布局，在强烈追求中轴对称、成排成行、方圆规矩规划布局的系统中，也就产生了建筑式的树墙、绿篱，行列式的种植形式，树木修剪成各种造型或动物形象，构成欧洲式的种植设计体系。中国园林的种植方法则另辟蹊径，强调和着重点是借花木表达思想感情。

中国园林善于应用植物题材，表达造园意境，或以花木作为造景主题，创造风景点，或建设主题花园。古典园林中，以植物为主景观赏的实例很多，如圆明园杏花春馆、柳浪闻莺、曲院风荷、碧桐书屋、汇芳书院、菱荷香、万花阵等风景点。承德避暑山庄万壑秋风、松鹤清樾、青枫绿屿、梨花伴月、曲水荷香、金莲映日等景点。苏州古典园林中的拙政园，有枇杷园、远香堂、玉兰堂、海棠春坞、听雨轩、柳荫路曲、梧竹幽居等以枇杷、荷花、玉兰、海棠、柳树、竹子、梧桐等植物为素材，创造植物景观。

中国现代园林也沿袭古典园林的传统手法，创造植物主题景点。如北京紫竹院公园的新景点竹园春早、绿茵细浪、曲院秋深、艺苑、风荷夏晚、紫竹院等。上海长风公园的植物景观参观点荷花池、百花亭、百花洲、木香亭、睡莲池、青枫绿屿、松竹梅园等。

混合式园林中西合璧，融东西方园林于一体。园林种植将传统的艺术手法与现代相结合，创造出符合植物生态要求、环境优美、景色迷人、健康卫生的植物空间，满足游人的游赏要求。

园林植物配置，其主要的构成因素和环境特色是以绿色植物为第一位。而规划设计时要考虑四季景观效果，不同地理位置、不同气候带各有特色。在中国北方地区，要尽可能做到"三季有花，四季常青"。在中国南方地区，尤其热带地区、亚热带地域，则四季常绿，花开周年。四季变化的植物造景，令游人百游不厌，流连忘返。如春天的玉兰、夏天的荷花、秋天的桂花、冬天的梅花，是杭州西湖风景区最具代表性的季节花卉。

思考题

1. 名词解释
(1) 立意；(2) 园林布局
2. 简述园林立意的注意事项。

第六章 园林组成要素及设计

一座园林，可能山水的成分多一些，或者侧重于植物造景，或者建筑密度较大，但在一般情况下，它总是土地、水体、植物和建筑这四者的结合。因此，筑山、理水、植物配置、建筑营造便相应地成为造园的四大要素。园林规划设计应对这些组成要素综合考虑，分别对待，而不是孤立地去考虑某一园林组成要素。

第一节 园林地形及山水设计

地形是地貌和地物的总称。地球表面三度空间的起伏变化称为地貌。地物是指地表面的固定物体。园林地形是人为风景的艺术概括。不同地形、地貌反映出不同的景观特征，它影响园林布局和园林风格。有了良好的地形，才有可能产生良好的景观效果。因而地形成为园林造景的基础。

一、地形的功能与作用

1. 分隔空间

地形可用不同的方式创造或限制外部空间。平地是一种缺乏垂直限制的平面因素，视觉上缺乏空间限制。而坡地的地面较高点则占据了垂直面的一部分，并且能够限制和封闭空间。斜坡越陡越高，户外空间感就越强烈。地形除能限制空间外，它还能影响一个空间的气氛。平坦、起伏平缓的地形能给人美的享受和轻松感，而陡峭崎岖的地形极易在一个空间中造成兴奋的感受。

地形不仅可制约一个空间的边缘，还可制约其走向。一个空间的总走向，一般都是朝向开阔视野。地形的一侧为一片高地，而另一侧为一片低矮地时，空间就可形成一种朝向较低、更开阔一方，而背离高地空间的走向。

2. 控制视线

地形能在景观中将视线导向某一特定点，影响某一固定点的可视景物和可见范围，形成连续观赏或景观序列，或完全封闭通向不悦景物的视线。为了能在环境中使视线停留在某一特殊焦点上，可在视线的一侧或两侧将地形增高（见图6-1）。在这种地形中，视线两侧的较高地面犹如视野屏障，封锁了分散的视线，从而使视线集中到景物上。地形的另一功能是构成一系列赏景点，以此来观赏某一景物或空间。

图 6-1   利用地形控制视线

3. 影响旅游线路和速度

地形被用在外部环境中，可影响行人和车辆运行的方向、速度和节奏。在园林设计中，可用地形的高低变化、坡度的陡缓以及道路的宽窄、曲直变化等来影响和控制游人的游览线路及速度。在平坦的土地上，人们的步伐稳健持续，无需花费什么力气。而在变化的地形上，随着地面坡度的增加，或障碍物的出现，游览就越发困难。为了上坡，人们就必须使出更多的力气，时间也就延长，中途的停顿休息也就逐渐增多。对于步行者来说，在上坡、下坡时，其平衡性受到干扰，每走一步都必须格外小心，最终导致尽可能地减少穿越斜坡的行动。

4. 改善小气候

地形可影响园林某一区域的光照、温度、风速和湿度等。从采光角度来说，朝南的坡面一年中大部分时间都保持较温暖和宜人的状态；从风的角度而言，凸面地形、脊地或土丘等可以阻挡刮向某一场所的冬季寒风。反过来，地形也可被用来收集和引导夏季风，夏季风可以被引导穿过两高地之间形成的谷地或洼地、马鞍形的空间。

5. 美学功能

地形可作为布局和视觉要素来使用。在大多数情况下，土壤是一种可塑性物质，它能被塑造成具有各种特性、具有美学价值的实体或虚体。地形有许多潜在的视觉特性。作为地形的土壤，可将其塑形为柔软、具有美感的形状，这样它便能轻易地吸引游人视线，并使其穿越于景观；借助于岩石和水泥，地形被浇筑成具有清晰边缘和平面的挺括形状结构。地形的每一种功能，都可使一个设计具有明显差异的视觉特性和视觉感。

地形不仅可被组合成各种不同的形状，而且它还能在阳光和气候的影响下产生不同的视觉效应。阳光照射某一特殊地形，并由此产生阴影变化，会产生赏心悦目的效果。当然，这些情形每天、每个季节都在发生变化。此外，降雨和降雾所产生的视觉效应也能改变地形的外貌。

二、地形处理应考虑的因素

1. 考虑原有地形

自然风景类型甚多，有山岳、丘陵、草原、沙漠、江河、湖海等景观，在这样的地段，主要是利用原有地形，或只需稍加人工点缀和润色便能成为风景名胜。这就是"自成天然之趣，不烦人工之事"的道理。考虑利用原有地形时，选址是很重要的。有了良好的自然条件可以借用，能取得事半功倍的效果。

2. 根据园林分区处理地形

在园林绿地中可开展的活动内容很多。不同的活动对地形有不同的要求。如游人集中的地方和体育活动场所，要求地形平坦；划船或游泳，需要有河流湖泊；登高眺望，需要有高地山冈；文娱活动需要室内外活动场地；安静休息和游览赏景则要求有山林溪流等。园林建设中必须考虑不同分区有不同地形，而地形变化本身也能形成灵活多变的园林空间，创造出景区的园中园，这样比用建筑创造的空间更具有生气，更有自然野趣。

3. 要有利于园林地面排水

雨后绿地不能有积水，这样才能尽量供游人活动。园林常用自然地形的坡度进行排水。因此在有一定起伏的地形，要合理安排分水和汇水线，保证地形具有较好的自然排水条件。园林的每块绿地应有一定的排水方向，可直接流入水体或是由铺装路面排入水体，排水坡度可以允许有起伏，但总的排水方向应该明确。

4. 要考虑坡面的稳定性

如果地形起伏过大，或坡度不大但同一坡度的坡面延伸过长时，会引起地表径流，产生坡面滑坡。因此地形起伏应适度，坡长应适中。一般来说，坡度小于 1％ 的地形易积水，地表面不稳定；坡度介于 1％～5％ 的地形排水较理想，适合于大多数活动内容的安排，但当同一坡面过长时，会显得较单调，易形成地表径流；坡度介于 5％～10％ 的地形排水良好，而且具有起伏感；坡度大于 10％ 的地形只能局部小范围地加以利用。

5. 要考虑为植物栽培创造条件

原有城市园林用地不尽适合植物的生长，在进行园林设计时，要通过利用和改造地形，为植物的生长发育创造良好的环境条件。如较低凹的地形，可挖土堆山抬高地面，以适宜多数乔木和灌木的生长。利用地形坡面，创造一个相对温暖的小气候条件，满足喜温植物的生长等。

三、地形处理的方法

1. 巧借地形

① 利用环抱的土山或人工土丘挡风，创造向阳盆地和局部的小气候，可阻挡当地常年有害风雪的侵袭。

② 利用地形起伏，适当加大高差至超过人的视线高度（1700mm），按"俗则屏之"原则进行"障景"。

③ 以土代墙，利用地形"围而不障"，以起伏连绵的土山代替景墙以"隔景"。

2. 巧改地形

建造台地园或在坡地上修筑道路或建造房屋时，采用半挖半填的方式进行改造，可起到事半功倍的效果。

3. 土方的平衡与园林造景相结合

尽可能就地平衡土方，如挖池与堆山相配合，使土方就近平衡，相得益彰。

4. 其他

安排与地形、风向有关的有特殊要求的旅游服务设施用地，如风帆码头、烧烤场地等。

四、地形的形式及设计

园林中的地形有陆地、假山与置石、水体。

（一）陆地

园林陆地可分为平地、坡地和山地三类。

1. 平地

在平坦的地形，为方便排水，要求有 3%～5% 的坡度，形成自然式的起伏柔和的地形。要尽量利用道路、明沟排除地面水。一般平地的坡度为 1%～7%。

平地可作为集散广场、交通广场、草地、建筑等用地，以接纳和疏散人群，组织各种活动或供游人游览和休息。平地在视觉上空旷、宽阔，视线遥远，景物不被遮挡，具有强烈的视觉连续性。平坦地面能与水平造型互相协调，使其很自然地同外部环境相吻合，并与地面垂直造型形成强烈的对比，使景物突出。

平地按地面的材料可分为如下几种。

（1）土地面　可用作文体活动的场地，如在树林中的场地即林中空地，由于有树林的庇荫，宜于夏日活动和游憩。但公园中应力求减少裸露的土地面。

（2）沙石地面　有些平地有天然的岩石、卵石或沙砾，可视其情况用作活动场地或风景游憩地。

（3）铺装地面　可用作游人集散的广场、观赏景色的停留地点、进行文体活动的场地等。铺装可以是规则的，也可以是结合自然环境做成不规则的。

（4）种植地面　在平地上植以花草树木，形成不同的用途与景观。大片草坪有开阔的感觉，可作为文体活动的场地或用于坐卧休息。平地种植花卉形成花境，可供游人观赏。平地植树形成树林，亦可供观赏游憩之用。

2. 坡地

坡地就是倾斜的地面，因地面倾斜的角度不同，可分为三种。

（1）缓坡　坡度 8%～12%，一般可作活动场地。

（2）中坡　坡度 12%～20%。

（3）陡坡　坡度 20%～40%，作一般活动场地较困难，在有合适平地配合时，可利用地形的坡度作观众的看台或植物的种植用地。

变化的地形可以从缓坡逐渐过渡到陡坡与山体联结，在临水的一面以缓坡逐渐伸入水中。在这些地形环境中，除作为活动的场所外，也是欣赏景色、游览休息的好地方。在坡地中要获得平地，可以选择较平缓的坡地，修筑挡土墙，削高填低，或将坡地改造成有起伏变化的地形（见图 6-2）。挡土墙亦可处理成自然式。

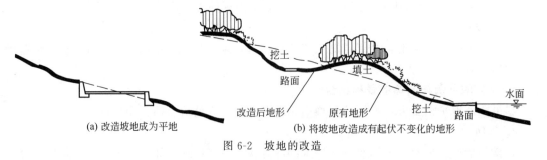

(a) 改造坡地成为平地　　　　　　(b) 将坡地改造成有起伏不变化的地形

图 6-2　坡地的改造

3. 山地

包括自然的山地和人工堆山。山地的坡度一般为大于或等于 25%。园林中山地往往是利用原有地形适当改造而成的。因山地常能构成风景、组织空间、丰富园林的景观，故在没有山的平原城市，也常希望在园林中设置山景，用挖湖的土方堆成，在园林中称其为假山。它虽不同于自然风景中雄伟挺拔或苍阔奇秀的真山，但其独有的风姿在园林中起到不可替代的作用。

山地的类型如下。

（1）按山的主要材料分类 可以分为土山、石山和土石混合山。

① 土山可用园内挖出的土方堆置。投资比石山少。土山的坡度要在土壤的安息角度以内，否则要进行工程处理。一般由平缓的坡度逐渐变陡，故山体较高时占地面积较大。

② 由于堆置的手法不同，石山可以形成峥嵘、妩媚、玲珑、顽拙等多变的景观。因不受坡度的限制，所以山体在占地不大的情况下，亦能达到较大的高度。石山不能多植树木，但可穴植或预留种植坑。石料宜就地取材，否则投资太大。

③ 土石混合山，以土为主体的基本结构，表面再加以点石。因其基本用土堆置，所以占地较大，只在部分山坡使用石块挡土，故占地可局部减少一些。依点置和堆叠的山石数量占山体的比例不同，山体呈现为以石为主或以土为主，山上之石与山下之石宜通过置石联系起来。因土石混合山用石量比石山少，且便于种植植物，故现在造园中常常应用。

（2）按山的游览使用方式分类 可分为观赏的山与登临的山。

① 观赏的山，山体构成丰富的地形景观，仅供人观赏，不可攀登。现代园林面积大，活动内容多，可利用山体分隔空间，以形成一些相对独立的场地。分散的场地以山体蜿蜒相连，还可以起到景观的联系作用。在园路和交叉口旁的山体，可以防止游人任意穿行绿地，起组织观赏视线和导游的作用。在地下水位过高的地段堆置土山，又可为植物的生长创造条件。山体的形状应按观赏和功能的要求来考虑，一个呈带状的山或几个山峰组合的山，产生"横看成岭侧成峰"的效果。几个山峰组合的山，其大小高低应有主从的区别，这样从各个方向观赏有不同的形状和层次的变化。观赏的山，其高度可以比登临的山低些，但要大于1.5m，否则一眼望穿，不能起到组景的作用。

② 登临的山因体形较大，在园林中常成为主景。可观可游山体的朝向应以景色最好的一面对着游人的主要方向。如武汉黄鹤楼坐落在蛇山之上（见图6-3）。因游人身临其境，故山体不能太小太低，并且人在山上希望登高远眺，山体的高度一般应高出平地乔木的浓密树冠线，为10~30m。如果山体与大片的平地或水面相连，高大的乔木较少，则山体的高度可以适当降低。山体的体形和位置要根据登山游览及眺望的要求考虑。在山上可适当设置一些建筑或小平台，作为游览的休息点、眺望的观景点，也是山体风景的组成部分。山上建筑的体量及造型应该与山体的体量及高低相适应。建筑可建在山麓的缓坡上，亦可建在山势险峻的峭壁间、山顶或山腰等处，能形成不同效果的景色。休息建筑宜在山的南坡，冷天可以有较好的小气候。山顶是游人登临的终点，应着意布置，但一般不宜将建筑设在山顶的最高点，使建筑失去山体的背景，并使山体的体形呆滞。在山体上的建筑物，必须配合山体的地形，符合游览与观赏的功能要求，使山体与建筑达到相得益彰的效果。

山与水最好能取得联系，使山间有水，水畔有山。"山无水不活，水无山不转。"还有喻山为骨骼、水为血脉、建筑为眼睛、道路为经络、树木花草为毛发的说法等。体量大的山体与大片的水面，一般以山居北面，水在南面，以山体挡住寒风，使南坡有较好的小气候。山坡南缓北陡，便于游人活动和植物的生长。山南向阳面的景物有明快的色彩。如山南有宽阔的水面，则回光倒影，易取得优美的景观（见图6-4）。

图 6-3　武汉蛇山与黄鹤楼　　　　　　　图 6-4　山在水中的倒影

(二) 假山与置石

我国聚土构石为山始于秦汉时期。历史上最大的假山是宋朝在汴京建的艮岳，最早大量搜集奇石的是当时的朱勔为宋徽宗收集的"花石纲"。以后逐步向"以拳代山，以勺代水"的方向发展。从聚土构石到山石堆叠、孤置赏石，直至现代的塑石、塑山，假山堆叠是中国园林艺术的特点之一。

园林中假山应以原来的地貌为依据，就低掘池得土可构岗阜、因势而堆掇，可为独山，也可为群山。"一山有一山之形，群山有群山之势""山之体势不一，或崔嵬、或嵯峨、或峭拔、或苍润、或明秀，皆入妙品"。园林中的假山，每一山、每一石都是模拟真山的特征，加以艺术提炼、概括，使之具有典型化，进而使自然界中的真山在园林中得以艺术再现。和自然界中的真山相比，体量不是很大，然而却有石骨嶙峋、植被苍翠的特征，加之独立或散点的置石形式，会使游人很自然地联想起深山幽林、奇峰怪石等自然景观，体验到自然山林之意趣。

1. 假山

假山是以天然真山为蓝本，加以艺术提炼和夸张，用人工再造的景观。它是以造景、游赏为主要目的，同时结合其他功能而发挥其综合作用。园林中假山的体量有的较大，可观、可游。

按假山堆叠的形式可分为仿云式、仿山式、仿生式、仿器式、仿抽象雕塑等类型，还可用石景代表历史或传说，如试剑石、望夫石等。扬州个园用假山还做出了四季景观。

利用山石堆叠构成山体的形态有峰、峦、岭、崮、岗、岩、崖、坞、谷、丘、壑、岫、洞、麓、台、蹬道等，构成水体组合的体态有泉、瀑、潭、池、湖、溪、涧、汀步等。

我国著名的假山有：苏州环秀山庄的湖石假山，上海豫园的黄石假山，北京故宫乾隆花园假山，北海静心斋假山，南京瞻园假山，承德避暑山庄文津阁前的月亮假山，广州蓝园的英德石假山，扬州片石山房、卷石洞天假山，广东的塑山等。景观效果好的假山，多半是土石相间，山水相依，花木繁盛，再现自然。北京北海公园琼岛后山是现存最大、最宏伟而富自然山色的假山，被园林专家称为"其假山规模之大、艺术之精巧、意境之浪漫，不仅是全国仅有的孤本，也是世界上独一无二的珍品"。

2. 置石

园林中除用山石叠山外，还可以用山石零星布置，做独立或附属的造景布置，称置石或点石。点置时山石半埋半露，别有风趣，以点缀局部景点，如建筑的基础、抱角镶隅、土山、水畔、护坡、庭院、墙角、墙面装饰、路旁、树下、代替桌凳、花台、树池边缘、蹲配、如意踏跺等，作为观赏、引导和联系空间用。置石用料不多，体量较小而分散，且结构简单，所以与假山比容易实现。正因为置石体量不大，这就要求造景的目的性更加明确，格局严谨，手法洗练，"寓浓于淡"，只要安置有情，就能点石成景，别有韵姿，予人以"片山多致，寸石生情"的感受。

其布置形式可分为特置、对置、散置和群置。

（1）特置　是指由玲珑、姿态秀丽、奇特或古拙的单块山石或峰石立置而言，常置于园中作为局部构图中心或作小景，可设基座，也可半埋于土中以显自然。位置多设在园门入口、路旁、小径的尽头、佳树之下，作对景、障景、点景之用。湖石特置传统的欣赏标准是"透、漏、瘦、皱、丑"。峰石除孤置外，也可与山石组合布置。苏州著名的峰石有瑞云峰、冠云峰、朵云峰、岫云峰等。此外还有上海豫园的"玉玲珑"（图6-5）、南京的"童子拜观音"、北京颐和园的"青芝岫"、北海公园的"云起"等。

图6-5　上海豫园的"玉玲珑"

（2）对置　是指山石的配置沿轴线作对称处理。由于山石的对置布局比较规整，常处于园林的入口、路口、桥头、道路、建筑物入口的两侧。对置石主要强调布局上的均衡与呼应，而在数量、体量以及形态上均无须对等，可挺可卧，可坐可偃，可仰可俯，只求在构图上的均衡和在形态上的呼应，这样既给人以稳定感，亦有情的感染（见图6-6）。

（3）散置（见图6-7）　即所谓"攒三聚五""散漫理之"的布置形式，布局要求将大小不等的山石零星布置，有散有聚、有立有卧、主次分明、顾盼呼应，从而使之成为一个有机整体，看起来没有零乱散漫或整齐划一的呆板感觉。散置的石姿没有特置的严格，它的布局无定式，通常布置在廊间、粉墙前、山脚、山坡、水畔等处，亦可就势落石。

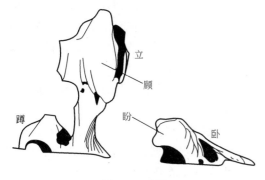

图6-6　对置

图6-7　散置

（4）群置（见图6-8）　是指几块山石成组的排列在一起，作为一个群体来表现，其设计手法及位置布局与散置基本相同，只是群置所占空间比散置大，堆数也可增多，但就其布置的特征而言，仍属散置范畴，只不过是以多代少、以大代小而已。

用山石可散点护坡，代替桌凳、建筑基础，抱角镶隅，门前蹲配，墙面装饰，花台边

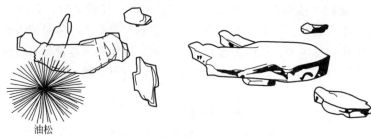

油松

图 6-8　群置

缘，结合水景，配合雕塑等。国外也有应用假山、峰石、岩石装饰庭园的，如日本的枯山水和定位石组，欧洲园林的岩石植物园。现代园林常建有狮、虎、熊、猴等活动栖息的假山，盆景专类园中还有山水盆景等。

3. 叠石

叠石是堆叠山石构成的艺术造型，要有天然巧夺之趣，而不露斧凿之痕。历来有堆石仿狮、虎、龙、龟的，但不免易落俗套。叠石的关键在于"源石之生，辨石之灵，识石之态"。应根据石性即石块的阴阳向背、纹理脉络、石形石质使叠石形象生动优美。

（1）叠石的操作方法

① 相石　山石的品种繁多，形态、色泽、脉络、纹理、大小、质地各有不同，相石看6方面：质、色、纹、面、体、姿。选择山石要熟悉其特征、预计其用途。何种立脚，何种结顶；哪一面应该向外、向上作面，哪一面只能向下、向里作底；皱纹类似的可以拼缀；质坚的可以载重，质脆的不宜负重等。

② 估重　估计山石的重量，以便取用时做好搬运的准备工作，如二人肩、六人肩之类。重量更大的则需用起重设备。高空作业和地下作业更要妥善安排。

③ 奠基　在叠石的范围要开沟打桩做基脚。基脚的面积和深浅按山形大小和轻重而定。以前采用木桩，木材紧张时用毛条石代替，后又改用灰土或水泥灌浆。为了便于树根生长，现常取木桩和石桩混合运用。中间用石桩，四周用木桩夹紧，成为梅花桩，基脚上再用大块石料满盖桩头，使基脚坚牢稳固。

④ 立峰　立峰要先立座，座石的纹理、色泽要与峰石类似。湖石的石峰一般上大下小，有飞舞之态。为了稳固，峰与座连接时在整块的座石上要凿榫眼，不能任意歪斜。如峰石不稳，可用小石片刹垫，保持重心稳定。拼缀的石峰按等分平衡法层层堆叠。如要出挑，必以数倍于"前悬"重量镇压于内侧使之"后坚"。重心线要一贯到底（见图 6-9）。

⑤ 压叠　起脚小，往上渐大向外突出的悬岩，必须用大石压在长石的后半部，这样层层压叠，构成危崖、水边飞石和山洞等（见图 6-10）。

⑥ 洞　叠石洞时起脚就像造房子那样，要做立柱，柱脚要打桩。柱子一般用山石压叠成上大下小，使几个柱头合拢收顶。洞的顶部可用条石封压或按照环桥法用大块山石合拢，犹如屋面，柱间用石块封闭犹如隔墙，墙上可留出一些洞口及透光的孔隙。洞顶上可堆土植树或置园林建筑。

⑦ 刹垫　用小石片填石缝空隙。其作用是矫正大块山石的位置，并衬垫使其稳固；另一是石块之间留有许多缝隙显得粗糙，需要填补。刹垫是一种艺术加工，石片要愈少愈好，支点要准确，缝隙要紧密自然。

⑧ 勾缝　刹垫后用胶黏剂把石块之间的缝隙封固，使其黏合在一起，坚牢耐久。胶黏

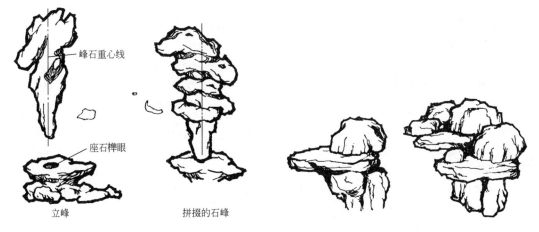

峰石重心线

座石榫眼

立峰　　　　　拼摄的石峰

图 6-9　立峰　　　　　　　　　　　　　　图 6-10　压叠

剂有桐油、纸筋石灰。黄石缝表面再用盐卤铁屑拌和涂刷，使其与石色调和。现在多采用水泥砂浆勾缝，感觉稍呆板，故应因石色略加颜料，改善观赏效果。

（2）叠石艺术处理的要点

① 宾主分明。从总体、局部到峰石小品都要主、次分明。以一个为主，其余为宾，宾的体量应小于主，不宜喧宾夺主。宾主的关系不仅在一个视线方向，而且要在可见的视域范围内，都要有宾主分明的效果。

② 层次深远。前后的层次表现远近，上下的层次表现高低，群山要有层次，一山的本身及一丛山石也要有层次，还要考虑从不同角度观赏的层次。宋代郭熙《林泉高致》谓："山有三远：自山下而仰山巅，谓之高远；自山前而窥山后，谓之深远；自近山而望远山，谓之平远"。

③ 呼应顾盼。园林设景要相互照应，叠山点石按山体的脉络、岩层的走向、峰峦的向背俯仰来布置，要相互关联，气脉相通。宾主之间要有顾盼，层次之间相互衬托。

④ 起伏曲折。从山麓到山顶要有波浪式的高低之分，形成起伏的山形，山与山之间的宾主层次，形成全局的大起伏。山的起脚需弯环曲折，形成山回路转之势。宋代郭熙《林泉高致》谓："山近看如此，远数里看又如此，远数十里又如此，每远每异，所谓'山形步步移'也，如此是一山而兼数十百山之形状，可得不悉乎！"

⑤ 疏密虚实。群山或小景都应该有疏有密，有虚有实，相互对比，切忌均匀划一，平淡无奇。虚实对比如环山之中有余地，则山为实，地为虚。重山之间有间距，则山体为实，间距为虚。山有冈峦洞壑，则冈峦为实，洞壑为虚。壁山以壁为纸，以石为绘，则有石处为实，无石处为虚。景观不论大小，必虚实互用，方能得体。虚处要分散疏松，实处要集中紧密，对比之下则更能增加变化不同的效果。

⑥ 轻重凹凸。叠山用石的数量要适当，形状要有凹凸，数量过多则臃肿不灵，显得笨重；过少则单薄寡味，又嫌太轻，轻重配合才能自然。例如：座石主山，其势宜重；悬崖飞石，其势宜轻。群山之间、小景内部都宜有轻有重，相互衬托。叠石的凹凸犹如画家的线条和皴法，必须凹凸得宜。

选石不可杂，例如湖石玲珑奇巧，黄石古拙端重，其性质不同则不可混杂使用。纹理不可乱，同品种的石纹，有粗细横直、疏密隐显的不同，故应协调地放在一处。石块不可匀，必须有大有小、有高有低，方能生动自然。缝隙不可多，石料应以大块为主，小块为辅，可减少缝隙。叠石手法宜自然生动，不宜规则排比。要胸有丘壑，方能叠石自然。

4. 园林塑石、塑山

（1）定义 园林塑石、塑山是用雕塑艺术的手法，以天然山岩为蓝本，采用混凝土、玻璃钢、有机树脂等现代材料和石灰、砖、水泥等材料经人工塑造的假山或石块。早在百年前，广东、福建一带就有传统的灰塑工艺。20世纪60年代，塑山、塑石工艺在广州得到了很大的发展，标志着我国假山艺术发展到一个新阶段，创造了很多具有时代感的优秀作品，广州动物园狮山即由人工塑造而成的。那些气势磅礴、富有力感的大型山水和巨大奇石与天然岩石相比，它们自重轻，施工灵活，受环境影响较小，可按理想预留种植穴。因此，它为设计创造了广阔的空间。塑山、塑石的材料通常有两种做法，一种为钢筋混凝土塑山，一种为砖石混凝土塑山。也可以两者混合使用。

（2）特点

① 可以塑造较理想的艺术形象——雄伟、磅礴富有力感的山石景，特别是能塑造难以采运和堆叠的巨型奇石，这种艺术造型能与现代建筑相协调。此外还可通过仿造，表现黄蜡石、英石、太湖石等不同石材所具有的风格。

② 可以在非产石地区布置山石景，可利用价格较低的材料，如砖、砂、水泥等。

③ 施工灵活方便，不受地形、地物限制，在重量很大的巨型山石不宜进入的地方，如室内花园、屋顶花园等，仍可塑造出壳体结构的、自重较轻的巨型山石。

④ 可以预留位置栽培植物，进行绿化。

（3）设计 塑山的设计要综合考虑山的整体布局以及同环境的关系。根据自然山石的岩脉规律和构图艺术手法，统一安排峰、岭、洞、潭、瀑、涧、麓、谷、曲水、盘道等，做出模型。模型放大的方法有翻制法和现场塑造法两种，后者造价低，较为常用。

（4）施工

① 建造骨架结构。骨架结构有砖结构、钢结构以及两者的混合结构等。砖结构简便节约，对山形变化较大的部位，要用钢架悬挑。山体的飞瀑、流泉和预留的绿化洞穴位置，要对骨架结构做好防水处理。

② 泥底塑型。用水泥、黄泥、河沙配成可塑性较强的砂浆在已砌好的骨架上塑型，反复加工，使造型、纹理、塑体和表面刻画基本上接近模型。

③ 塑面。在塑体表面细致地刻画石的质感、色泽、纹理和表层特征。质感和色泽根据设计要求，用石粉、色粉按适当比例配白水泥或普通水粉调成砂浆，按粗糙、平滑、拉毛等塑面手法处理。纹理的塑造，一般来说，直纹为主、横纹为辅的山石，较能表现峻峭、挺拔的姿态；横纹为主、直纹为辅的山石，较能表现潇洒、豪放的意象；综合纹样的山石则较能表现深厚、壮丽的风貌。为了增强山石景的自然真实感，除了纹理的刻画外，还要做好山石的自然特征，如缝、孔、洞、裂、断层、位移等的细部处理。一般来说，纹理刻画宜用"意笔"手法，概括简练；自然特征的处理宜用"工笔"手法，精雕细琢。

④ 设色。在塑面水分未干透时进行，基本色调用颜料粉和水泥加水拌匀，逐层洒染。在石缝孔洞或阴角部位略洒稍深的色调，待塑面九成干时，在凹陷处洒上少许绿色、黑色或白色等大小、疏密不同的斑点，以增强立体感和自然感。

（三）水体

中国园林以山水为特色，"水随山转，山因水活"，水体能使园林产生很多生动活泼的景观，从自然山水风景到人工造园，山水始终是景观表现的主要素材。园林中的理水同掇山一样，不是对自然风景的简单模仿，而是对自然风景进行抒情写意的艺术再现，经过园林艺术加工而创造出不同的水型景观，给人以不同的感受。较大的水面往往是城市河湖水系的一部分，可以用来开展水上活动，有利于蓄洪排涝，调节小气候，提高空气湿度，净化空气。还可以供给灌溉、养鱼和消防用水及种植水生植物。

园林中的水体多为天然水体略加人工改造或掘池而形成。

1. 水源的种类

① 引用河、湖的地表水。

② 利用天然涌出的泉水。

③ 利用地下水。

④ 人工水源，直接用城市自来水，或设深井水泵抽水。

2. 水体的类型

水景的形式相当丰富，按不同的分类方式划分如下。

（1）按水体的形式划分

① 自然式的水体（见图 6-11）　是保持天然的或模仿天然形状的河、湖、溪、涧、泉、瀑等，水体在园林中随地形而变化，有聚有散，有曲有直，有高有下，有动有静。

图 6-11　拟自然式的小溪

② 规则式的水体（见图 6-12）　人工开凿成的几何形状的水面，如规则式水池、运河、水渠、方潭、水井，以及几何体的喷泉、叠水、瀑布等，常与山石、雕塑、花坛、花架、铺地、路灯等园林小品组合成景。

③ 混合式水体　是两种形式的交替穿插或协调使用。

（2）按水流的状态分

① 静态水景　如湖泊、池沼及潭等，可映出倒影、粼粼的微波、激滟的水光，给人以明洁、清宁、开阔或幽深的感受。

② 动态水景　如瀑布、喷泉、溪流、涌泉、曲水流觞等，给人以清新明快、变化多彩、激动、兴奋之感，并给人视、听的双重美感。

图 6-12　规则式的水体

（3）按水体的使用功能分

① 观赏水体　面积可以较小，主要为构景之用，水面有波光倒影，又能成为风景透视线，水体可设岛、堤、桥、点石、雕塑、喷泉、水生植物等，岸边可进行不同处理，构成不同景色。

② 开展水上活动的水体　一般水面较大，有适当的水深，水质好，活动与观赏相结合。

3. 园林中常见的水景形式

（1）湖、池　湖、池多按自然式布置，水岸曲折多变，沿岸因境设景。在我国古典园林和现代园林中，湖、池常作为园林的构图中心。园林中供观赏的水面，面积不大时宜以聚为主，大面积的水面可以分隔。广阔的水面，虽有"烟波浩渺"之感，但容易显得单调贫乏，故在园林中常将大水面划分成几个不同的空间，情趣各异，形成丰富的景观层次。

（2）溪、涧　由山间至山麓，集山水而下，至平地时汇聚了许多条溪、涧的水而形成河流。一般溪浅而阔，涧狭而深。在园林中如有条件时，可设溪、涧。溪、涧应弯曲，萦回于岩石山林间，或环绕亭榭，或穿岩入洞；应有分有合，有收有放，构成大小不同的水面与宽窄各异的水流（见图 6-13）。溪涧垂直处理应随地形变化，形成跌水和瀑布，落水处则可以形成深潭幽谷或宽窄各异的水流。

图 6-13　溪涧造型

（3）瀑布、跌水、落水　是根据水势高差形成的一种动态水景观，有溪流、山涧、跌水、瀑布、漫水等，一般瀑布又可分为挂瀑、帘瀑、叠瀑、飞瀑等。落水可分直落、分落、断落、滑落等。

瀑布是自然界的壮观景色（见图6-14），园林中只能仿其意境。用自来水因耗费太大，多在假日、节日偶尔用之。循环供水是用水管引水入贮水池，利用地形高差形成瀑布和跌水，再将受水潭内的集水用水泵吸至水管，再引入贮水池内循环使用。这样消耗的水量较少，但费电，需防控设备噪声。因不能与溪流结合，只能少量使用。贮水池内水流经悬崖下落处为落水口，落水口由山石砌成，落水口的形成决定了瀑布的形式，水口宽的瀑

图 6-14　瀑布

身呈帘布状，水口狭的呈线状、柱状。落水口的山石因受水流冲击应牢固。瀑身是瀑布的主要观赏面，有直射而下的直落，分成数叠的叠落，先直落再在空中散成云雾状或被山石分为许多细流的散落。瀑身的长度和宽度视水量而定。落水口因受水流冲击多用石砌。

（4）井　在园林中有时结合故事传说，或因水质甘洌等井也可成为一景。例如镇江焦山公园的东冷泉井、杭州净慧寺枯木井和四眼井等，还可在井上或井边建亭、台、廊等建筑以丰富景色。

（5）潭　潭乃深水坑也。但作为风景名胜的潭，绝非"深水坑"三个字所能蔽之。它必具有奇丽的景观和诗一般的情意。

因潭著称的风景区不少，如山东崂山的玉女潭、泰山黑龙潭、杭州西湖的三潭印月、贵州织金县的三潭滚月等。潭给人的情趣不同于溪、涧、湖、井，是人工水景中不可缺少的题材。潭与瀑相联系，潭上设瀑则是历来造潭的格局，如陕西麟游县玉女潭，两面高山夹涧，潭为长方形，绿波荡漾，水声飞鸣，百尺狂澜，从半山飞泻而下，十分壮观。杜甫诗："绝谷空山玉女潭，深源滚滚出青莲。冲开巨峡千年石，泻入成龙百尺澜。惊浪翻空蟾恍若，雄声震地鼓填然。翠华当日时游幸，几度临流奏管弦"。潭景并不限于与瀑相连，潭与泉、溪、涧、湖都可相连，形成丰富多彩的潭景。

（6）泉　园林可利用天然泉设景，也可造人工泉。泉是地下水，因水温不同分为冷泉与温泉；又因表现形态不同而分为喷泉、涌泉、溢泉、间歇泉等（见图6-15）。

喷泉是理水的重要手法之一，常用于城市广场、公园、公共建筑（宾馆、商业中心等）或作为建筑、园林

图 6-15　喷泉

的小品，广泛应用于室内外空间。它常与水池、雕塑同时设计，结合为一体，起装饰和点缀园景的作用。喷泉在现代园林中应用非常广泛，其形式多种多样，有单喷头、多喷头、动植物雕塑喷水等。其喷流有直立向上或自由下流，从泉池四周向中心喷射或在泉池中心垂直向上成水柱，有呈抛物线或水柱交织成网，有单层或多层重叠等变化。另外，喷泉又可分为一般喷泉、时控喷泉、声控喷泉群、灯火喷泉等。为使喷水线条清晰，常以深色景物为背景。

喷泉的位置选择以及布置喷水池周围的环境时，首先要考虑喷泉的主题、形式，要与环境相协调，把喷泉和环境统一考虑，用环境渲染和烘托喷泉，以达到装饰环境，或借助喷泉的艺术联想，创造意境。在一般情况下，喷泉的位置多设于建筑、广场的轴线焦点或端点处，也可根据环境特点，布置一些喷泉小景，自由地装饰室内外的空间。

(7) 闸坝　闸坝是控制水流出入某段水体的工程构筑物，主要作用是蓄水和泄水，设于水体的进水口和出水口。水闸分为进水闸、节制水闸、分水闸、排洪闸等。水坝有土坝（草坪或铺石护坡）、石坝（滚水坝、阶梯坝、分水坝等）、橡皮坝（可充水、放水）等。园林中的闸、坝多与建筑、假山配合，形成园林造景的一部分。

(8) 水岸　园林中水岸的处理直接影响水景的面貌。水岸可有缓坡、陡坡甚至垂直出挑。当岸坡角度小于土壤安息角时，可用土壤的自然坡度。为防止水土流失，可以种植植物，使植物根系保护岸坡，也可设人工砌筑的护坡。当岸坡角度大于土壤安息角度时，则需人工砌筑成驳岸。按驳岸的形式，有规则式和自然式两种。规则式的驳岸以石料、砖或混凝土等砌筑的整形岸壁。自然式的驳岸则有自然的曲折、高低等变化或以假山石堆砌而成（见图 6-16）。为使山石驳岸稳定，石下应有坚实的基础，例如按土质的情况可用梅花桩，其上铺大块扁平石料或条石，基础部分应在水位以下，上面以姿态古拙的山石堆叠成假山石驳岸。在较小的水面，一般水岸不宜有较长的直线，岸面不宜离水面太高。假山石岸常于凹凸处设石矶挑出水面。或留洞穴使水在石下望之深邃黝黑，似有泉源。或于石缝间植藤蔓低垂水面。建筑临水处往往凸出几块叠石或植灌木，以打破岸线的平直单调。或使水面延伸于建筑之下，使水面幽深。如苏州网师园，水岸结合水景特点叠石，高低大小，前后错落，变化

图 6-16　水岸处理

多端。水面广阔的水岸，可以在临近建筑和观景点的局部砌成规则式的驳岸，其余大部分为自然的土坡水岸，突出重点，混合运用。

水岸常随水位的涨落而有高低的变化，一般以常年平均水位为准。并考虑以最高水位时不致漫溢、最低水位时不感枯竭为宜。水岸如为斜坡则较能适应水位高低的变化。园林中的水面常用水泵、闸门控制水位，使水面高差不致过大。

水面四周的景物安排在园林造景中非常重要，常构成重要的景区，建筑体型宜轻巧，建筑之间宜互相呼应。沿水道路不宜完全与水面平行，应时近时远，若即若离，近时贴近水面，远时在水路之间可留出种植园林植物的用地。沿水边植树应种于高水位以上，以免被水淹没，耐湿树种可种于常水位处。可用缸、砖石砌成的箱等置于水底，使植物的根系在缸、箱内生长。各种水生植物对水位的深度有不同的要求，例如莲藕、菱角、睡莲等要求水深30～100cm，而荸荠、慈姑、水芋、芦苇、千屈菜等生长于浅水沼泽地，金鱼藻、苦草等沉于水中，而凤眼莲、小浮萍、满江红等则浮于水面。在挖掘水池时，即应在水底预留适于水生植物生长深度的部分水底，土壤为富含腐殖质的黏土。在地下水位高时，也可在水底打深井，利用地下水保持水质的清洁。

4. 水面的分隔形式

水面的分隔与联系形式主要有岛、半岛、堤、桥、建筑与植物等形式（见图6-17）。

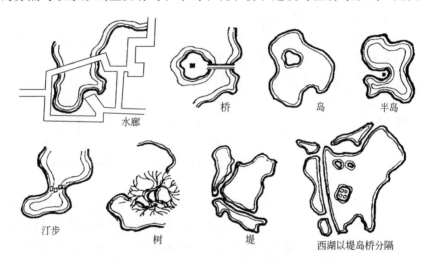

图6-17 水面的分隔形式

（1）岛 我国自古以来就有东海仙岛的神话传说，由于岛给人们带来神秘感，在现代园林的水体也常聚土为岛，植树点亭或设专类园于岛上，既划分了水域空间，又增加了层次的变化，还增添了游人的探求情趣。尤其在较大的水面，可以打破水面的单调感，从水面观岛，岛可作为一个景点设置，又可起障景作用，于岛上眺望可遍览周围景色，是一个绝好的观赏点。可见，于水中设岛也是增添园林景观的一个重要手段。

岛的主要类型如下。

① 山岛 山岛突出水面，有土山岛和石山岛之分。石山岛可比土山岛高出水面较多，形成险峻之势；土山岛因土壤的稳定坡度有限制，需要缓和升起，所以土山岛的高度受宽度的限制。土山岛可广植树木，点缀建筑，常构成园林中的主景。

② 平岛 天然的洲系泥沙淤积而形成坡度平缓的平岛。园林中人工平岛亦取法洲的规

律，岸线圆润，曲折而不重复，岸线平缓地深入水中，使水陆之间非常接近，给人以亲近感。平岛景观多以植物和建筑表现，其上种植耐湿喜水的树种，临水点缀建筑，水边还可配置芦苇之类的水生植物，形成生动而具野趣的自然景色。从自然到人工岛，知名的有哈尔滨的太阳岛、青岛的琴岛、威海的刘公岛、厦门的鼓浪屿、太湖的东山岛、西湖的三潭印月等。

③ 半岛　半岛有的一面连接陆地、三面临水。其地形高低起伏，可设置石矶，以便游人停留眺望。岛陆之间可通道路，便于游览。

④ 岛群　成群布置的、分散的群岛，或紧靠在一起的当中有水的池岛。例如杭州西湖的三潭印月，远观为一大岛，而岛内由数个岛连接形成，岛中有湖，内外有不同的景观。

⑤ 礁　水中散置的点石，或以玲珑奇巧的石作孤赏的小石岛，尤其在较小的整形水池中，常以小石岛来点缀或以山石作水中障景。

水中设岛忌居中、整形，一般多设在水面的一侧，以便使水面有大片完整的感觉，或按障景的要求，考虑岛的位置。岛的数量不宜过多，需视水面的大小及造景的要求而定。岛的形状切忌雷同。岛的大小与水面大小应成适当的比例，一般岛的面积宁小勿大，可使水面显得大些。岛小便于灵活安排。岛上可建亭、立石或种植树木，有小中见大的效果。岛大可安排建筑、叠山和开池引水，以丰富岛的景观。

（2）堤　堤可将较大的水面分隔成不同景色的水区，又能作为通道。园林中多为直堤，曲堤较少。为避免单调平淡，堤不宜过长。为了便于水上交通和沟通水流，堤上常设桥。如堤长桥多，则桥的大小和形式应有变化。堤在水面的位置不宜居中，多在一侧，以便将水面划分成大小不同、主次分明、风景有变化的水区。也有使各水区的水位不同，以闸控制并利用水位的落差设跌水景观。用堤划分空间，需在堤上植树，以增加分隔的效果。长堤上植物花叶的色彩，水平与垂直的线条，能使景色产生连续的韵律。堤上路旁可设置廊、亭、花架、凳、椅等设施。堤岸有用缓坡或石砌的驳岸，堤身不宜过高，方便游人接近水面。

（3）桥　小水面的分隔及两岸的联系常用桥。水浅、距离近时也可用汀步，都能使水面隔而不断。一般均建于水面较狭窄的地方，但不宜将水面分为平均的两块，仍需保持大片水面的完整。为增加桥的变化和景观的对位关系，可应用曲桥。曲桥的转折处应有对景。通行船只的水道，可用拱桥。拱桥的桥洞一般为单数，通常考虑桥拱倒影在常水位时成圆形的景色。在景观视点较好的桥上，需便于游人停留观赏。考虑水面构景对组织空间的需要，常用廊桥。有时为了形成半封闭、半通透的水面空间，需延长廊桥的长度，形成水廊。水廊常有高低转折的变化，使游人感到"浮廊可渡"，如苏州拙政园小飞虹等。

5. 水体的布局形式

水体在园林中的运用非常广泛，无论是规则式水体还是自然式水体，在布局中一般有以下几种运用方式。

（1）集中用水

① 水体居中　水体为全园的主体，有开朗、宁静效果（图6-18～图6-21）。

② 水体偏于一侧　这样的布局形式能让出部分陆地，便于设置其他园林要素。留园的中部庭院，水池偏于一侧，留出较大面积进行叠石，在其上植乔木、灌木，极富自然野趣（图6-22～图6-24）。

集中用水,以水池为中心,并使水池充满整个庭院。

图 6-18 集中用水平面分析图

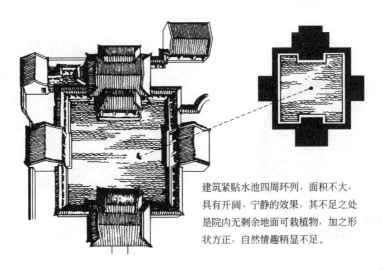

建筑紧贴水池四周环列,面积不大,
具有开阔、宁静的效果,其不足之处
是院内无剩余地面可栽植物,加之形
状方正,自然情趣稍显不足。

图 6-19 画舫斋中央庭院

自然式集中用水布局,
水体居中,周围用建筑
围合,布局较画舫斋中
央庭院活泼。

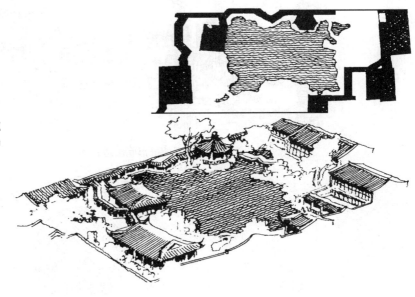

图 6-20 网师园中部庭院

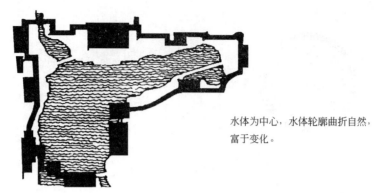

水体为中心，水体轮廓曲折自然，富于变化。

图 6-21 谐趣园平面

图 6-22 水体偏于一侧示意图

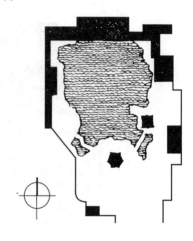

图 6-23 留园的中部庭院

图 6-24 留园的中部庭院透视图

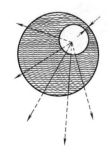

大面积集中用水，常以水包围陆地而形成岛山，若岛山偏于一侧，则可形成大、小水面的强烈对比。

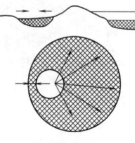

图 6-25 大面积集中用水示意图

③ 大面积集中用水　大面积集中用水，将水体集中，形成较为明显的水面效果，一般用于大型园林，在皇家园林中多见。由于水面辽阔，常以水包围陆地以形成岛屿（图 6-25～图 6-27）。

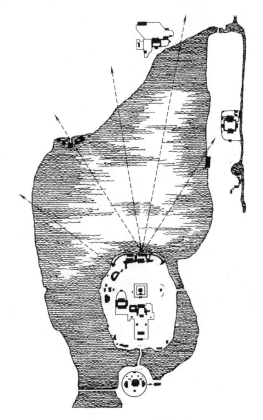 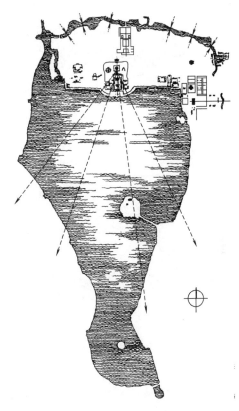

图 6-26　北海琼华岛平面　　　　　　　　　　　图 6-27　颐和园万寿山

（2）分散用水　分散用水是用化整为零的方法把水面分割成若干互相连通的小块，则可因水的来去无源而产生迷离和不可穷尽的幻觉。分散用水还可随水面的变化而形成若干大小的中心，凡水面开阔的地方可因势利导地借亭台楼阁或山石、花木的配置而形成独立的空间环境。而水面相对较窄的地方布局溪流，则起沟通连接作用（见图 6-28）。

① 分散成不同的水域中心，如南京瞻园将水体分成三个水域中心（见图 6-29）。

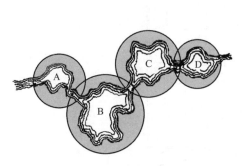 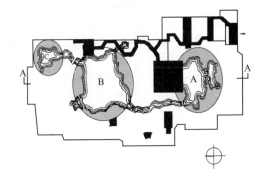

图 6-28　分散用水分析示意图　　　　　　　　图 6-29　南京瞻园水体平面示意图

② 形成曲折狭长的水域空间（见图 6-30 和图 6-31）。

（3）陆地上人工开凿小水池 陆地上人工开凿小水池多用规则式，一般于厅前布置。如杭州玉泉观鱼庭院（见图 6-32），由四合院布局形成的空间院落均呈规则的矩形，为与环境相协调，分别以多个不同的矩形小水池点缀各庭院空间。

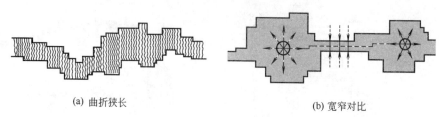

(a) 曲折狭长　　　　　　　　(b) 宽窄对比

图 6-30　曲折狭长的水域空间

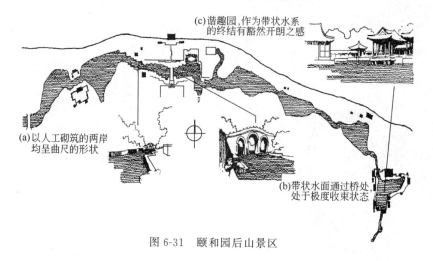

(c)谐趣园,作为带状水系的终结有豁然开朗之感

(a)以人工砌筑的两岸均呈曲尺的形状

(b)带状水面通过桥处处于极度收束状态

图 6-31　颐和园后山景区

杭州玉泉观鱼庭院

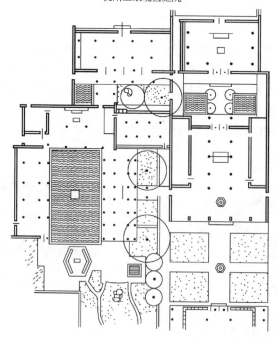

图 6-32　杭州玉泉观鱼庭院

第二节　园林植物种植设计

　　植物是构成园林景观的主要元素，园林空间和建筑空间因为有了植物的点缀才显得趣味盎然。由乔木、灌木、藤本和草本等植物所创造园林空间，无论在空间、时间还是色彩变化都是极为丰富和无与伦比的。它既可充分发挥植物本身形体曲线和色彩的自然美，又可以在人们欣赏自然美的同时提供和产生有益于人类生存和生活的生态效应。所以从城镇生态平衡和美化城镇环境角度来看，园林植物是园林物质要素中最主要的。园林植物种植设计是园林设计的重要环节。

一、园林植物的艺术功能

　　在园林中，植物以其姿态、色彩、气味等供游人欣赏。或赏心悦目，或芳香扑鼻。在游览过程中，人们通过视觉、触觉、嗅觉、听觉可获得对大自然的审美享受。植物的园林艺术功能有不同于其他园林构成要素的独特的时空表现艺术功能。

（一）隐蔽园墙，拓展空间

　　沿园林界墙种植乔木、灌木或攀缘植物，以植物的自然生态形体代替装饰砖、石、灰、土构筑起来的呆滞的背景，即"园墙隐约于萝间"。不但显得自然活泼，而且高低掩映的植物还可造成含蓄莫测的景深幻觉，从而扩大了园林的空间感。如北京颐和园，通过西堤的桃柳遮挡住园墙的界限，使有限空间变得无限，园外远景和园内近景浑然一体，从而扩大了空间，丰富了园林的景色，构成了一幅山外有山、景外有景、远近相衬、层次分明的壮丽画卷。

（二）分隔联系，含蓄景深

　　植物还可以起到组织空间的作用。在不宜采用建筑手段划分空间的情况下，以植物如乔木、灌木高低搭配或竹丛进行空间分隔，甚至可以达到完全隔断视线的效果。在多数情况下，利用植物取得似隔非隔，使相邻景观产生互相渗透的效果，或以更为疏朗的配植略事掩映，使景观含蓄，增加景深层次。如上海植物园盆景园，利用法国冬青自然绿篱分隔空间，形成园中有院的结构。相反，全园被分隔成若干景区的山水、建筑景观，可以通过植物配置加强彼此的联系，使人工与自然要素统一在绿色之中。

（三）装点山水，衬托建筑

　　堆山、叠石之间以及各类水体的岸畔或水面，常用自然植被或植物的配植美化。景观构图，特别是主要景观的主要观赏景面，更需要重点配置树木花草。在这里植物往往作为构图的关键，起到补充和加强山水气韵的作用。亭、廊、轩、榭等建筑的内外空间，也靠植物的衬托而显示它与自然的关系；园林在体形和空间上，应该考虑与植物的综合构图关系。不仅庭院空间如此，建筑的主要观赏面也应作为重点的植物构图。

（四）渲染色彩，突出季相

　　在园林设计中，植物不但是"绿化"的颜料，而且也是万紫千红的渲染手段。再现大自然的园林景观，要求它同大自然一样具备四季变化。表现季相的更替，正是植物所特有的作用。花果树木春华秋实，绿叶成片花满枝，季相更替不已。一般落叶树的形、色随季节而变化：春发嫩绿，夏被浓荫，秋叶胜似春花，冬季有苦木寒林的意境。如杭州"花港现鱼"的牡丹、芍药，"曲院风荷"的荷花，"平湖秋月"的桂花等都有力地烘托了景点的气氛。

（五）散布芬芳，招蜂引蝶

园林艺术空间的感染力是由多方面的因素形成的，其中不只是造型、色彩的作用，还有音响和气味的效果。对于游人来说，体验一个园林作品，是由几种感官综合接受的，它既有视觉、触觉、听觉，也有嗅觉。园林艺术的嗅觉效果，主要由植物起作用。如苏州拙政园"远香堂"，每当夏日，荷风扑面，清香满堂。留园"闻木樨香轩"，因其遍植桂花，开花时异香袭人。草木的芬芳使园中空气更觉清新爽人；一些花卉以其干、叶、花、果作为观赏对象的同时，更作为散布馨香的源泉。

二、园林植物种植设计的基本原则

（一）符合绿地的性质和功能要求

园林植物种植设计，首先要从园林绿地的性质和主要功能出发。园林绿地功能很多，具体到某一绿地，总有其主要功能。街道绿地的主要功能是蔽荫，在解决蔽荫的同时，也要考虑组织交通和市容美观的问题。综合性公园，从其多种功能出发，要有集体活动的广场或大草坪，有遮阳的乔木，有成片的灌木，有安静休息需要的密林或疏林等。医院庭园则应注重周围环境的卫生防护和噪声隔离，在周围可种植密林，而在病房、诊治处附近的庭园多植花木供休息观赏。工厂绿化的主要功能是防护，而工厂的厂前区、办公室周围应以美化环境为主，车间外的休息绿地主要是供休息用。烈士陵园要注意纪念意境的创造。

（二）考虑园林艺术的需要

① 总体布局要协调。规则式园林的植物种植多用对植、列植的方式，而在自然式园林绿地中，则采用不对称的自然式种植，充分表现植物材料的自然姿态。根据局部环境和在总体布置中的要求，采用不同的种植形式，一般在大门、主要道路、整形广场、大型建筑物附近多采用规则式种植，而在自然山水、草坪及不对称的小型建筑物附近则采用自然式种植。

② 全面考虑植物在观形、赏色、闻味、听声方面的效果。人们欣赏植物景色的要求是多方面的，而全能的园林植物是极少的，或者说是没有的。如果要发挥每种园林植物的特点，则应根据园林植物本身具有的特点进行设计，如鹅掌楸主要观赏其叶形；桃花、紫荆主要在春天赏其色；桂花主要在秋天闻其香；成片的松树形成"松涛"是闻其声。有些植物是多功能的，如月季花从春至秋，花开不断，既可观色赏形，又可闻香，但在北方冬天来临时剪去枝条堆土防寒，就不能观赏了，若在背后衬以常绿树，则可弥补冬季之枯燥。

③ 园林植物种植设计要从总体着眼。平面要注意种植的疏密和轮廓线，竖向要注意树冠线，树林中要注意开辟透景线。要重视植物的景观层次和远近观赏效果。远观常看整体、大片效果，如大片秋叶；近看欣赏单株树型，以及花、果、叶等姿态，更重要的是要考虑种植方式，切忌苗圃式的种植。植物种植要处理好与建筑、山、水、道路的关系。选择植物的个体，要先看总体，如株型、高矮、大小、轮廓，其次才是枝、叶、花、果等。

（三）选择适合的植物种类，满足生态要求

按照园林绿地的功能和艺术要求选择植物种类。如街道绿化要选择易活，对土、水、肥要求不高，耐修剪、抗烟尘、树干挺拔、枝叶茂密、生长迅速而健壮的树种作为行道树；山的绿化要选择耐旱植物，并有利于山景的衬托；水边绿化要选择耐湿的植物，要与水景协

调；纪念性公园绿化要选择具象征纪念对象性格的树种，和纪念人所喜爱的树种等。

要满足生态要求，植物能正常生长，一方面是因地制宜，适地适树，使种植植物的生态习性和栽植地点的生态条件基本上能够得到匹配；另一方面就是为植物正常生长创造适合的生态条件，只有这样才能使植物成活并正常生长。

（四）要有合理的搭配和种植密度

植物种植密度直接影响其绿化功能的发挥。从长远考虑，应根据成年树冠大小来决定种植距离。如想在短期就取得好的绿化效果，种植距离可近些。一般常用速生树和长寿树适当配植的办法来解决远、近期过渡的问题。但树种搭配必须合适，要满足各种树木的生态要求，否则达不到理想效果。在树木配置上，还应兼顾速生树与长寿树、常绿树与落叶树、乔木与灌木、观叶树与观花树，以及树木、花卉、草坪、地被的搭配，在植物种植设计时应根据不同目的和具体条件，确定树木花草之间的合适比例。如纪念性园林常绿树比例就要大些。

植物种植设计应注意植物相互之间的和谐，要渐次过渡，避免生硬。还要考虑保留和利用原有树木，尤其是名木古树，可在原有基础上搭配别的植物。

（五）全面考虑园林植物的季相变化和色、香、形的统一、对比

植物造景要综合考虑时间、环境、植物种类及其生态条件的不同，使丰富的植物色彩随着季节的变化交替出现，使园林绿地的各个分区地段突出季节的植物景观。在游人集中的地段四季要有景可赏。植物景观组合的色彩、气味，以及植株、叶、花、果的形态变化是多种多样的，要主次分明，从功能出发，突出一个方面，以免产生杂乱感。

三、园林植物种植设计

（一）花坛

在具有一定几何轮廓的种植床内，种植不同色彩的观花、观叶与观景的园林植物，从而构成一幅富有鲜艳色彩或华丽纹样的装饰图案以供观赏，称之为花坛。花坛在园林构图中常作为主景或配景，它具有较高的装饰性和观赏价值。花坛设计的一般原则如下。

① 主题原则。主题是造景思想的体现，特别是作为主景设计的花坛从各个方面都应充分体现其主题功能和目的，即文化、保健、美化、教育等多方面功能。而作为建筑物陪衬时则应与相应的主题统一、协调，其形状、大小、色彩等都不应喧宾夺主。

② 美学原则。美是花坛设计的关键，主要在于表现美，花坛的设计在其组成的各个部分，从形式、色彩、风格等方面都要遵循美学原则。特别是花坛的色彩布置，既要协调，又要有对比。对于花坛群的设计既要统一，又要有变化，才能起到花坛的装饰效果，从尺度上更要重视人的感觉，充分体现花坛的功能和目的。

③ 文化性原则。植物景观本身就是一种文化体现，花坛的植物搭配也不例外，它同样可以给人以文化享受。特别是木本花坛、混合花坛，其永久性的欣赏作用，体现的是文化，其主观意志、技巧趣味和文学趣味是不可忽视的。

④ 花坛布置与环境相协调的原则。优美的植物景观与周围的环境相辅相成。在整个园林构图中，花坛作为构图要素的重要组成，应与整个园林植物景观、建筑格调相一致、相协调，才能有相得益彰的效果。主景花坛应丰富多彩，在各个方面都要突出主题，配景花坛则应简单朴素。同时花坛形状、大小、高低、色彩等都应与园林空间环境相协调。

图 6-33　花坛

⑤ 花坛植物的选择因花坛类型和观赏特点而异的原则。如丛式花坛是以色彩构图为主，宜选用开花繁茂、花期一致、花期较长、花株高度一致的花卉。模纹花坛以图案为主，应选择株型低矮、分枝密、耐修剪、叶色鲜明的植物。立体花坛则要求其立面层次丰富、造型独特（图 6-33）。

（二）花境

花境，也叫境界花坛（flowerborder）。英语意译即沿着花园的边界或路缘种植花卉，称为花境，也有花径之意。

花境是以多年生花卉为主组成的带状地段，花卉布置采取自然式块状混交，来表现花卉群体的自然景观。它是园林从规则式构图到自然式构图的一种过渡的半自然式种植形式。其平面轮廓与带状花坛相似，植床两边是平行的直线或是有几何规则的曲线。花境的长轴很长，以矮小的草本植物为主花境，宽度可小些；以高大的草本植物或灌木为主的花境，其宽度要大些。花境的构图是沿着长轴的方向演进的连续构图，是竖向和水平的组合景观。花境所选植物材料，以能越冬的观花灌木和多年生花卉为主，要求四季美观又能实现季相交替。一般栽植后3～5年不更换。花境表现的主题是观赏植物本身所特有的自然美，以及观赏植物自然组合的群体美，所以构图不着重平面的几何图案，而是观赏植物群落的自然景观。

1. 花境的分类

花境可分为单面观赏和双面观赏两大类型，在园林中的布局有以下几种。

（1）花境设于区界边缘　常用单面观赏，故常以常绿乔灌木或高篱作背景，前不掩后，各种花卉色彩互相参差配置，配置密度以植株成年后不露出地面为度。冬季百花零落，此时需点缀观叶植物如羽衣甘蓝、红叶甜菜和观花的二年生花卉如金盏菊、雏菊、三色堇等。在木本植物中可选用常绿的、观叶的、观果的植物，方不显萧条。

（2）花境设在园路的两侧　根据园路两侧绿地宽窄进行平面布置，便于俯瞰。栽植的可以是一色的或多色镶嵌的矮性花卉，形成彩色地被，十分艳丽美观。

（3）花境设在草坪的边缘　这种形式如同给草坪镶一圈花边。它不同于草坪周围的带形花坛，因为它宽窄和线条自由灵活，可以柔化规则式草坪的直线和色彩，增加草坪的曲线美和色彩美，其花卉配置方法可采用单色块镶嵌或各种草花混杂配置。

（4）花境设在建筑物或构筑物的边缘　这种形式可与基础栽植结合，以绿篱或花灌木作为背景。前面种植多年生花卉，边缘铺草皮，效果较好。

（5）花境设于道路中央　高的花卉种于中间，两侧种植矮些的花卉。中间最高的部分一般不高于游人的视线（见图 6-34）。

2. 花境种植设计

花境中各种花卉配置应考虑到同一季节中彼此的色彩、姿态、体形及数量的调和对比，整体构图应比较完整，要求有季相变化。几乎所有的露地花卉都可以用来布置花境，尤其宿根及球根花卉能更好地发挥特色。由于花境布

图 6-34　花境

置可多年不需更换，所以必须对种植的植物花卉有透彻的了解，并给予合理的安排，才能得到满意的效果。

在设计花境过程中，首先要根据花境朝向、光照条件选择相应的植物花卉。同时也要充分考虑环境空间的大小，长轴虽无要求，但长轴过长会影响管理及观赏要求，最好通过植物分段布置使其具有节奏感、韵律感。花境短轴不宜过宽或过窄，过窄不易体现群落的美感，过宽超过视觉鉴赏范围则造成浪费。一般单面观赏混合花境为 4～5m；单面观赏宿根花境为2～3m；双面观赏花境以 4～6m 为宜。另外单面观赏花境还需要背景，花境背景设计依设计场所的不同而异。较理想的背景是绿色的树墙或高篱，用建筑物的墙基及各种栅栏作背景，以绿色或白色为宜。为管理方便和通风，背景和花境之间最好留出一定的空间，可以防止作为背景的树和花木的根系侵扰花境的花卉。

花境植物应选择在当地露地越冬，不需特殊管理的宿根花卉为主。兼顾一些小花木、球根花卉和一二年生花卉。花境植物应有较长的花期，且花期能分散于各季节，花序有差异，有水平线条与竖直线条的交叉，花色丰富多彩。花境植物应有较高的观赏价值，如芳香植物、花形独特的花卉、花叶均美的植物、观叶的植物等。花境植物的配置在考虑色彩配置的同时，还应充分了解各花卉植物的生态习性，使处于半阴环境中的花卉能良好生长。

花境的季相变化也是其特征之一。理想的花境应四季有景可观，寒冷地区可做到三季有景。因此必须充分利用花期、花色及各季节所具有的代表植物来创造季相景观。植物的花期和花色是表现季相的主要因素。花境中开花植物应连续不断，以保证各季的观赏效果。花境在某一季节中，开花植物应散布在整个花境内，以保证花境的整体效果。

花境设计过程还应具有较好的立面效果，充分体现群落的美观。从植株的高低、株型、花序及植株的质感，创造出错落有致，花色层次分明、丰富美观的立面景观。

（三）花台与花池

花台抬高了植床、缩短了观赏视距，宜选用适于近距离观赏的花卉。不是观赏其图案花纹，而是观赏园林植物的优美姿态，赏其艳丽的繁花，闻其浓郁的香味。因而宜布置得高低参差、错落有致。牡丹、杜鹃、梅花、五针松、腊梅、红枫、翠柏等，均为我国花台中传统的观赏植物。也可配以山石、树木做成盆景式花台。位于建筑物出入口两侧的小型花台，宜选用一种花卉布置，不宜用高大的花木。

花池是种植床和地面高度相差不多的园林小品设施。它的边缘也用砖石维护，池中常灵活地种以花木或配置山石。花池也是中国庭院一种传统的花卉种植形式。

（四）花丛

几株至十几株以上花卉种植成丛称花丛。花丛是花卉的自然式布置而形成，从平面轮廓到立面构图都是自然的。同一花丛，可以是一种花卉，也可以数种混交，但种类宜少而精，忌多而杂。花卉种类常选用多年生、生长健壮的花卉，也可以选用野生花卉和自播繁衍的一二年生花卉。混交花丛以块状混交为多，有大小、疏密、断续的变化，还有形态、色彩上的变化，在同一地段连续出现的花丛之间各有特色，可以丰富园林景观。

花丛常布置在树林边缘、自然式道路两旁、草坪的四周、疏林草坪之中等。花丛是花卉诸多配置形式中，配置最为简单、管理最为粗放的一种形式，因此，在大的风景区中，可以广泛地应用，成为花卉的主要布置形式。

（五）绿篱或绿墙

绿篱是指耐修剪的灌木或小乔木，以相等距离的株行距，单行或双行排列而组成的规则绿带，属于密植行列栽植的类型之一。它在园林绿地中的应用很广泛，形式也较多。绿篱按修剪方式可分为规则式及自然式两种。从观赏和实用价值来讲，又可分为常绿篱、落叶篱、彩叶篱、花篱、观果篱、编篱、蔓绿篱等多种。

1. 绿篱的作用和功能

（1）作为防范和防护用　在园林绿地中，常以绿篱作为防范的边界，不让人们任意通行。用绿篱可以组织游人的游览路线，起导游作用。绿篱还可以单独作为机关、学校、医院、宿舍、居民区等单位的围墙，也可以和砖墙、竹篱、栅栏等结合形成围墙。这种绿篱高度一般在 120cm 以上。

（2）作为园林绿地的边饰和美化材料　园林小区，常需要分割成很多几何图形或不规则形的小块以便观赏，这种观赏局部多以矮小的绿篱各自相围。有时花境、花坛和观赏性草坪的周围也需用矮小绿篱相围，称为镶边。适于作装饰性矮篱的植物有雀舌黄杨、大叶黄杨、桧柏、金老梅、洒金柏等小叶生长缓慢类型的植物。它们可以突出图案的效果。

（3）作为屏障和组织空间层次用　在各类绿地及绿化地带中，通常习惯用高绿篱作为屏障和分割空间层次，或用它分割不同功能的空间。如公园的游乐场地周围，学校教学楼、图书馆和球场之间，工厂的生产区和生活区之间，医院病房区周围都可配置高绿篱，以阻隔视线、隔绝噪声，减少区域之间相互干扰。

（4）可作为园林景观背景　园林中常把常绿树修剪成各种形式的绿墙作为花境、喷泉、雕像的背景。作为花境的背景可以衬得百花更加艳丽。喷泉或雕像如果有相应的绿篱作背景，则将白色的水柱或浅色的雕像衬托得更加鲜明、生动。

2. 绿篱的类型与植物选择

（1）按绿篱高度分

① 绿墙　高度大于 160cm，有的在绿墙中修剪绿洞门（图 6-35）。

图 6-35　绿墙

② 高绿篱　高度为 120～160cm，人的视线可以通过，但不能跳越。

③ 中绿篱　高度为 50～120cm。

④ 矮绿篱　高度在 50cm 以下，人们能够跨越。

（2）根据功能要求和观赏要求分

① 常绿篱　常绿篱一般由灌木或小乔木组成，是园林绿地中应用得最多的绿篱形式。常绿篱一般修剪成规则式。常采用的树种有桧柏、侧柏、大叶黄杨、瓜子黄杨、女贞、珊瑚、冬青、蚊母、小叶女贞、小叶黄杨、月桂、海桐等。

② 花篱　花篱由枝密花多的花灌木组成，通常以任其自然生长成为不规则的形式，至多修剪其徒长的枝条。花篱是园林绿地中比较精美的绿篱形式，一般多用于重点绿化地带，其中常绿芳香花灌木树种有桂花、栀子花等。常绿及半常绿花灌木树种有六月雪、金丝桃、迎春、黄馨等。落叶花灌木树种有溲疏、锦带花、木槿、紫荆、郁李、珍珠花、麻叶绣球、锈线菊、金缕梅等。

③ 观果篱　通常由果实色彩鲜艳的灌木组成。一般在秋季果实成熟时，其景观别具一格。观果篱常用树种有枸杞、火棘、紫珠、忍冬、胡颓子以及花椒等。目前观果篱在园林绿地中应用得还较少，一般在重点绿化地带才用，在养护管理上通常不做大的修剪，至多剪除其过长的枝条，如修剪得过重，则结果率降低，影响其观果效果。

④ 编篱　编篱通常由枝条韧性较大的灌木组成，在这些植物的枝条幼嫩时编结成一定的网状或格栅状编篱。既可编制成规则式，亦可编成自然式。常用的树种有木槿、枸杞、杞柳、紫穗槐等。

⑤ 刺篱　由带刺的树种组成。常见的树种有枸橘、山花椒、黄刺梅、山皂荚、雪里红等。

⑥ 落叶篱　由一般的落叶树种组成。常见的树种有榆树、雪柳、水蜡树、茶条槭等。

⑦ 蔓篱　由攀缘植物组成，需事先设供攀附的竹篱、木栅等。主要植物可选用地棉、蛇葡萄、南蛇藤、十姊妹蔷薇，还可选用草本植物鸟箩、牵牛花、丝瓜等。

3. 绿篱的栽培和养护

绿篱的栽植一般在春季。栽植的密度根据其使用功能、不同树种、苗木规格和栽植地带的宽度而定。矮篱和一般绿篱株距可采用 30～50cm，行距 40～60cm，双行栽植时可用三角形交叉排列。绿墙的株距可采用 1～1.5m。

栽植绿篱时，先按设计的位置放线，绿篱中心线距道路的距离应等于绿篱养成后宽度的一半。栽植绿篱一般用沟植法。即按行距的宽度开沟，沟深应比苗根深 30～40cm，以便换土施肥，栽植后即灌水，次日扶正踩实，并保留一定高度，将上部剪去。

绿篱日常养护主要是修剪。在北方通常每年早春和夏季各修剪一次，以促发枝条密集和维持一定形状。绿篱可修剪的形状很多，如有的绿篱修剪成"城堡式"，在入口处剪成门柱形或门洞形等。

（六）园林乔灌木

1. 孤植（见图 6-36）

（1）孤植在园林造景中的作用　园林中的优型树在单独栽植时称为孤植。孤植的树木，称之为孤植树。广义地说，孤植树并不等于只种 1 株树。有时为了构图需要，增强繁茂、茏葱、雄伟的视觉，常用 2 株或 3 株同一品种的树木，紧密地种于一处，形成一个单元。在人们的感觉宛如一株多杆丛生的大树。这样的树也被称为孤植树。

图 6-36　孤植

孤植树的主要功能是遮阳并作为观赏的主景，以及作为建筑物的背景和侧景。

（2）孤植树应具备的条件　孤植树主要表现树木的个体美，在选择树种时必须突出个体美，例如体形特别巨大、轮廓富于变化、姿态优美、花繁实累、色彩鲜明、具有浓郁的芳香等。如轮廓端正明晰的雪松，姿态丰富的罗汉松、五针松，树干有观赏价值的白皮松、梧桐，花大而美的白玉兰、广玉兰，以及叶色有特殊观赏价值的元宝槭、鸡爪槭等。作为孤植树的植物是具备生长旺盛、寿命长、虫害少、适应当地立地条件的树种。

（3）孤植树的位置选择　孤植树种植的位置要求比较开阔，不仅要保证树冠有足够的生长空间，而且要有比较适合观赏的视距和观赏点。尽可能与天空、水面、草坪、树林等色彩单纯而又有一定对比变化的背景加以衬托，以突出孤植树在树体、姿态、色彩方面的特色，并丰富天际线的变化。一般在园林中的空地、岛、半岛、岸边、桥头、转弯处、山坡的突出部位、休息广场、树林空地等都可考虑种植孤植树。

孤植树在园林构图中并不是孤立的，它与周围的景物统一于园林的整体构图中。孤植树在数量上是少数的，但如运用得当，能起到画龙点睛的作用。它可以作为周围景观的配景，周围景观也可以作为它的配景，它是景观的焦点。孤植树也可作为园林中从密林、树群、树丛过渡到另一个密林的过渡景。

（4）孤植树的树种选择　宜作为孤植树的树种有雪松、金钱松、马尾松、白皮松、香樟、黄樟、悬铃木、榉树、麻栎、杨树、枫杨、皂荚、重阳木、乌桕、广玉兰、桂花、七叶树、银杏、紫薇、垂丝海棠、樱花、红叶李、石榴、苦楝、罗汉松、白玉兰、碧桃、鹅掌楸、辛夷、青桐、桑树、白杨、丝棉木、杜仲、朴树、榔榆、香椿、腊梅等。

2. 对植

（1）对植的作用　对植一般是指两株树或两丛树，按照一定的轴线关系左右对称或均衡的种植方法，主要用于公园、建筑前、道路、广场的出入口，起遮阳和装饰美化的作用。在构图上形成配景或夹景，起陪衬和烘托主景的作用。

（2）对植的方法和要求　规则式对称一般采用同一树种、同一规格，按照全体景物的中轴线成对称配置。一般多运用于建筑较多的园林绿地。自然式对称是采用2株不同的树木（树丛），在体形、大小上均有差异，种植在不是对称等距、而是以主体景物的中轴线为支点取得均衡的位置，以表现树木自然的变化。规格小的树木距轴线近，规格较大的树木距轴线远，树姿动势向轴线集中。自然式对称变化较大，形成景观比较生动活泼。

对植树的选择不太严格，无论是乔木、灌木，只要树形整齐美观均可采用，对植树附近根据需要还可配置山石花草。对植的树木在体形大小、高矮、姿态、色彩等方面应与主景和环境协调一致（见图6-37）。

3. 丛植

通常是由2株乃至9株乔木构成树丛。树丛中加入灌木时，可多达15株左右。将树木成丛地种植在一起，即称为丛植。

树丛的组合主要考虑群体美。彼此之间既有统一的联系，又有各自的变化，分别主次配置、地位相互衬托。但也必须考虑其统一构图表现出单株的个体美。故在构思时，需先选择单株。选择单株树的条件与选孤植树相类同。丛植在园林功能和布置要求上，与孤植树相似，但观赏效果则较孤植树更为突出。作为纯观赏或诱导树丛，可用两种以上乔木进行搭配，或乔木、灌木混合配置，有

图 6-37　对植

时亦可与山石、花卉相结合。作为蔽荫的树丛，宜用品种相同、树冠开展的高大乔木，一般不与灌木相配，但树下可放置自然形的景石或座椅，以供休息。通常园路不宜穿过树丛，以免破坏树丛的整体性。树丛的标高要超出四周的草坪或道路，这样既有利于排水，又在构图上可以显得更为突出。

（1）两株配合　构图按矛盾统一原理，两树相配，必须既调和又对比，二者成为对立统一体。故两树首先需有通相，即采用同一树种（或外形十分相似的不同树种）才能使两者统一起来；但又需有殊相，即在姿态和体形大小上，两树应有差异，才能有对比而生动活泼。明代画家说："二株一丛，必须一俯一仰，一欹一直，一向左一向右，……"。画树是如此，园林里树木的布置也是如此。两株树的距离应小于小树树冠直径长度。否则，便觉松弛而有分离之感，不成为树丛了。

（2）三株树丛的配植　三株树组成的树丛，树种的搭配不宜超过两种，最好是同为乔木或同为灌木，如果是单纯树丛，树木的大小、姿态要有对比和差异，如果是混交树丛，则单株应避免选择最大的或最小的树形，栽植时三株忌在一直线上，也忌呈等边三角形。三株中最大的 1 株和最小的 1 株要靠近些，在动势上要有呼应，三株树呈不等边三角形。在选择树种时要避免体量差异太悬殊、姿态对比太强烈而造成构图的不统一（见图6-38）。例如 1 株大乔木广玉兰之下配植 2 株小灌木红叶李，或者 2 株大乔木香樟下配植 1 株小灌木紫荆，由于体量差异太大，配植在一起对比太强烈，构图效果就不统一。再如 1 株落羽杉和 2 株龙爪槐配植在一起，因为体形和姿态对立性太强，构图效果也不协调。因此，三株配植的树丛，最好选择同一树种而体形、姿态不同的进行配植。如采用两种树种，最好为类似的树种，如

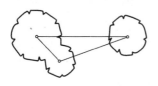

（a）三株同一树种，大小、高低、姿态不同，三株中最大的和最小的成一组，中等大小的成另一组，三株不在同一直线上，呈不等边三角形

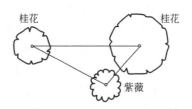

桂花　桂花

紫薇

（b）三株两个树种，桂花和紫薇组成树丛，最大的桂花和最小的紫薇成一组，另一桂花成另一组，两组树组成多样统一的树丛

图 6-38　三株树丛的配植形式

落羽杉与水杉或池柏，山茶与桂花，桃花与樱花，红叶李与石楠等。

　　（3）四株树丛的配植　四株的配合可以是单一树种，可以是两种不同的树种。如是同一树种，各株树的要求在株型、姿态上有所不同。如是两种不同树种，最好选择外形相似的不同树种，但外形相差不能很大，否则就难以协调。四株配合的平面可有两个类型：一为外形不等边四边形；一为不等边三角形，为 3：1 的组合，四株中最大的 1 株必须在三角形一组内。四株配植中，其中不能有任何 3 株呈一直线排列（见图 6-39）。

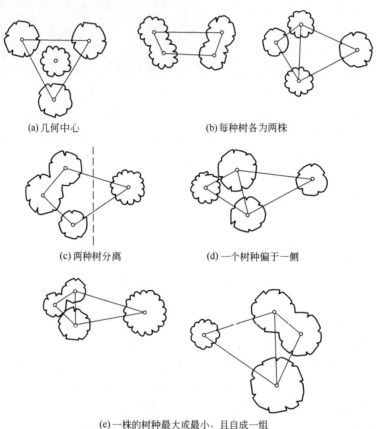

(a)几何中心　　　　　　　　　　(b)每种树各为两株

(c)两种树分离　　　　　　　　　(d)一个树种偏于一侧

(e)一株的树种最大或最小，且自成一组

图 6-39　四株树丛不宜配植的形式

　　（4）五株树丛的配植　五株丛的配植可以分为两组形式，这两组的数量可以是 3：2，也可以是 4：1。在 3：2 配植中，要注意最大的 1 株必须在 3 株的一组中，在 4：1 配植中，要注意单独的一组不能是最大的也不能最小。两组的距离不能太远，树种的选择可以是同一树种（见图 6-40）。如果是两种树种，则一种树为 3 株，另一种树为 2 株，而且在株型、大小上要有差异，不能一种树为 1 株，另一种树为 4 株，这样就不合适，易失去均衡感。在栽植方法上可分为不等边的三角形、四边形、五边形。在具体布置上，可以常绿树组成稳定树丛，常绿和落叶树组成半稳定树丛，落叶树组成不稳定树丛。在 3：2 或 4：1 的配植中，同一树种不能全放在一组中，这样不易呼应，没有变化，容易产生是 2 个树丛的感觉（见图 6-41）。

　　（5）六株以上树丛的配合　六株树木的配合，一般是由 2 株、3 株、4 株、5 株等基本形式交相搭配而成的。例如，2 株与 4 株，则成 6 株的组合；5 株与 2 株相搭，则为 7 株的组合，都构成 6 株以上树丛。它们均是几个基本形式的复合体。因此，株数虽增多，仍有规

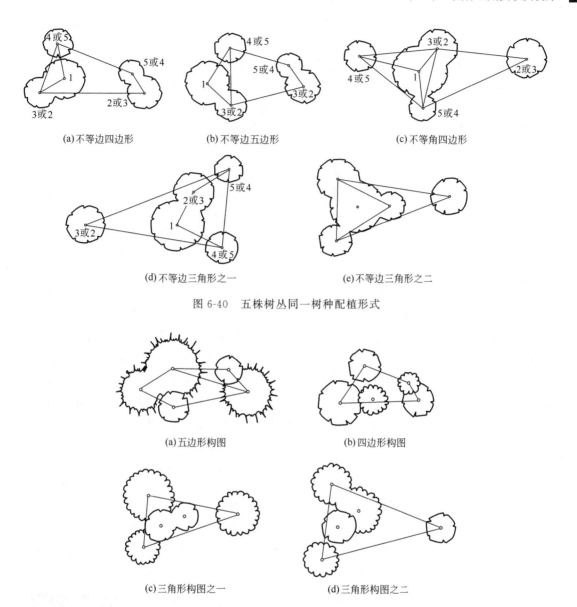

(a)不等边四边形　　　　　(b)不等边五边形　　　　　(c)不等角四边形

(d)不等边三角形之一　　　　　　(e)不等边三角形之二

图 6-40　五株树丛同一树种配植形式

(a)五边形构图　　　　　　　　(b)四边形构图

(c)三角形构图之一　　　　　　　(d)三角形构图之二

图 6-41　五株树丛 2 个数种的构图

律可循。只要基本形式掌握好，7 株、8 株、9 株乃至更多株树木的配合，均可类推。其关键在于调和中有对比，差异中有稳定。株数太多时，树种可增加，但必须注意外形不能差异太大。一般来说，在树丛总株数 7 株以下时树种不宜超过 3 种，15 株以下不宜超过 5 种。

4. 群植

用数量较多的乔灌木（或加上地被植物）配植在一起形成一个整体，称为群植。树群的灌木一般是 20 株以上。树群与树丛不仅在规格、颜色、姿态上有差别，而且在表现的内容方面也有差异。树群表现的是整个植物体的群体美，观赏它的层次、外缘和林冠等。

树群是园林的骨干，用以组织空间层次，划分区域。根据需要也可以一定的方式组成主景或配景，起隔离、屏障等作用。

树群的配植因树种的不同，可以组成单纯树群或混交树群。混交树群是园林中树群的主要形式，所用的树种较多，能够使林缘、林冠形成不同层次。混交树群的组成一般可分为4层，最高层是乔木，是林冠线的主体，要求有起伏的变化；乔木下面是亚乔木，这一层要求叶形、叶色都要有一定的观赏效果，与乔木在颜色上形成对比；亚乔木下面是灌木，这一层要布置在接近人们的向阳处，以花灌木为主；最下一层是草本、地被植物。

树群内的植物栽植距离要有疏密变化，要构成不等边三角形，不能成排、成行、成带地等距离栽植。常绿、落叶、观叶、观花的树木，因其面积不大，不能用带状混交，也不可用片状混交，应该用复合混交、小块混交与点状混交相结合的形式。

在树种的选择方面，应注意组成树群的各类树种的生物学习性，在外缘的树木受环境的影响大，在内部的树木，相互间影响大。树群栽植在郁闭之前，受外界影响占优势。根据这一特点，喜光的阳性树不宜植于群内，阴性树木宜植于树群内。树群的第一层乔木应该是阳性树，第二层亚乔木则应是中性树，第三层分布在东、南、西三面外缘的灌木可以是阳性的，而分布在乔木下以及北面的灌木则应该是中性树或是阴性树。喜暖的植物应配植在南面或西南面。

树群的外貌，要注意植物的季相变化，使整个树群四季都有变化。例如，以大乔木为广玉兰，亚乔木为白玉兰、紫玉兰或红枫，大灌木为山茶、含笑，小灌木为火棘、麻叶绣球等所配植的树群。其中广玉兰为常绿阔叶乔木，作为背景可使玉兰的白花特别鲜明，山茶和含笑为常绿中性喜暖灌木，可作下木，火棘为阳性常绿小灌木，麻叶绣球为阳性落叶花灌木。在江南地区，2月下旬山茶最先开花；3月上中旬白玉兰、紫玉兰开花，白、紫相间又有深绿广玉兰作背景；4月中下旬，麻叶绣球开白花又和大红山茶形成鲜明对比，此后含笑开花，芳香浓郁；10月间火棘结红色硕果，红枫叶色转为红色。这样配植兼顾了树群内各种植物的生物学特性，又丰富了季相变化，使整个树群生气勃勃，欣欣向荣。

当树群面积足够大、株数足够多时，它既构成森林景观又可发挥防护功能，这样的大树群则称之为林植或树林，它是成片成块大量栽植乔木、灌木的一种园林绿地。树林在园林绿地面积较大的风景区中应用较多。一般可分为密林、疏林两种，密林的郁闭度可达70%～95%，疏林的郁闭度则在40%～60%。树林又分为纯林和混交林。一般来讲，纯林树种单一，生长速度一致，形成的林缘线单调平淡，而混交林树种变化多样，形成的林缘线季相变化复杂，绿化效果也较生动（见图6-42）。

图6-42　群植示例

5. 列植

列植指乔木、灌木按一定的直线或缓弯线成排成行地栽植，行列栽植形成的景观比较单纯、整齐，它是规则式园林以及广场、道路、工厂、矿山、居住区、办公楼等绿化中广泛应用的一种形式。列植可以是单行，又可以是多行，行距的大小取决于树冠的成年冠径，期望在短期内产生绿化效果，行距可适当小些、密些，待成年后伐掉来解决过密的问题。

列植的树种其树冠形态最好比较整齐，如是圆形、卵圆形、椭圆形、塔形的树冠。枝叶稀疏、树冠不整齐的树种不宜用。由于行列栽植的地点一般受外界环境的影响大，立地条件差，在选择树种时，应尽量选用生长健壮、耐修剪、树干高、抗病虫害的树种。在种植时要处理好和道路、建筑物、地下和地上各种管线的关系。

列植范围加大后可形成林带。林带是数量众多的乔灌林，树种呈带状种植，是列植的扩展种植，它在园林绿化中用途很广，具有遮阳、分割空间、屏障视线、防风、阻隔噪声等用途。作为遮阳功能的乔木，应该选用树冠呈伞状展开的树种。亚乔木和灌木要耐阴，数量不能多。林带与列植不同在于林带树木的栽植不能成行、成排、等距，天际线要有起伏变化。林带可由多种乔木、灌木树种结合，在选择树种上要富于变化，以形成不同的季相景观。

（七）攀缘植物

1. 攀缘植物的生物学特性

茎干柔弱纤细，自己不能直立向上生长，需以某种特殊方式攀附于其他植物或物体之上以伸展其躯干，以利于吸收充足的雨露阳光才能正常生长的一类植物即攀缘植物。正是由于攀缘植物的这一特殊的生物学习性，使攀缘植物成为园林绿化中进行垂直绿化的特殊材料。攀缘植物与其他植物一样，有一二年生的草质藤本；也有多年生的木质藤本；有落叶类型；也有常绿类型。按攀缘方式的不同可分为自身缠绕、依附攀缘和复式攀缘三大类。自身缠绕的攀缘植物不具有特化的攀缘器官，而是依靠自己的主茎缠绕着其他植物或物体向上生长。依附攀缘植物则具有明显特化的攀缘器官，如吸盘、吸附根、倒钩刺、卷须等，它们利用这些攀缘器官把自身固定在支持物上而向上方和侧方生长。复式攀缘植物是兼具几种攀缘能力来实现攀缘生长的植物。所以在园林植物种植设计时，配置攀缘植物，应充分地考虑到各种植物的生物学特性和观赏特性。

2. 攀缘植物在园林绿地中的作用

攀缘植物种植又称垂直绿化的种植。这些藤本植物可形成丰富的立体景观。垂直绿化能充分利用土地和空间，并能在短期内达到绿化效果。人们用它解决城市和某些建筑拥挤、地段狭窄，无法用乔木、灌木绿化的困难。垂直绿化可使植物紧靠建筑物，既丰富了建筑的立面，活跃了气氛，同时在遮阳、降温、防尘、隔离等方面效果也很显著。在城市绿化和园林建设中，广泛地应用攀缘植物来装饰街道、林阴道以及挡土墙、围墙、台阶、出入口、灯柱、建筑物墙面、阳台、窗台等，用攀缘植物装饰亭子、花架、游廊等。

3. 攀缘植物的种植设计

常用的攀缘植物有紫藤、常春藤、五叶地锦、三叶地锦、葡萄、猕猴桃、南蛇藤、凌霄、木香、葛藤、五味子、铁线莲、茑萝、丝瓜、观赏南瓜、观赏菜豆等。它们的生物学特性和观赏特性各有不同。在具体种植时，要从各种攀缘植物的生物学特性出发，因地制宜，合理选用攀缘植物，同时也要注意与环境相协调。

（1）墙壁的装饰　用攀缘植物垂直绿化建筑和墙壁一般有两种情况：一种是把攀缘植物作主要欣赏对象，给平淡的墙壁披上绿毯或花毯；另一种是把攀缘植物作为配景以突出建筑物的精细部位。在种植时，要建攀缘植物的支架，这是垂直绿化成败的主要因素。对于墙面粗糙或有粗大石缝的墙面、建筑，一般可选用有卷须、吸盘、气生根等天然附墙器官的植物，如常春藤、爬山虎、络石等。对于那些墙面光滑或个别露天的部分，可用木块、竹竿、板条建造网架，安置在建筑物墙上，以利于攀缘植物生长，有的也可牵上引绳供轻型的一二年生植物生长。

（2）窗、阳台等的装饰　装饰性要求较高的门窗、阳台最适宜用攀缘植物垂直绿化。门窗、阳台前是泥地，则可利用支架绳索把攀缘植物引到门窗或阳台所要求到达的高度，如门窗、阳台前是水泥地，则可预制种植箱，为确保其牢固性及冬季光照需要，一般采用种植一二年生落叶攀缘植物。

（3）灯柱、棚架、花架等的装饰　利用攀缘植物装饰灯柱，可使对比强烈的垂直线条与水平线条得到调和。一般灯柱直接建在草坪或泥地上，可以在附近直接栽种攀缘植物，在灯柱附近拉上引绳或支架，以引导植物枝叶装饰灯柱基部。如灯柱建在水泥地上，则可预制种植箱种植攀缘植物。棚架和花架是园林绿地中较多采用的垂直绿化，常用木材、竹材、钢材、水泥柱等构成单边或双边花架、花廊，采用一种或多种攀缘植物成排种植，采用的植物种类有葡萄、凌霄、木香、紫藤、常春藤等（见图6-43）。

图6-43　攀缘植物的运用示例

第三节　园林建筑与小品设计

园林绿地中，园林建筑、园林小品、园林雕塑及园路、园桥、园林广场等，它们有实用功能，又有可供人们游览观赏，同时与园林绿地中的山、水、植物一样，是园林景观的重要构成要素。

它们的实用功能主要表现在满足人们休息、游览、文化、娱乐、宣传等活动要求，如文化休息公园需要设置文教宣传、文娱体育方面的建筑、小品及雕塑；国家森林公园或重点风景区，需要设置旅游展览等方面的建筑、小品及雕塑；儿童公园需要设置适合儿童活动特点、满足不同年龄儿童活动需要的建筑、小品及雕塑。

园林建筑、小品及雕塑等除了提供游览娱乐活动场所外，同时本身也成为被观赏的对象，人们在建筑内外均能体会到它们对环境景观的影响。小品和雕塑，还具有体量小、数量多、分布广的特点，内容丰富，造型美观，在园林中起着点缀环境、丰富景观、烘托气氛、加深意境等作用。

一、园林建筑

园林建筑形式和类型很多，按使用功能建筑设施可分为游憩类建筑设施、服务类建筑设施、公用类建筑设施和管理类建筑设施四大类。

（一）游憩类建筑设施

游憩类建筑设施内容很多，包括科普展览建筑、文体娱乐建筑和游览观光建筑等。游览观光建筑不仅给游人提供游览、休息、赏景的场所，而且本身也是景点或成为景的构图中心。

1. 亭

在我国传统园林建筑中，亭是最常见的一种形式。传统中亭的作用，如《园冶》中所说："亭者，停也。所以停憩游行也。"可见亭是供人们休息、观景之用。亭的形式很多，从平面上分有圆形、长方形、三角形、四角形、六角形、八角形、扇形等。从屋顶形式上分有单檐、重檐、三重檐、攒尖顶、平顶、硬山顶、悬山顶、歇山顶、单坡顶（如扇亭）、卷棚顶、褶板顶等。从布局位置分有山亭、半山亭、桥亭、沿水亭、靠墙的半亭、廊间亭、路中亭等。

我国著名的四大名亭是：安徽滁县的醉翁亭，杭州西湖的湖心亭，湖南长沙的爱晚亭，北京的陶然亭。我国最大的亭是颐和园十七孔桥东头的廊如亭。

亭群是将若干单亭组在一起，构成亭群，具有很好的景观效果。著名的如北京北海公园的五龙亭、扬州瘦西湖的五亭桥、承德避暑山庄的水心榭等（图 6-44）。

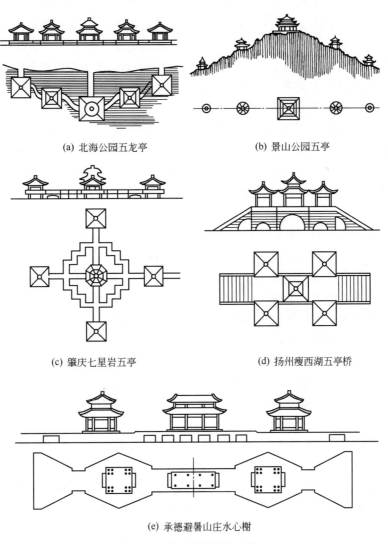

(a) 北海公园五龙亭　　(b) 景山公园五亭

(c) 肇庆七星岩五亭　　(d) 扬州瘦西湖五亭桥

(e) 承德避暑山庄水心榭

图 6-44　传统亭群组合示意

图 6-45　江南常见曲廊

2. 廊

廊在园林里被广泛应用，除能遮阳、防雨、供休息外，其主要作用还在于联系建筑与游人的观赏路线，廊还可起到透景、隔景、框景等作用，使空间层次丰富多变。

廊依位置分有沿墙走廊、爬山廊、水走廊等。依结构形式分：两面柱廊的空廊；一面空廊、另一面为墙或漏花墙的半廊；两面是柱廊，中间有漏窗或窗框墙相隔的复廊。依平面分有直廊、曲廊、回廊等（见图 6-45）。

3. 水榭

一般指有平台挑出水面观览风景的园林建筑。《园冶》云："榭者，藉也，藉景而成也，或水边，或花畔，制亦随态"，也就是说，榭是凭借周围景色而构成的一种建筑物，现今以临水而建的水榭居多。榭因借景而成，故其主要功能是以观赏为主，兼有休息、社交活动等。新建的水榭形式，水岸边架起一平台，部分伸出水面，平台常以低平栏杆相围，其上还常有单体长方形建筑，四面开敞通透或做落地长窗，显得空透、畅达，屋顶常用卷棚歇山顶，檐角低平，显得玲珑、轻巧、简洁大方，如拙政园的"芙蓉榭"、网师园的"濯缨水阁"、南京瞻园的"水榭"等是我国古典园林中水榭的典型。

现代园林中的水榭，有的功能简单，体形简洁，仅供游人观赏之用。有的功能丰富，可作为茶室、接待室、游船码头等。有的还把平台扩大，开展各种文娱活动，以满足多功能的需求。现代材料的运用也为水榭的建筑空间穿插、变化提供了可能性。

4. 舫

舫是一种类似船形的建筑，不能划动，故又名"不系舟"。在园林中有供人游赏、饮宴、观景、点景之用途。舫的立意是"湖中画舫"，运用联想使人虽在建筑中，犹如置身舟楫之感。舫一般由三部分组成，即船头、中舱和尾舱。船头设眺台，似甲板，常做成敞棚，作赏景用。中舱常做成下沉式，是舫的主要空间，供休息和宴客用，两侧常设长窗、尾舱，一般做成两层，下实上虚，设楼梯，上层供休息、眺望（见图 6-46）。

现代园林中新建的舫在形式上有所创新，材料多用钢筋混凝土，色彩更丰富。

5. 厅堂

厅堂是园林中的主要建筑，其体量较大，造型精美。《园冶》中说："堂者，当也。谓当正向阳之屋，以取堂堂高显之义。"厅堂之分，凭其内四界构造用料不同，用扁方料者曰厅，用圆料者曰堂。

厅堂是议事、会客的场所，一般位于居屋与园林的交界处，既与生活起居部分联系方便，又有良好的观景条件。

厅堂按其构造、装饰不同，可分为扁作厅、贡式厅、船厅、鸳鸯厅、花篮厅、满轩等形式。按使用功能又可分为茶厅、大厅、餐厅、对照厅、书厅和花厅等。

6. 楼阁

楼与阁是园林中的高层建筑，供人们登高远眺，游憩赏景。另外在造景上，能起构图中

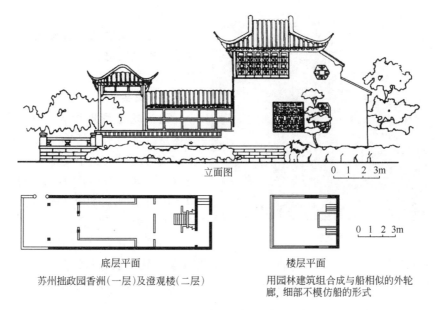

立面图

0 1 2 3m

底层平面　　　　　　　　　　　　　楼层平面

苏州拙政园香洲(一层)及澄观楼(二层)　　用园林建筑组合成与船相似的外轮廓，细部不模仿船的形式

图 6-46　舫的形式示意

心作用，如颐和园的佛香阁（见图 6-47）、南昌的滕王阁、岳阳的岳阳楼、武汉的黄鹤楼、上海豫园卷雨楼（见图 6-48）等阁因其凌空高耸，造型精美，常常成为园林中的重要景点。

图 6-47　颐和园佛香阁

图 6-48　上海豫园卷雨楼

楼、阁为两层或两层以上的建筑，两者之间不易明确区分，在用途上，阁带有贮藏功能，常用来藏书画等，如承德避暑山庄的藏经阁。楼多用于居住现代园林中所建的楼多为餐厅、茶室、接待室等。

7. 殿

古时把高大的堂称为殿，在园林中殿多为帝王贵族活动的主体建筑，如颐和园的排云殿、仁寿殿、故宫的太和殿（见图 6-49）；寺庙群中的主体建筑，如大雄宝殿等。其主要功能是丰富园林景观，作为名胜古迹的代表建筑，供人们游览瞻仰。

8. 斋

是古人斋戒之所，即守戒、屏欲的地方，如皇帝祭天前先到天坛斋宫沐浴斋戒三日。

9. 轩

原为古代马车的前棚部分。建筑中把厅堂前卷棚顶部分或殿堂的前槽称为轩，也有的将

图 6-49　故宫太和殿

窗槛的长廊或小室称为轩。园林中的轩指较为高敞、安静的园林建筑。轩的功能是为游人提供安静休息的场所，如颐和园的养云轩、福荫轩等。

10. 码头

码头既是管理设施，又是景点建筑，是休息游览的水边活动中心，如广州荔湾公园由游艇码头、小卖部和茶室等组成建筑群落，活泼轻巧，上下两层，错落有致，闹静分明。码头依形式常分为驳岸式、伸入式与浮船式。

在园林中，还有其他的游憩园林建筑，都有各自的含义和功能，有时将单个建筑布置在某一处，也有时将多个建筑进行组合布置。不论采用哪一种形式，均应从符合周围环境条件出发，达到最佳视觉艺术效果。

11. 佛塔

中国的佛塔源于印度，中文释作浮屠、塔婆。相传释迦牟尼圆寂，尸体火化后变成各色晶莹的珠子，这些珠子、骨头、牙齿等都叫"舍利子"，建塔埋葬，以资纪念。中国的塔把中国亭台楼阁建筑特点运用其中，样式各样，一般南方的塔清秀挺拔，北方的塔端庄厚重（见图 6-50 和图 6-51）。

图 6-50　西安大雁塔

图 6-51　允燕佛塔

（二）服务类建筑设施

园林中的服务性建筑包括餐厅、酒吧、茶室、小吃部、接待室、小宾馆、小卖部、售票房等。

1. 饮食类建筑设施

餐厅、食堂、酒吧、茶室、冷饮、小吃部、野餐烧烤地等。这些设施近年来在公园、风景区已逐渐成为一项重要的设施，该服务设施在人流集散、功能要求、服务游客、建筑形象等方面对公园、风景区有很大影响。

茶室、冷饮、小吃部、野餐烧烤地，为游人提供饮食，也是休息的场所，并为赏景、会客提供方便。

2. 商业性建筑设施

商店或小卖部、购物中心，主要提供游客所需物品，如糖果、香烟、饼食、饮料、土特产、手工艺品等。同时还为游人创造一个休息赏景之所。

3. 住宿建筑设施

有招待所、宾馆等。规模较大的公园或风景区多设一个或多个接待室、招待所、宾馆，视需要亦可设帐篷宿营地。主要供游客住宿、赏景。

4. 售票房

票房是公园大门或门外广场的小型建筑，也可作为园内分区收票的集中点，常和亭、廊组合成一体，兼顾管理和游憩需要。

（三）公用类建筑设施

主要包括电话通信、导游牌、路标、停车场、存车处、供电及照明、给水排水设施、供气供暖设施、标志物及果皮箱、饮水站、厕所等。

1. 导游牌、路牌

在园林各路口，设立标牌，协助游人顺利到达游览地点，尤其是在道路系统比较复杂，景点较丰富的大型园林中，还起到点景的作用。

2. 停车场、存车处

是风景区和公园必不可少的设施，为了方便游人常和大门入口结合在一起，但不应占用门前广场的位置。

3. 供电及照明

供电设施主要包括：园路照明，造景照明，生活、生产照明，广播宣传用电，游乐设施用电等。园林照明除了创造一个明亮的园林环境，满足夜间游园活动，节日庆祝活动，以及保卫工作等要求外，更是创造现代化园林景观的手段之一。声控喷泉等均突出地体现了当前园景用电的特点。园灯是园林夜间的照明设施，白天具有装饰作用，因此，各类园灯在灯头、灯柱、灯座（包括接线箱）的造型、光源的选择、照明质量的方式上，都应有一定的要求。园灯造型不宜烦琐，有对称与不对称、几何型与自然型之分。混凝土造的树干、竹节类自然形公园灯具有野趣。

4. 给水排水设施

园林中用水有生活用水、生产用水、养护用水、造景用水和消防用水。一般水源有引用河湖的地表水，利用天然涌出的泉水，利用地下水，直接用城市自来水或设深井水泵吸水。给水设施一般有水井、水泵（离心泵、潜水泵）、管道、闸门、龙头、窨井、贮水池等。消防用水为单独体系，有备无患。园林用水可设循环水系统设施，以节约用水。工矿企业的冷却水可以利用，水池还可以和园林绿化养护用水结合，做到一水多用。山地园林和风景区应设分级供水站和高位贮水池，以便引水上山。园林绿地的排水，主要靠地面和明渠排水，暗渠埋设背线只是局部使用。为了防止地表冲刷，需固坡及护岸，常采用谷方、护土筋、水簸箕、消力阶、消力池、草坡等护坡措施。为了将污水排出，常使用化粪池、污水管渠、窨井、检查井、跌水井等设施。作为管渠排水体系有雨水污水分流制、雨水污水合流制、地面及管渠综合排水等方法。

5. 厕所

园林厕所是维护环境卫生不可缺少的，既要有其功能特征，外形美观，又不能过于修饰，喧宾夺主。要求有较好的通风和排水设施，应具有自动冲水和卫生用水设施。

（四）管理类建筑设施

主要指公园、风景区的管理设施，以及方便园林职工的各种设施。

1. 大门、围墙

园林大门在园林中突出醒目，给游人第一印象。依各类园林不同，大门的形象、内容、规模有很大差别，可分为柱墩式、牌坊式、门廊式、墙门式、门楼式及其他形式。

园四周通常建有围墙。围墙是园林的范围和边界，主要功能是防护和保卫，也有装饰和丰富园林景色的作用。围墙既要美观，又要坚固耐久。常用材料有砖、混凝土花格围砖、石墙、铁花格等。古典园林的围墙，用石墙的很普遍，类型也很多，石墙很坚实，有不同形状和颜色，毛石可构成"虎皮纹"，片石可做成"冰裂纹"。石墙面还可利用灰缝进行窄、宽、凹、平、凸的不同处理，形成不同格调。现代园林多采用铁、铜等金属材料做成高围栏，每3～4m设一墩柱，园内外互相渗透。

2. 其他

办公室、广播站、宿舍、食堂、医疗卫生站、治安保卫室、温室阳棚、变电室、垃圾污水处理场等都是园林管理的建筑设施。

二、园林建筑小品

园林建筑小品是指园林中体量小巧、数量多、分布广、功能简明、造型别致，具有较强的装饰性，富有情趣的精美设施。它包括两个方面：一是园林的局部（如花架）和配件（如园门、景墙等）；二是园林建筑小品的局部和配件（如景窗、栏杆、花格等），园林小品虽然小，但其装饰性较强，对园林绿地景色影响很大。

（一）花架

花架是指攀缘植物的棚架，可供游人休息、赏景之用。花架的造型灵活、轻巧，本身也是观赏对象，有直线式、曲线式、折线式、双臂式、单臂式等。它与亭、廊组合能使空间丰富多变，人们在其中活动极为自然。花架还具有组织园林空间、划分景区、增加风景深度作用。布置花架时，一是要格调清新，还要注意与周围建筑与植物在风格上的统一。我国古典园林应用花架不多，固其与山水风格不尽相同，但在现代园林中因新材料（主要是钢筋混凝土）的广泛应用和各国园林风格的吸收融合，花架这一小品形式被造园者所应用。

（二）桌、椅、凳

桌、椅、凳是园林中必备的供游人休息、赏景之用的设施。一般把它布置在有景可赏、安静的地方，或游人需要停留休息的地方。在满足美观和功能的前提下结合花台、挡土墙、栏杆、山石等设置，如树荫下、路边、水边等处。桌、椅、凳力求造型美观、舒适耐用、易清洁，装饰简洁大方，色彩、风格与环境相协调，可单独布置，也可组合布置。

（三）园门、景墙、景窗

1. 园门

从功能与体量上，园门一般有两种类型：一类是小游园或园林景区的门，其体量小，主要起引导出入和造景的作用；另一类是公园的门，其体量大，功能较复杂，需考虑出入、会客、警卫值班等方面的要求。

小游园的园门设计常追求自然、活泼，门洞的形式多用曲线、象形的形体和一些折线的组合，如圆门、月门、梅花门、汉瓶门等。在空间体量、形体组合、细部构造、材料与色彩的选用方面应与园林环境相协调，如儿童游园的园门设计宜活泼新颖，色彩宜鲜艳些，体量、尺度适宜，以符合儿童的特点。街头小游园的园门，形式宜简洁，色彩宜素雅，给人以安宁、祥和之感。

在空间处理上，园门常被用来组织对景、借景，使游人进入园门后感到"涉门成趣，触景生情，含情多致，轻纱碧环，弱柳窥青，伟石迎人，别有一壶天地"。

2. 景墙

园林中的景墙有分割空间、组织游览路线、衬托景物、遮蔽视线、装饰美化等作用。

景墙常用的形式有云墙、梯形墙、白粉墙、水花墙、漏明墙、虎皮石墙、竹篱墙等，常将这些形式巧妙地组合与变化，并结合树、石、建筑、竹丛、花木等其他因素，以及墙上的漏窗、门洞、雕花刻木的巧妙处理，形成一组组空间有序、富有层次、虚实相衬、明暗变化的景观效果。

构造园林景墙的材料有很多，"宜石宜砖、宜漏宜磨、各有所制。"也就是说土石、砖木、竹等均可，对不同质地、色彩材料的灵活运用，可产生墙面景观丰富多彩的效果，如江南古典园林中，多为白粉墙，它与灰黑色瓦顶、栗褐色门窗柱在色彩上形成对比，同时白墙上衬托着湖石、修竹或花木藤萝，与之交相辉映。景墙的形式很多，根据材料、断面的不同，有高矮、曲直、虚实、光洁、粗糙、有檐与无檐等。

3. 景窗

园林中景窗又称透花窗，它既可分割空间，又可使墙两边的空间相互渗透，似隔非隔，若隐若现，达到虚中有实、实中有虚、隔而不断的效果。而景窗自身可成景，窗花玲珑剔透、造型丰富、装饰性强，在园中起点睛作用。

景窗一般有空窗和漏窗两种形式。空窗是指不装窗扇和漏花的空洞，它除采光外，常作为景框，其后常设石峰、竹丛、芭蕉、花木等，形成框景。同时，透过空窗可增加景深、扩大空间。漏窗是在窗洞中设有能使光线通透的分格，透过漏窗看景物，常常获得美妙的景观效果。

从构图上看，窗景的大致可分为几何形和自然形两大类。几何形的图案有十字、菱花、万字、水纹、鱼鳞、波纹等；自然式的图案多取象征吉祥的动、植物，如象征长寿的鹿、鹤、松、桃；象征富贵的凤凰及风雅的竹、兰、梅、菊、荷等。

在用料上，几何形景窗多用砖、木、瓦等制作，自然形景窗多用木或铁。传统多用灰浆、麻丝逐层裹塑，成型后涂彩。现代多用钢筋混凝土及水磨石制作。

（四）其他

园林小品除上述几种外，还有花格、栏杆、展览牌、宣传牌等设施，在园林中有各自的功能。在设计时除满足功能需求外，均要结合环境，巧于构思，使之与环境相融合，对整个园林景观起到很好的衬托作用。

1. 花格

花格被广泛地用于漏窗、棚架、花格墙、屋脊、室内装饰和空间隔断等。依制造花格的材料和花格的功能不同，可分为砖花格、瓦花格、琉璃花格、混凝土花格、水磨石花格、木花格、竹花格、金属花格及博古架等。

2. 栏杆

栏杆主要起防护作用，也起装饰美化和分隔作用，座凳式栏杆还可供游人休息。栏杆在园林绿地中一般不宜多设，即使设置也不宜过高，应当把防护、分隔作用巧妙地与美化装饰结合起来。常用的栏杆材料有钢筋混凝土、石、铁、钢、砖、木、竹等。石栏杆粗壮、坚实、朴素、自然；钢筋混凝土栏杆可预制花纹，经久耐用；钢或铁栏杆占地面积少，布置灵活，但应注意防锈蚀。

3. 展览牌、宣传牌

是进行精神文明教育和科普宣传、政策教育的设施。有接近群众、利用率高、灵活多样、占地少、造价低和美化环境的优点。一般常设在园林绿地的各种广场边、道路对景处或结合建筑、游廊、围墙、挡土墙等处。根据具体环境，可做成直线形、曲线形或弧线形，其断面形式有单面和双面，也有平面和立体等形式。

三、园林雕塑

园林雕塑主要指园林中具有观赏性的小品雕塑。可配合园林构图，多数位于室外，题材

图 6-52　步行街雕塑

广泛。它有助于表现园林主题，点缀风景，丰富游览内容。一般可分为简洁抽象的形体和细腻的具体形象。小品雕塑一般取材于人物、动物、植物、器物等自然界有形之体，给人一种真切、贴近的艺术感受。几何体雕塑小品，以简洁抽象优美的形体，给游人以无限遐想。雕塑从功能性质分为三类：纪念性雕塑、主题性雕塑和装饰性雕塑。现代环境中，雕塑被运用在园林绿地的各个领域中，且反映世俗文化的雕塑日益增多（见图 6-52）。

雕塑按形式分为圆雕、凸雕、浮雕等。使用材料有永久性材料如金属、石、水泥、玻璃钢等和非永久性材料如石膏、泥、木等。园林雕塑多为圆雕作品，凸雕、浮雕、透雕则常与建筑结合。冰雕、雪雕是东北地区园林特有的一种雕塑艺术。

雕塑可配置于规则式园林的广场、花坛、林阴道上，也可点缀在自然式园林的山坡、草地、池畔或水中。园林雕塑小品的取材与构思应与环境的主题相协调。如南京莫愁湖的"莫愁女"、广州越秀公园的"五羊"群雕等。

园林雕塑的布置应考虑到四周的环境条件，不仅要保持协调，而且应有良好的观赏距离与角度。园林雕塑与所在的空间大小、尺度要有恰当的比例，并需考虑雕塑本身的朝向、色彩及背景关系，使雕塑与园林环境互相衬托，相得益彰。

四、园路、园桥和汀步及广场设计

（一）园路

1. 园路的作用

园林道路作为园林的脉络，是联系各景区、景点的纽带，在园林中起着极其重要的作用，表现在以下三个方面。

① 引导游览。组织园林景观的展开和游人的观赏线路。游人沿着游览的方向，观赏到沿路展开的园林景观序列，获得步移景异、景观连续多变的感受。

② 组织空间、构成景色。园路能起到组织空间和分景的作用，通过对园路平面线形、

铺装材料、图案色彩的精心设计，园路本身就成为优美的园林景观。与园林建筑、植物、山石有机结合，可形成自然和谐，浑然一体的园林景观。

③ 园路系统的设计是水电工程的基础，直接影响水、电、管网的布置。

2. 园路的分类

按其性质和功能分类如下。

（1）主要园路（主干道）　指从园林入口通向全园各景区中心、各主要建筑、主要景点、主要广场的道路。它是园林内大部分游人通行的路线，必要时可考虑少量管理用车的通行。道路两旁应充分绿化，路宽为 4～6m，一般不超过 6m，以便形成两侧树木交冠的蔽荫效果。主干道的坡度不宜太大，一般不设台阶，以便通车运输。

（2）次要园路（次干道）　分散在各园区，连接景区内的景点，通向各主要建筑，要求能通小型服务用车。

（3）游憩小路　主要供游人散步休息之用，引导游人深入到达园林各景区的各个角落，一般布置在山林、水边，布局曲折自由。路宽应满足二人行走，一般宽为 1.2～2m，小径可为 0.8～1.0m。

3. 园路的规划设计

园路的规划设计需注意以下几个方面。

（1）园路的交通性及游览性　园路不同于一般纯交通功能的道路，其组织交通功能从属于游览要求，故园路的规划不以便捷为准则，而是根据地形的要求、景点的分布等因素因地制宜来设置。如在道路的前方有水体、山丘、园林建筑或古树名木等障碍时，园路应曲折迂回绕过。同时为了丰富游人的游览，增加游览程序，组织园林景观，也应使园路在平面上有适当的曲折，竖向上有所起伏变化，使游人沿途饱览更多的景观。但园路的迂回曲折需因地制宜，曲之有理，曲而有度，不可为曲折而曲折、矫揉造作，让游人走冤枉路。同时，园林的地貌往往决定了园林的形式，如园林地形较狭长，其内景点和活动设施一般是沿带状分布，因此与其相连的园林主干道必呈带状形式。若在景点分布较广的块状地形的园林中，其园内主干道必呈环形。一般从游览的角度，园林中道路网的布置最好呈环状，以避免游人走回头路。

（2）园路的布局应主次分明，密度得体　园路网布局应主次分明，且方向性要强，使游人易于识别大方向。主干道不仅在路面宽度和铺装形式上有别于次干道，同时在景观的组织上要比次干道更加丰富，给人以深刻的印象，方能让游人有较强的方向感。

在园林中，道路网的密度应根据园林的地形、景区的性质等因素而定。如休息区其密度应较小，文化活动区其密度应较大。一般来说，园林中道路网密度不宜过大（密度过大，会使公园被道路分割得过碎，同时提高了造价）。在城市公园设计中，可控制为公园总面积的10%～18%。

（3）园路交叉口的布局处理　园路交叉的形式有两种：一是两条路交叉，二是一条路分叉为两条及多条小路。其处理应注意以下几方面。

① 避免交叉口过多，在交叉口和分叉口的路面应明显地分出主次，方向明确。

② 两条主要园路交叉时，尽可能正交，为避免游人拥挤，可设小广场。

③ 如不成正交，则斜交角度不宜过小，并要交于一点，以免交叉口分离而不易辨向。

④ 若两园路成丁字相交，在交点处可设道路对景。

（4）园路和建筑的联系　园路的园林建筑一般面对园路，且适当地远离园路。连接方法是使道路适当加宽或分出支路通向建筑入口,若建筑的人流量较大,可使建筑远离园路多一些,建筑和园路之间形成一集散广场,使建筑与园路通过广场相连。

(5)台阶 台阶是为了缓解园林地貌的差异而设置的。除了具有使用功能外,它还以其富有节奏感的外形轮廓,起着装饰美化作用,构成园林小景。常附设于建筑出入口、山路等地,常与小铺装广场、花台、水池、假山、挡土墙等结合,形成较好的景观。台阶设计应注意其尺度,应根据室内外具体情况有所变化,其宽度一般为 30～38cm,高度为 10～15cm,宽×高以 36cm×12cm 为宜。

(二)园桥和汀步

园桥不仅起着通行的作用,还有组织游览的作用,它还可以分隔水面,划分水域空间,又可休息赏景。一座造型美观的园桥还可自成一景,既是构筑物又是建筑物。如颐和园的十七孔桥、广西三江的风雨桥。园桥因构筑材料不同可分为石桥、木桥、钢筋混凝土桥等。依据结构形式,又有梁式与拱式、单跨与多跨之分,其中拱桥又有单曲与双曲之分。按形式分有贴临水面的平桥,起伏带孔的拱桥,曲折变化的曲桥,有桥上架屋的亭桥、廊桥等。

园林中的桥既有园路的特征,又有园林建筑的特征,如贴临水面的平桥、曲桥,可以看成是跨越水面的园路的变形;带有亭廊的亭桥、廊桥又可看成是架在水面上的园林建筑;而桥面较高,可通行游船的拱桥,既有园林道路的特征,又有园林建筑的特征。

汀步有类似桥的功能,它是在浅水中设石墩,石墩露出水面,游人可步石墩临水而过,别有风趣。汀步适用于窄而浅且游人少的水面,这种贴近水面的汀步在设计时应考虑游人安全,石墩间距不宜过大(见图 6-53)。

(三)园林广场

园林广场的形式较丰富,依其性质和使用功能可分为交通集散广场、游憩活动广场、生产管理广场三类。其规划布局主要根据各自的功能性质、所处的地貌以及园林构图的要求不同来确定(见图 6-54)。广场设计时要有一定的坡度,以利排水。

1. 交通集散广场

此处人流量较大,主要功能是组织和分散人流。如公园的出入口广场,在功能方面应以处理好停车、购票入园、出园、候车等的相互关系,以便人流集散安全、迅速。广场构图必须具有艺术性,要精心设计大门建筑,巧于安排花坛、草坪、雕塑、山石、树木、园灯和地面铺装等造园要素,使之具有反映该园性质特点的独特风貌。园林绿地入口广场的艺术布局有如下几种形式。

(1)先抑后扬 入口处常设园林障景,用以遮挡游人视线。

(2)开门见山的形式 不设障景,呈现在游人面前的是一幅具有丰富层次的开朗画面。

(3)外场内院式 将出入口以大门分为外部交通广场和步行内院,游人由内院购票入园,减少城市干道和车流干扰。这种布局形式也是继承了先抑后扬的传统手法。

(4)T 字形障景形式 进门后广场与主要园路呈 T 字形相接,并设障景以引导。

2. 游憩活动广场

这类广场在园林中经常运用,它可以是草坪、疏林及各式铺装地面,外形轮廓为几何形或自然曲线,也可配合花坛、水池、亭廊、雕塑、花架等共同组成。这类广场主要供游人游

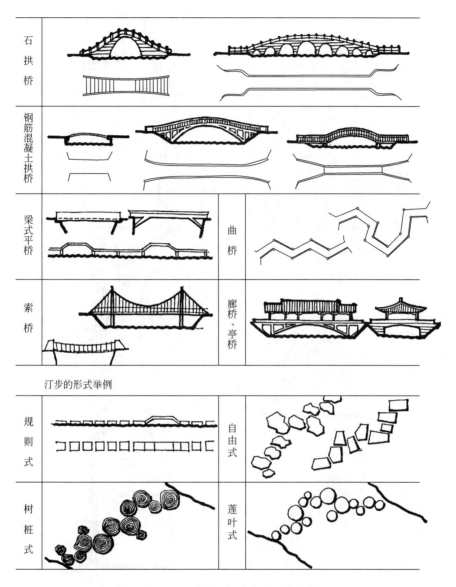

图 6-53 园桥、汀步各种形式举例

览、休息、儿童游戏、集体活动等使用。国外一些园林中的儿童游戏场地亦有用塑胶铺装材料的。因此，根据不同的活动内容和要求，使游憩活动广场做到美观、适用、各具特色。儿童活动场地多布置在疏林里供集体活动，其广场宜布置在开阔、阳光充足、风景优美的草坪上。若供游人游憩之用，则宜布置在有景观可借的地方，并结合一些园林小品供游人休息、观赏。

3. 生产管理广场

主要供园务管理、生产需要之用。如晒场、堆物场、停车场等。它的布局应与园务管理专用出入口、花圃、苗圃等方便联系。

主要园林建筑，如展览馆、茶室等的广场大小、形状，除考虑游人参观路线、休息停留外，还要考虑衬托建筑。广场大小和布置方式应和建筑体量风格相协调，并对广场中的景物（如雕塑、纪念碑、喷泉等）有较好的视觉条件。

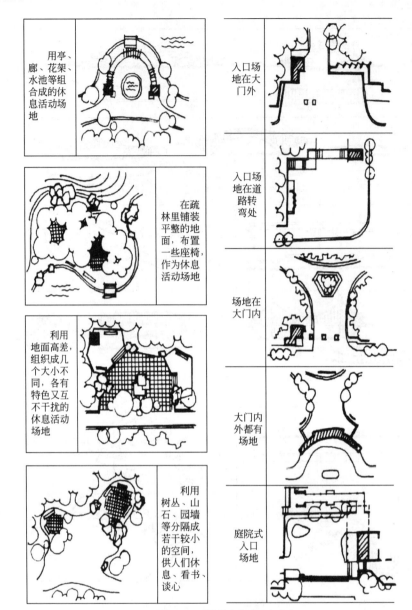

图 6-54　园林广场布置示意

 思考题

1. 名词解释

（1）缓坡与陡坡；（2）置石中的特置与对置；（3）园林塑石；（4）花坛与花镜；（5）孤植；（6）水榭与舫

2. 简述园林地形的功能与作用。

3. 简述园林地形处理的手法。

4. 简述园林中常见的水景形式及水面分割的形式。

5. 绘图说明三株树丛、四株树丛、五铢树丛最适宜的配置形式。

6. 简述园路规划设计的注意事项。

第七章 园林规划设计的程序

园林规划设计的工作范围可包括庭院、宅园、小游园、花园、公园以及城市街区、机关厂矿、校园、风景区、自然保护区等。园林规划设计程序是指要建造一个公园或绿地之前，设计者根据建设规划及当地的具体情况，把要建造的这块绿地的想法，通过各种图纸及文本把它表达出来，使大家了解这块绿地的平面组成及建造后的效果，施工人员可以根据这些图纸和说明来施工。这样的一系列规划设计工作的进行过程，称为园林规划设计程序。

整个设计程序可能很简单，只需由一两个步骤就可以完成，也可能是较复杂的，要分几个阶段才能完成。一般来说，一块附属于其他部分的绿地，设计程序较简单，如居住附属绿地、工业用附属绿地等。但是要建造一个独立的公园就比较复杂。较复杂的公园设计一般可分为如下几个阶段：承担设计任务阶段；搜集资料和调查研究阶段；总体规划设计方案阶段；技术设计阶段。

第一节　承担设计任务阶段

作为一个建设项目的业主（俗称"甲方"）会邀请一家或几家设计单位进行方案设计。设计师在承担设计任务后，必须在进行总体规划构思之前，认真阅读业主提供的"设计任务书"（或"设计招标书"），掌握设计任务书的精髓。

这是设计的前期阶段，要确定建设任务的初步设想。设计任务书一般由甲方提供。

设计任务书要说明建设的要求和目的，建设的内容和项目、设计期限。设计任务书是确定建设项目和编制设计文件的重要依据。设计任务书具体应说明的项目有：①设计项目的地位、作用及服务半径、使用效率；②项目的位置、方向、自然环境、地貌、植被及原有设施的状况；③项目面积、容人量；④设计项目的性质、政治、文化、娱乐体育活动的大项目；⑤建筑物的面积、朝向、材料及造型要求；⑥设计项目规划布局及风格上的特点；⑦设计项目施工和卫生条件要求；⑧设计项目建设近期、远期的投资估算；⑨地貌处理和种植规划要求；⑩设计项目分期实施的程序。

第二节　搜集资料和调查研究阶段

设计方（俗称"乙方"）在接受设计任务后，首先要了解整个项目的概况，包括建设规模、投资规模、可持续发展等，特别要了解业主（俗称"甲方"）对这个项目的总体框架方向和基本实施内容。总体框架方向确定了这个项目是什么性质的，基本实施内容确定了项目的服务对象。这两点把握住了，规划总原则就可以正确制定了。

另外，甲方应陪同设计人员到现场踏勘，收集规划设计前必须掌握的原始资料。

一、搜集调查资料

（一）自然条件调查

（1）气象方面　包括每月最高、最低及平均气温，每月降水量，无霜期、结冰期和化冰期，冻土厚度，风力、风向及风向玫瑰图。

（2）地形方面　调查地表面起伏状况，包括山的形状、走向、坡度、位置、面积、高度及土石情况，平地、沼泽地状况。

（3）土壤方面　土壤的物理、化学性质，坚实度、通气、透水性，氮、磷、钾的含量，土壤的 pH 值，土层深度等。

（4）水质方面　现有水面及水系的范围，水底标高，河床情况，常水位、最低及最高水位，水流方向，水质及岸线情况，地下水状况。

（5）植被调查　现有园林植物、古树、大树的种类、数量、分布、高度、覆盖范围、生长情况、姿态及观赏价值的评定等。

（二）社会条件调查

1. 交通

即调查设计项目所处地理位置与城市交通的关系，游人来源、数量，以便确定项目的服务半径及设施的内容。包括交通线路、交通工具、停车场、码头、桥梁等状况的调查。

2. 现有设施

如给水排水设施、能源、电源、电信的情况；用房调查，原有建筑物的位置、面积、用途；城市文化娱乐体育设施的调查。

3. 工农业生产情况

主要调查对项目产生影响的工业或农业，如项目周围有无工厂，工厂有无污染，污染的方向、程度等。

4. 城市历史文脉

园林设计必须在尊重历史文脉的同时，创造时代精神，才能创造出独具特色的方案。历史文脉不仅是城市悠久历史和灿烂文化最好的见证，也是城市文化个性和传统价值的具体体现；不仅能起到增添城市色彩和魅力的作用，而且也是创造城市新文化的渊源和基础。历史文脉包括：历史文物如文化古迹种类、历史文献中的遗址等，文化底蕴，居民风俗习惯等。

（三）设计条件调查

1. 城市规划资料图纸

比例为（1∶5000）～（1∶10000）的城市现状图。

比例为（1∶5000）～（1∶10000）的城市土地利用图。参照城市绿地系统规划，明确规划对建设用地的要求和控制性指标，以及详细的控制说明文本。

2. 园林的地形及现状图

（1）进行总体规划所需的测量图　画出原有地貌、水系、道路、建筑物等。园林绿地面积在 8hm² 以下时，比例的 1：500。等高距：在平坦地形、坡度为 10％ 以下时为 0.25m；地形坡度在 10％ 以上时为 0.50m；在丘陵地，坡度在 25％ 以下的地形用 0.50m，坡度在 25％ 以上的地形用 1～2m。

园林绿地面积在 8～100hm² 时，比例为 (1：1000)～(1：2000)。等高距视比例不同而异，大比例等高距可以小些，小比例等高距应大些。当比例为 1：1000，地形坡度在 10％ 以下的部分，等高距可用 0.50m；地形坡度为 10％～25％ 时，等高距可用 1m；地形坡度在 25％ 以上的部分，等高距可用 2m。

园林绿地面积在 100hm² 以上时，比例为 (1：2000)～(1：5000)，等高距可视地形坡度及比例不同而异，大致可在 1～5m 之间变化。

(2) 技术设计所需的测量图　比例为 (1：200)～(1：500)，最好进行方格测量，方格距离为 20～50m，等高距离为 0.25～0.5m。并标出道路、广场水平地面、建筑物地面的标高。画出各种建筑物、公用设备网、岩石、道路、地形、水面、乔木、灌木群的位置。

(3) 施工平面所需测量图　比例为 (1：100)～(1：200)，按 20～50m 设立方格木桩。平坦的地方立方格网间距可大些，复杂地形立方方格间距可小些，等高距为 0.25m，必要的地点等高距为 0.1m。绘出原有乔木的个体位置及树冠大小，以及成群及独立的灌木、花卉植物群的轮廓和面积。图内还应包括各种地下管线及井位等，对于地下管线，除地下图外还需要有剖面图，并需注明管径的大小、管底和管顶的标高及坡度等。

二、现场勘察

无论设计项目面积大小，难易程度，设计者都必须到现场进行认真踏勘。一方面，要核对、补充所收集的图纸资料，如现状的建筑、树木等情况，水文、地质、地形等自然条件；另一方面，设计者到现场可以根据周围环境条件，进入构思阶段。"佳者收之，俗者屏之"。发现可利用、可借景的景物，或影响景观的物体，在规划过程中要分别加以处理。根据实际情况，如果面积较大、情况较复杂，必要的时候勘察工作要进行多次。

勘察现场的同时，拍摄环境现状照片，摸清实地现状的情况，加深对基地的感性认识，以供进行总体设计时参考。

三、调查资料的分析整理

资料的选择、分析、判断是设计的基础。把搜集到的上述资料加以整理，从而在规划方针指导下，进行分析判断，选择有价值的内容。对场地进行分析，在综合优劣势的基础上，改进不足，因地制宜地勾画出大体的骨架，作为设计的重要参考。

第三节　总体规划设计方案阶段

根据设计任务书，进行项目的总体规划设计工作，即初步设计。包括图纸和文本说明。

一、设计说明书

说明项目建设方案的规划设计理念及意图。具体内容如下。

① 项目的位置、范围、规模、现状及设计依据。

②　项目的性质、设计原则及目的。

③　功能分区及各分区的内容，面积比例（土地使用平衡表）。

④　设计内容（出入口、道路系统、竖向设计、山石水体等）。

⑤　绿化种植安排、理由。

⑥　电气等各种管线说明。

⑦　分期建设计划。

⑧　其他。

二、图纸

1. 位置图

原有地形图或测量图，标出项目在此区域内的位置，可由城市总体规划图中获得。比例为（1∶5000）～（1∶10000）。

2. 现状图

比例为（1∶500）～（1∶2000）。根据已掌握的全部材料，经分析、整理、归纳后，分成若干空间。可用圆形图或抽象图形将其概括地表现出来。

3. 功能分区图

根据总体设计的原则、现状，分析不同游人的活动规律及需要，确定不同的区域，分区满足不同的功能要求，用示意说明的方法，使其功能、形式、相互关系得到体现。

4. 总体规划设计图

比例为（1∶500）～（1∶2000）。综合表示边界线、保护界限；大门出入口、道路广场、停车场、导游线的组织；功能分区活动内容；种植类型分布；建筑分布；地形、水系、水底标高、水面、工程构筑物、铺装、山石、栏杆、景墙等。

5. 道路系统图

道路系统图用来确定主要出入口、主要道路、广场位置和消防通道，同时确定次干道、游憩小路等的位置、宽度和铺装材料等。在图纸上用细线标出等高线，再用不同粗细的线表示不同级别的道路和广场，并标出主要道路的高程控制点。

6. 地形设计图

比例为（1∶200）～（1∶1000）。全面反映公园的地形结构，进行空间组织，根据造景需要确定山地形体、制高点、山峰、山脉走向，岗、坞、岘、湖、池、涧、溪、滩等的造型、位置、标高等。

7. 种植设计图

根据设计原则、现状条件及苗木来源等，确定整个项目及不同区域的基调树种、骨干树种，确定不同功能区的植物种植方式。确定景点的位置，开辟透景线，确定景观轴。各树种在图纸上用不同图例表示。

8. 给水、排水、用电管线布置图及其他图面材料

如主要建筑物的平面图、立面图、剖面图、透视图、管线布置图、全园鸟瞰图、局部透视图等。

三、建设概算

项目建设概算是对项目建筑造价的初步估算。它是根据总体设计所包括的建设项目与有

关定额和甲方投资的控制数字，估算出所需要的费用，确定金额余缺。

概算有两种方式。一种是根据总体设计的内容，按总面积的大小凭经验粗估；另一种方式是按工程项目和工程量分项概算，最后汇总。

现以工程项目概算为例说明概算的方法。

（一）土建工程项目

土建工程项目如下。

（1）建筑及服务设施　如门房、动植物展览馆、园林别墅、塔、亭、榭、楼、阁、舫及附属建筑等。

（2）娱乐体育设施　如娱乐场、射击场、跑马场、旱冰场、游船码头等。

（3）道路交通　如路、桥、广场等。

（4）水、电、通信　如给水、排水管线，电力、电信设施等。

（5）水景、山景工程　如积土成山、挖地成池、水体改造、音乐喷泉、水下彩色灯等。

（6）园林设施　如椅、灯、栏杆等。

（7）其他　如新建项目征地用费，挡土墙、管理区改造等。

（二）绿化工程项目

绿化工程项目包括：营造、改造风景林；重点景区、景点绿化；观赏植物引种栽培；观赏经济林工程等。子项目有：乔木、花灌木、花卉、草地、地被等。

概算要求列表计算出每个项目的数量、单价和总价。单价由人工费、材料费、机械设施费用和运输费用等组成。对于规模不大的项目，可以只用一种概算表，表格形式见表7-1。

表7-1　×××工程概算表

工 程 项 目	数 量	单 位	单 价	合 计	备 注

对于规模较大的项目，概算可用工程概算表和苗木概算表两种表格。工程概算表参见表7-1。苗木概算表见表7-2。

表7-2　×××工程苗木概算表

品 种	规 格	苗 源	数 量	单 价	合 计	备 注

表中品种指植物种类。规格指苗木大小：落叶乔木以胸径计；常绿树、花灌木以高度计。苗源指苗木来源或出圃地点。苗木单价包括苗木费、起苗费和包装费。苗木具体价格依所在地的情况而定。

苗木概算表与表7-1格式相同，只是工程项目中的苗木部分分两部分列出，即分别列出苗木费和施工费。苗木费直接用表7-2中计算的费用，施工费按苗木数量计算，包括工时费、材料费、机械费用和运输费用。施工费的计算应根据各地植树工程定额进行计算。表中工程概算费与苗木概算费合计，即为总工程造价的概算直接费。

建设概算除上述合计费用之外，尚包括间接费、不可预见费（按直接费的百分数取值）和设计费等。

总体设计完成后，由建设单位报有关部门审核批准。

❧ 第四节　技术设计阶段 ❧

技术设计是根据已批准的初步设计编制的。技术设计所需研究和决定的问题与初步设计相同，但是更深入、更精确。

一、平面图

首先，根据项目或工程的不同分区，划分若干局部，每个局部根据总体设计的要求，进行局部详细设计。一般比例尺为 1∶500，等高线距离为 0.5m，用不同粗细的线条画出等高线、园路、广场、建筑、水池、湖面、驳岸、树林、草地、灌木丛、花坛、花卉、山石、雕塑等。

详细设计平面图要求标明建筑平面、标高及其与周围环境的关系。道路的宽度、形式、标高；主要广场、地坪的形式、标高；花坛、水池面积大小和标高；驳岸的形式、宽度、标高。同时平面上标明雕塑、园林小品的造型。

二、剖面图

为更好地表达设计意图，在局部艺术布局的重要部分，或局部地形变化部分，画出剖面图，一般比例尺为 1∶200～1∶500。

三、局部种植设计图

在总体设计方案确定后，着手进行局部景区、景点的详细设计，同时，要进行种植设计工作。一般 1∶500 比例尺的图纸能较准确地反映乔木的种植点、栽植数量、树种。主要包括密林、疏林、树群、树丛、园路树、湖岸树的位置。其他种植类型如花坛、花境、水生植物、灌木丛、草坪等的种植设计图可选用 1∶300 或 1∶200 比例尺。

四、施工设计阶段

在完成局部详细设计后，才能着手进行施工设计。施工设计图纸要求如下。

（1）图纸规范　图纸要符合《建筑制图标准》的规定。图纸尺寸：0 号图 841mm×1189mm，1 号图 594mm×841mm，2 号图 420mm×594mm，3 号图 297 mm×420mm，4 号图 297mm×210mm。4 号图不得加长，如果要加长图纸，只允许加长图纸的长边，特殊情况下，允许加长 1～3 号图纸的长度、宽度，0 号图纸只能加长长边，加长部分的尺寸应为边长的 1/8 及其倍数。

（2）施工设计平面的坐标网及基点、基线　一般图纸均应明确画出设计项目范围，画出坐标网及基点、基线的位置，以便作为施工放线的依据。基点、基线的确定应以地形图上的坐标线或现状图上工地的坐标据点，或现状建筑屋角、墙面，或构筑物、道路等为依据。必须纵横垂直，一般坐标网依图面大小每 10m、20m、50m 的距离，从基点、基线向上下、左右延伸，形成坐标网。标明纵横标的字母，一般用 A、B、C、D…和对应的 A′、B′、C′…英文字母和阿拉伯数字 1、2、3、4…和对应的 1′、2′、3′…，从基点 0、0′坐标点开始，以确定每个方格网交点的纵横数字所确定的坐标，作为施工放线的依据。

（3）施工图纸要求的内容　图纸要注明图头、图例、指北针、比例尺、标题栏及简要的图纸设计内容的说明。要求字迹清楚、整齐，不得潦草；图面清晰、整洁，图线要求分清粗实线、中实线、细实线、点画线、折断线等线型，并准确表达对象。

（4）施工放线总图　主要表明各设计因素之间具体的平面关系和准确位置。图纸内容保留利用的建筑物、构筑物、树木、地下管线等。

设计的地形等高线、标高点、水体、驳岸、山石、建筑物、构筑物的位置、道路、广场、桥梁、涵洞、树种设计的种植点、园灯、园椅、雕塑等设计内容。

（5）地形设计总图　平面图上应确定制高点、山峰、台地、丘陵、缓坡、平地、微地形、丘阜、坞、岛及湖、池、溪流等岸边、池底等的具体高程，以及入水口、出水口的标高。此外，各区的排水方向，雨水汇集点及各景区园林建筑、广场的具体高程。一般草地最小坡度为 1%，最大不得超过 33%，最适坡度为 1.5%～10%，人工剪草机修剪的草坪坡度不应大于 25%。一般绿地缓坡坡度为 8%～12%。

地形设计平面图还应包括地形改造过程中的填方、挖方内容。在图纸上应写出项目的挖方、填方数量，说明应进土方或运出土方的数量及挖、填土之间土方调配的运送方向和数量。一般力求挖、填土方取得平衡。

除了平面图，还要求画出剖面图。注明主要部位山形、丘陵、坡地的轮廓线及高度、平面距离等。要注明剖面的起讫点、编号，以便与平面图配套。

（6）水系设计　除了陆地上的地形设计，水系设计也是十分重要的组成部分。平面图应表明水体的平面位置、形状、大小、类型、深浅以及工程设计要求。

首先，应完成进水口、溢水口或泄水口的大样图。然后，从项目的总体设计对水系的要求考虑，画出主、次湖面，堤、岛、驳岸的造型，溪流、泉水等及水体附属物的平面位置，以及水池循环管道的平面图。

纵剖面图要表示出水体驳岸、池底、山石、汀步、堤、岛等工程的做法。

（7）道路、广场设计　平面图要根据道路系统的总体设计，在施工总图的基础上，画出各种道路、广场、地坪、台阶、盘山道、山路、汀步、道桥等的位置，并注明每段的高程、纵坡、横坡的数字。《公园设计规范》规定，园路分为主路、次路、支路、小路四级级，公园面积小于 10hm² 时，可只设三级园路。园路最低宽度为 0.9m，主路一般为 5m，支路在2～3.0m。主路、次路纵坡宜小于 8%；山地公园主路、次路纵坡应小于 12%；支路和小路，纵坡宜小于 18%；纵坡超过 15%路段，路面应作防滑处理；纵坡超过 18%，宜设计为梯道；自行车专用道的坡度宜小于 2.5%。

除了完成平面图，还要求用 1：20 的比例绘出剖面图，主要表示各种路面、山路、台阶的宽度及其材料、道路的结构层（面层、垫层、基层等）厚度做法。注意每个剖面都要编号，并与平面图配套。

（8）园林建筑设计　包括建筑的平面设计图（反映建筑的平面位置、朝向、周围环境的关系）、建筑底层平面图、建筑各方向的剖面图、屋顶平面图、必要的大样图、建筑结构图等。

（9）植物配置

① 植物种植平面图。根据树木种植设计，在施工总平面图的基础上，用设计图例绘出常绿阔叶乔木、落叶阔叶乔木、落叶针叶乔木、常绿针叶乔木、落叶灌木、常绿灌木、整形绿篱、自然形绿篱、花卉、草地等的具体位置和种类、数量、种植方式、株行距等。同一幅图中树冠的表示不宜变化太多，花卉绿篱的图示也应简明统一，针叶树可重点突出，保留的

现状树与新栽的树应加以区别。复层绿化时，用细线画大乔木树冠，用粗一些线画冠下的花卉、树丛、花台等。树冠的尺寸应以成年树为标准，如大乔木为5～6m，孤植树为7～8m，小乔木为3～5m，花灌木为1～2m，绿篱宽0.5～1m，树种、数量可在树冠上注明。如果图纸比例小，不易注字，也可用编号的形式在图纸上标明编号树种、数量对照表。成行树要注明每两株树的距离。

　　② 大样图。对于重点树群、树丛、林缘、绿篱、花坛、花卉及专类园等，可附种植大样图，取1∶100的比例。要将群植和丛植的各种树的位置画准，注明种类、数量，用细实线画出坐标网，注明树木间距。并画出剖面图，以便施工人员参考。

　　植物配置图的比例尺一般用1∶500、1∶300、1∶200，根据具体情况而定。大样图可用1∶100的比例尺，以便准确地表示出重点景点的设计内容。

　　(10) 假山及园林小品　假山及园林小品如园林雕塑等也是园林造景中的重要元素。最好将其做成山石施工模型或雕塑小样，便于施工过程中能较理想地体现设计意图。要提出设计意图、高度、体量、造型构思、色彩等内容，以便于与其他工种相配合。

　　(11) 管线及电信设计　在管线规划图的基础上，要表现给水(造景、绿化、生活、卫生、消防用水)、排水(雨水、污水)、暖气、煤气等管线，应按市政设计部门的具体规定和要求正规出图，注明每段管线的长度、管径、高程及如何接头，同时注明管线及各种井的具体的位置、坐标。

　　同样，在电气规划图上标明各种电气设备、(绿化)灯具位置、变电室及电缆走向位置等。

五、编制预算

　　在施工设计中要编制预算。它是实行工程总承包的依据，是控制造价、签订合同、拨付工程款项、购买材料的依据，同时也是检查工程进度、分析工程成本的依据。

　　预算包括直接费用和间接费用。直接费用包括人工、材料、机械、运输等费用，计算方法与概算相同。间接费用按直接费用的百分比计算，其中包括设计费用和管理费。

六、施工设计说明书

　　施工设计说明书的内容是初步设计说明书的进一步深化。应写明设计的依据、设计对象的地理位置及自然条件，项目设计的基本情况，各工程的论证叙述，项目建成后的效果分析等。

 思考题

　　1. 简述园林规划设计的程序。

　　2. 调查搜集资料阶段包括哪些资料的收集与分析？

　　3. 简述总体规划设计阶段和技术设计阶段的主要内容。

第八章　各类园林绿地规划设计

第一节　综合性公园规划设计

综合公园是指内容丰富，有相应设施，适合公众开展各类户外活动的规模较大的绿地。

综合公园是城市公园绿地的"核心"，它不仅有大片的种植绿地，而且还有各种游憩活动设施，是居民共享的"绿色空间"。它不仅为城市提供大片绿地，而且是市民开展文化、娱乐、体育、游憩活动的公共场所。此外，综合公园对城市面貌、环境保护、居民的精神文化生活都起着重要的作用。

综合性公园一般面积较大，内容丰富，服务项目多。各国的综合性公园，如美国的纽约中央公园、旧金山金门公园等；莫斯科的高尔基中央文化休息公园、索科尔尼克文化休息公园、高尔基城文化休息公园等；德国柏林的特列普托夫公园；英国伦敦的利奇蒙德公园等；中国北京陶然亭公园、上海长风公园、广州越秀公园等都属于综合性公园（见图8-1～图8-3）。

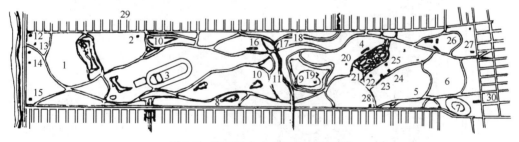

图8-1　美国旧金山金门公园平面图

1—金门公园高尔夫球场；2—老年人活动中心；3—足球场、金门公园体育馆；4—博物馆；5—游憩场所；
6—儿童游戏场；7—"克扎"体育馆；8—展览温室；9—"斯托"湖；10—斯普雷克斯湖；11—链湖；
12—美国救生站；13—荷兰风车；14—海滨瑞士旅游小屋；15—马铃薯风车；16—旧出入口；
17—彩虹瀑布；18—祈祷十字架；19—瀑布；20—日本园；21—音乐厅（露天）；22—科学院斯坦
哈特树木园及植物园；23—斯坦哈特水族馆；24—莫里森天文馆；25—非洲文化中心；26—马蹄
形展览馆；27—"马克·拉伦"印第安小屋；28—花卉馆；29—富尔顿街；30—斯坦尼安街

一、综合性公园的作用

综合公园除具有绿地的一般作用外，对丰富城市居民的文化娱乐生活方面的功能更为突出。

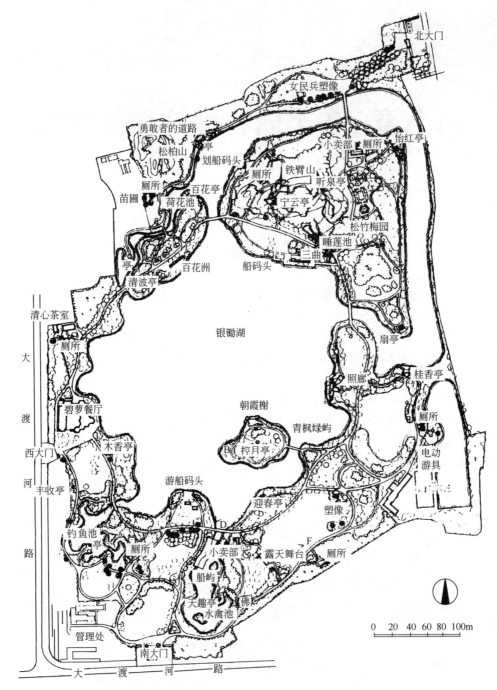

图 8-2 上海长风公园总平面图

1. 游乐休息方面

为增强人民的身心健康，综合性公园设置游览、娱乐、休息设施，全面考虑各年龄层、性别、职业、爱好、习惯等的不同要求，使游人能各得其所。

2. 政治文化方面

宣传方针政策，介绍时事新闻，举办节日游园活动、国际友好活动，为集体活动尤其是共青团、少先队及青年、老年人的组织活动提供合适的场所。

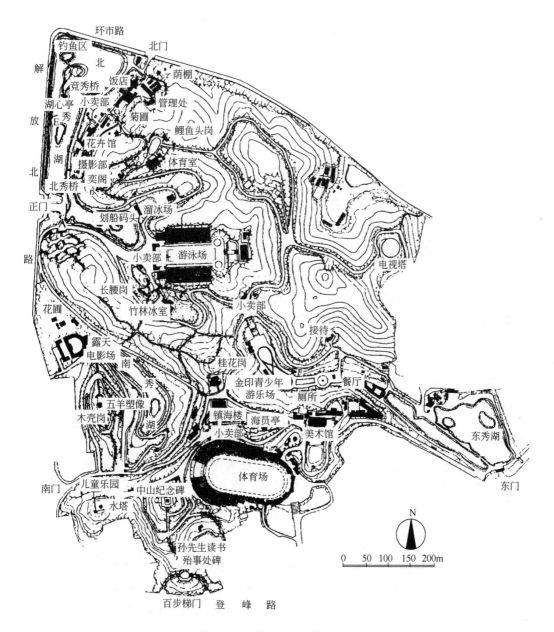

图 8-3　广州越秀公园平面图

3. 科普教育方面

宣传科学技术的新成果，普及生态知识及生物知识，普及军事国防知识等，通过公园中各组成要素对游人潜移默化的影响，寓教于游，提高群众科学文化水平。

二、综合性公园的面积及选址

（一）面积

综合性公园有多种文化娱乐设施、儿童游戏场和安静休憩区，有的还可设游戏型体育设施，因此需要有较大的面积，一般不小于 10hm²。根据城市规模、性质、用地条件、绿化状况、居民总数及公园在城市中的位置、数量、作用及内容安排等因素全面考虑而确定。

综合性公园游人人均占有公园绿地面积以 $30\sim60\mathrm{m}^2$ 为宜。公园有开展游憩活动的水域时，水域游人容量以 $150\sim250\mathrm{m}^2/$ 人进行计算。

公园游人容量的计算公式：

$$C=(A_1/A_{m1})+C_1$$

式中　C——公园游人容量，人；

　　　A_1——公园陆地面积，m^2；

　　　A_{m1}——人均占有公园陆地面积，$\mathrm{m}^2/$人；

　　　C_1——公园开展水上活动的水域游人容量，人。

公共绿地人均指标低的城市，游人人均占有公园面积可酌情降低，但最低游人人均占有公园的陆地面积不得低于 $20\mathrm{m}^2$。综合性公园游人人均占有公园陆地面积宜为 $30\sim60\mathrm{m}^2$。在游览旺季的假日和节日里，游人的容纳量约为服务范围居民人数的 $15\%\sim20\%$，全市性综合公园至少应能容纳全市居民中 10% 的人同时游园。

（二）选址

综合性公园在城市的位置，应在城市绿地系统规划时确定。在城市规划设计时，应结合河湖系统、道路系统及生活居住用地的规划综合考虑，在选址时就应考虑。

① 综合性公园的服务半径应使生活居住地内的居民能方便地去使用，并与城市主要道路有密切的联系。

② 利用不宜于工程建设、农业生产的复杂碎片地形、起伏变化较大的坡地建园。这样既可充分利用城市用地，又有利于丰富园景。

③ 可选择自然条件优越、人文景观丰富或现有树木较多的地段建园，不仅投资省，见效快，而且还有利于保存民族文化遗产。

④ 公园用地应考虑将来可持续发展的余地。随着国民经济的发展和人民生活水平的不断提高，对综合公园的要求会增加，故应保留一定的发展备用地。

三、综合性公园规划设计原则

其一，贯彻政府在园林绿化建设方面的方针政策。

其二，继承和创新我国造园艺术的传统，吸取国外的先进经验。

其三，要表现地方特色和风格，每个公园都要有其特色，避免景观的重复建设。

其四，依据城市园林绿地系统规划的要求，尽可能满足游览活动的需要，设置人们喜爱的各种内容。

其五，充分利用现状及自然地形，有机地组织公园各个部分。

其六，规划设计要切合实际，便于分期建设及日常的经营管理。

综合性公园在规划设计时，应注意与周围环境配合，与邻近的建筑群、道路网、绿地等取得密切的联系，使公园自然地融合在城市中，成为城市园林绿地系统的有机组成部分。应避免用高围墙把公园完全封闭起来的做法。为管理方便，可利用地形、水体、绿篱、建筑等适当隔离。如镇江的金山公园，利用金山河与城市道路分隔，不再另砌围墙，使人在城市道路上行走就有了到了公园的感觉。

四、综合性公园总体规划设计

综合性公园是市、区一级的大型公园。由于内容多，牵涉面广，进行建设时往往会碰到各种各样错综复杂的问题。因此，在建设工作进行之前，首先需要进行总体规划，使公园各组成部分得到合理的安排和布置，平衡矛盾，协调关系，并妥善处理好近期与远期、局部与整体的关系，使公园建设能按计划顺利进行。

进行公园的总体规划，首先应了解该公园在城市园林绿地系统中的地位、作用和服务范围，并充分了解当地群众的要求、主管部门的意图，然后才能着手进行规划工作。在规划中应结合当地具体情况，考虑各类游人不同的心理，尽量满足不同年龄、不同爱好的各类游人的要求，为他们提供各种方便，创造一个环境优美、设施完备的游憩活动场所。

总体规划设计包括以下几个方面。

（一）确定公园特色

一个优秀的公园，除了有大量的绿色植物，具有方便、适用的公共服务设施外，还应有不同于其他公园绿地的独特点，以更好地吸引游人。在进行公园总体设计时，首先应根据城市绿地系统规划所定的性质、规模及任务书的要求，收集、整理当地的人文、地理、气候、植物特点等资料，构思公园的特色，尤其要突出当地的文化特色，在传承历史文脉的基础上把公园建成具有现代精神、构思新颖独特、游人喜爱的公共绿地。

（二）确定公园的出入口

公园出入口的选择和处理是公园总体设计中的一项主要工作。它不仅影响游人是否能方便地前来游览，影响城市街道的交通组织，而且在很大程度上还影响公园内部的规划和分区。

公园出入口一般分主要、次要和专用三种。主要出入口是全园大多数游人出入的地方，它的位置要求面对游人主要来向，直接联系城市干道；要尽量减少外界交通的干扰，避免设置在几条主要街道的交叉口上；还应配合公园内用地情况，配合公园的游人容量和交通的需要设置游人集散广场，使出入口有足够的人流集散用地，并能方便地联系园内道路，直接或间接地通向公园中心区。次要出入口主要为方便附近居民或为了公园某一个局部而设，也应有集散广场。专用出入口主要是为园务管理而设，在节假日有大量游人时才对群众开放，一般可不设集散广场，只需留足空间就行。如云南省玉溪市聂耳公园，根据实际情况设置了南、北、东 3 个入口，其中北入口为主入口，南、东入口为次要入口，同时东入口兼做园务入口（见图 8-4）。

主入口设施一般包括 3 部分，即大门建筑（售票房、小卖部、休息廊等），入口前广场（汽车停车场、自行车存放处），入口后广场。

入口前广场的大小要考虑游人集散量的大小，并和公园的规模、设施及附近建筑情况相适应。目前已建成的公园主入口前广场的大小差异较大，长宽为 $(12\sim50)\,\text{m}\times(60\sim300)\,\text{m}$，但以 $(30\sim40)\,\text{m}\times(100\sim200)\,\text{m}$ 的居多。公园附近已有停车场的可不另设停车场。市郊公园因大部分游人是乘车或骑车来的，所以应设停车场和自行车存放处。

入口后广场位于大门入口之内，面积可小些。它是从园外到园内集散的过渡地段，往往与主路直接联系，这里常布置公园导游图和游园须知等。

公园出入口是游园的起点，给人以第一印象。故在设计时应注意体现公园特色，并能美化街景。如云南省玉溪市聂耳公园主入口和广州市流花西苑入口（见图 8-5、图 8-6）。

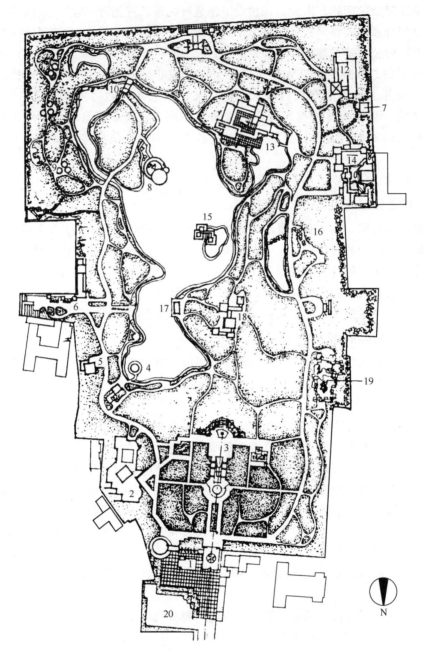

图 8-4　云南省玉溪市聂耳公园平面图

1—主入口；2—纪念馆；3—塑像叠泉；4—船码头；5—冷饮；6—东入口；7—厕所；8—茶室；9—草亭；

10—风雨亭；11—南入口；12—温室；13—文艺楼；14—盆景院；15—独柱组亭；16—儿童园；

17—双顶亭廊；18—山顶亭阁；19—探索者之路；20—停车场

（三）功能分区

公园分区各国的情况也不一致，出发点亦不太相同。有的按游人的年龄分区（儿童、青少年、中老年），有的按不同的植物内容分区（如温室区、丛林区、草坪区等），有的按功能分区。从公园设置的目的考虑，通常多以功能分区为主，结合游人的年龄及公园的植物景观进行分区规划（见图 8-7）。

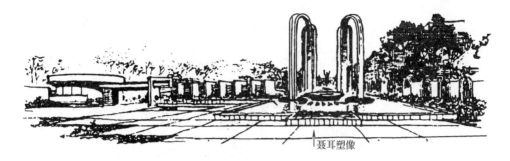

图 8-5 聂耳公园主入口平面图及透视图

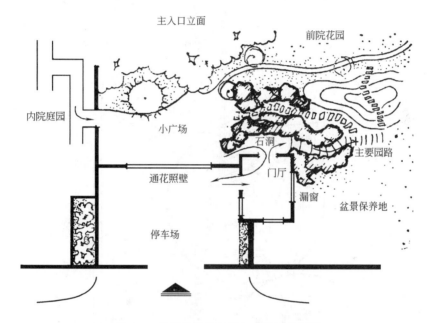

图 8-6 广州市流花西苑入口景区平面图

（1）文化娱乐区 此区域主要通过游玩的方式进行文化教育和娱乐活动，因此可设置展览馆、展览画廊、露天剧场、文娱室、阅览室、音乐厅、茶座等。由于园内一些主要建筑设置在这里，因此常位于公园的中部，成为全园布局的重点。布置时要注意避免区域内各项活动之间的相互干扰。故若有干扰的活动项目，相互之间要保持一定的距离，并利用树木、建筑、山石等加以隔离。群众性的娱乐项目常常人流量较大，而且集散的时间集中，所以要妥善地组织交通，需接近公园出入口或与出入口有方便的联系，以避免不必要的园内拥挤，用地宜达到 30m² / 人。区内游人密度大，要考虑设置足够的道路广场和生活服务设施。

（2）观赏游览区 公园中观赏游览区往往选择设在山水景观优美的地段，结合历史文物、名胜古迹，建造盆景园、展览温室，或布置观赏树木、花卉的专类园，或配置假山、石品，点以摩崖石刻、匾额、对联，创造出情趣浓郁、典雅清幽的氛围。该区还可以结合具体情况设置诸如各国传统造园形式的展览区、小动物园、乡趣或野趣园、沼泽园、台地园、读书园、野餐区等。

另外，还可以配合盆景园、假山园，展出花、鸟、鱼、虫等中国传统观赏园艺品类。

（3）体育活动区 比较完整的体育活动区一般设有体育场、体育馆、游泳池及各种球类

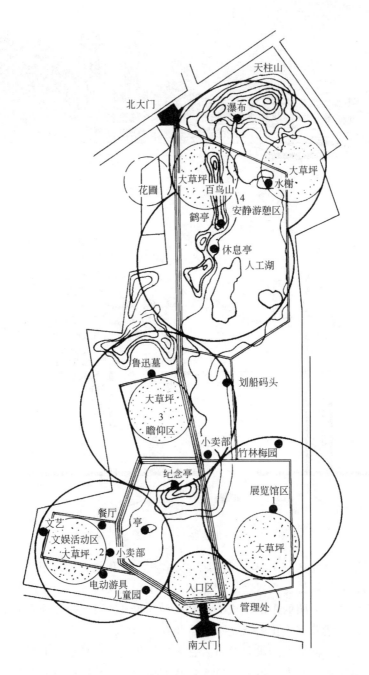

图 8-7　上海鲁迅公园分区示意图

活动、健身器材的场所（见图 8-8）。如果公园周围已有大型的体育场、体育馆，就不必在公园内开辟体育活动区。体育活动区除了有条件的公园举行专业体育竞赛外，应做好广大群众在公园开展体育活动的规划安排。夏日游泳，北方冬天滑冰，或提供旱冰场等条件。

（4）休息区　供游人在此休息、散步、打拳、练气功和欣赏自然风景。休息区内每个游人所占的用地定额较大、宜有 100m²／人，故在公园内占的面积比例亦较大，是公园的重要部分。休息区一般设在具有一定起伏的地形（如山地、谷地）或溪旁、河边、湖泊、河流、深潭、瀑布等环境最为理想，最好树木茂盛、绿草如茵。

公园内休息区并不一定集中于一处，只要条件合适，可设置多处，保证公园有足够比例的绿地，另外也可满足游人回归大自然的愿望。

休息区主要开展垂钓、散步、气功、太极拳、博弈、品茶、阅读、划船等活动。该区的建筑设置宜散落不宜聚集，宜素雅不宜华丽。结合自然风景，可设立亭、榭、花架、曲廊，或茶室、阅览室等园林建筑。

休息区可选择距主入口较远处，并与文娱活动区、体育区、儿童区有一定

图 8-8　上海虹口公园的体育健身区

隔离，但与老人活动区可以靠近，必要时老人活动区可以建在休息区内。

（5）儿童活动区　公园游人中儿童占很大比例，从一些公园的统计数字表明，儿童约占1/3。可考虑开辟学龄前儿童和学龄儿童的游戏娱乐场地，如少年宫、迷宫、障碍游戏角、小型趣味动物角、植物观赏角、少年体育运动场、少年阅览室、科普园地等。

儿童活动区一般靠近公园主入口，便于儿童进园后能尽快到达园地，开展自己喜爱的活动。也避免入园后，儿童穿越园路过长，影响其他区游人的活动。

儿童活动区的建筑、设施宜选择造型新颖、色彩鲜艳的作品，以引起儿童对活动内容的兴趣，同时也符合儿童天真烂漫、好动活泼的特征。植物种植应选择无毒、无刺、无异味的树木、花草；儿童区不宜用铁丝网或其他具伤害性物品，以保证活动区内儿童的安全。

应考虑陪伴儿童游园的成人的休息场所，有条件的公园，在儿童区内可设小卖部、盥洗、厕所等服务设施。

儿童区活动场地周围应考虑遮阳树林、草坪、密林。并能提供缓坡林地、小溪流、宽阔的草坪，以便开展集体活动及夏季的遮阳。

（6）老人活动区　老人活动区在公园规划中应当考虑设在休息区内或附近。要求环境幽雅、风景宜人。供老人活动的主要内容有：老人活动中心，开办书画班、盆景班、花鸟鱼虫班，组织老人交际舞、老人门球队、舞蹈队等。

（7）公园管理区　公园管理工作主要包括办公、生活服务、生产组织等内容。一般该区设置在既便于公园管理，又便于与城市联系的地方。由于管理区属公园内部专用地区，规划时考虑适当隐蔽，不宜过于突出。

公园管理区内可设置办公楼、车库、食堂、宿舍、仓库、浴室等办公、服务建筑。视规模大小，在该区安排花圃、苗圃、生产温室、冷窖、阴棚等生产性建筑、构筑物。

为维持公园内社会治安，保证游人安全，公园管理还应设治安保卫、派出所等机构。

除了上述公园内部管理、生产管理外，公园还要妥善安排游人的生活、游览、通信、急救等。尤其是大型公园，必须解决饮食、短暂休息、电话问询、摄影、导游、购物、租借、寄存等服务项目。所以在总体规划时，要根据游人活动规律，选择好适当地点，安排餐厅、茶室、冷饮、小卖部、公用电话亭等对外服务性建筑。上述建筑物、构筑物力求与周围环境

协调，造型美观，整洁卫生，管理方便。

公园管理区，或大型餐厅、服务中心等都要设专用出入口，以便园务生产与游览道路分开，既方便公园的管理与生产，又不影响公园的游览服务。

公园内的功能分区不能生硬地划分，尤其是对 3hm² 以下的小公园，园内娱乐项目较少，可设置相互干扰不大的项目。用地较紧张时，明确分区往往有困难，常将各种不同性质的活动内容进行整体安排。面积较大的公园，规划设计时功能分区比较重要，主要目的是使各类活动互不干扰，尽可能按照自然环境和现状布置分区，必要时亦可穿插安排。总之，要因地制宜地按照客观需要加以组织安排功能分区。

（四）地形设计

在出入口确定、功能分区规划好的基础上，必须进行整个公园的地形设计。无论是规则式、自然式或混合式园林，都存在地形设计问题。地形设计牵涉公园的艺术形象、山水骨架、种植设计的合理性、土方工程等问题。地形设计最主要的是解决公园为造景的需要所要进行的地形处理，应与全园的植物种植规划紧密结合，还应结合各分区规划的要求，如休息区、老人活动区等，要求有山林地、溪流蜿蜒的小水面，或利用山水组合空间造成局部幽静环境。而文娱活动区域，地形不宜变化强烈，以便开展大量游人短时间内集散的活动。儿童活动区不宜选择过于陡峭、险峻的地形，以保证儿童的安全。地形处理的方法如下。

1. 挖湖堆山

上海长风公园是一个以山水为主景、以划船为主要内容的全市性游憩公园。公园用地原为吴淞江淤塞的河湾地带，地势低洼、排水困难，大潮汛时，大部分地面被水淹，不能耕种。1957 年起对此地进行了地形改造和山水创作，其做法如下。

开辟基址的水塘洼地成银锄湖，并在湖的北岸堆起高达 26m 的铁臂山。全园水系具有江南水乡的韵味，既有高岗平湖之壮阔，也有溪河港汊之深邃。3 个面积较大的山岛呈鼎足之势屹立水中，主从分明，颇有"一池三山"传统型制之遗风。湖的西南岸利用转角分别布置了大小不同的水禽池、钓鱼池和睡莲池，丰富了水面景致。全园水面 14.3hm²，可供划船的水面约为 11.7hm²，为游人提供了以划船为主的游览水面。

铁臂山是公园的制高点，与开阔的水面形成了鲜明的对比。登上山顶，全园景色尽收眼底，还可眺望上海市容。铁臂山周围布置了坡度不同、高低大小各异的次峰，其间有幽谷、流泉、洞壑，整个山体如丘陵起伏，连绵不断。游人可在不同的方位和距离看到有变化的山形景观。同时，利用挖湖土方95％以上的陆地面积填到标高3.7m以上，以消除积涝，改善种植条件；其余 5％为沿湖四周较低坡岸，造就有变化的湖岸线，取得了较好的观赏游览效果。

北京紫竹院公园的湖面为古高粱河发源地，13 世纪时为蓄水湖，成为长河水系的组成部分。新中国成立前湖面淤积，土地荒芜，1953 年在坑塘荒野的基础上挖湖堆山开辟为公园。

2. 入奥疏源

广州市流花湖公园是以表现亚热带风光为特色的市级综合公园，总面积 50.5hm²，其中水体面积 33hm²。流花湖是 1958 年结合城市整治环境卫生和防洪排涝工程，发动全市人民义务开挖成的人工湖，这里原是生产莲藕等水生植物的低洼地，污水横溢、蚊虫孳生。每逢雨季，白云山洪水倾泻而来，积涝成灾，波及西关一带。流花湖挖成后，平时蓄水，雨季排洪，既能解决西关低地水患，又美化了市容，改善了市区卫生条件和小气候，使广州市西区获益匪浅。

流花湖公园在地形改造的过程中，因地制宜地改造地形。运用"入奥疏源，就低凿水""高阜可培，低方宜挖"的手法，将原基址的高地培土建成洲、岛；低洼地挖方形成 4 个大小不一、形状各异的湖。湖中原有一条横贯东西的自来水管道，为了节约迁管费用，保留水管，将管线覆土加宽，形成一条长堤，上栽蒲葵。这样做不仅经济合理，而且分隔了湖中水面，形成了长堤卧波、蒲葵长廊的独特景观（见图 8-9），加上园中浮丘如云、湖岸曲折、棕榈袅娜、绿树成荫、亭台敞朗和波光如镜的南国风光，使流花湖公园的景观独具一格，深受游人的赞赏。

3. 因地制宜

根据地形状况，合理安排活动内容与设施。如广州越秀公园，利用山谷低地建游泳池、体育场、金印青少年游乐场，利用坡地修筑看台，开挖人工湖，在岗顶建五羊雕像等。又如广州市兰圃，地处广州市越秀山西麓，北靠环市路，南对广州体育馆，公园面积不大，仅 5hm²，且呈长 500m、宽 85m 的狭长方形。加之园地周围交通频繁，环境嘈杂，造园的基础条件较差。进行公园规划时，充分考虑了这些不利因素，运用化直为曲，化有限为无限，利用空间对比、空间渗透、视点变化等传统造园的方法，使兰圃的不利因素得以转化，提高了园林用地的效益，游人在其间游赏不觉其小，犹如"世外桃源"一样清静、优美（见图 8-10）。另外，像西安兴庆公园、沈阳北陵公园、天津水上公园、上海杨浦公园等，在地形处理和改造方面也取得了较好的效果。

图 8-9　广州流花湖公园蒲葵堤　　　　　　　　图 8-10　广州兰圃芳华园

公园地形设计竖向控制应包括下列内容：山顶标高最高水位、常水位、最低水位标高、水底标高、驳岸顶部标高等。为保证公园内游园安全，水体深度一般控制为1.5～1.8m。

无防护设施的人工驳岸，近岸 2.0m 范围内的常水位水深不得大于 0.7m；无防护设施的园桥、汀步及临水平台附近 2.0m 范围以内的常水位水深不得大于 0.5m；无防护设施的驳岸顶与常水位的垂直距离不得大于 0.5m。

竖向控制还包括：山顶或坡顶、坡底标高；主要挡土墙标高；最高水位、常水位、最低水位标高；水底、驳岸顶部标高；园路主要转折点、交叉点和变坡点标高，桥面标高；主要建筑的屋顶、室内和室外地坪标高；公园各出入口内、外地面标高；地下工程管线及地下构筑物的埋深；重要景观点的地面标高等。

（五）景观分区

按规划设计意图，根据游览需要，公园组成一定范围的各种景观地段，形成各种风景环境和艺术境界，以此划分成不同的景区，称为景区划分。

景区划分通常以景观分区为主，每个景区都可以成为一个独立的景观空间体。景区内的各组成要素都是相关的，都有协调统一的关系，或表现在建筑风格方面，或表现在植物景观配置方面。

景观分区要使公园的风景与功能使用要求相配合，增强功能；但景区不一定与功能分区的范围完全一致，有时需要交错布置，常常是一个功能区中包括一个或更多个景区，形成一个功能区中有不同的景色，使得景观能有变化、有节奏、丰富多彩，以不同的景观效果、景观内涵给游人以不同情趣的艺术感受，激发游人审美情感。景观分区的形式一般有以下几类。

1. 按景区环境的感受效果划分景区

（1）开阔的景区　宽广的水面、大面积的草坪、宽阔的铺装广场，往往都能形成开阔的景观，给人以心胸开阔、畅快怡情的感觉，是游人较为集中的区域。

（2）雄伟的景区　利用挺拔的植物、陡峭的山形、耸立的建筑等形成雄伟庄严的气氛。如南京中山陵利用主干道两侧高大茂盛的雪松和步步高的大台阶，使人们的视域集中向上，形成仰视景观。游人在观赏时，感受到巍峨壮丽和令人肃然起敬的景观感染效果。

（3）清静的景区　利用四周封闭而中间空旷的环境，形成安静的休息条件，如林间隙地、山林空谷等。在有一定规模的公园中常常设置清静的景区，使游人能够安静地欣赏景观或开展较为安静的活动。

（4）幽深的景区　利用地形的变化、植物的隐蔽、道路的曲折、山石建筑的障隔和联系，形成曲折多变的空间，达到优雅深邃的境界。这种景区的空间变化比较丰富，景观内容较多。

2. 按复合的空间组织景区

这种景区在公园中有相对独立性，形成自己的特有空间，一般都是在较大的园林空间中辟出相对小一些的空间，如园中之园、水中之水、岛中之岛，形成园林景观空间的层次复合性，增加景区空间的变化和韵律，是比较受欢迎的景区空间类型。

3. 按季相组织景区

景区的组织主要以植物的四季季相变化为特色进行布局规划。一般根据春花、夏阴、秋叶、冬干的植物四季特色分为春景区、夏景区、秋景区、冬景区，每个景区内都选取有代表特色的植物作为主景观，结合其他植物品种进行规划布局，四季景观特色明显，是一种常用的方法。如扬州个园的四季假山，上海植物园内假山园的樱花、桃花、紫荆、连翘等为春山风光；以石榴、牡丹、紫薇等为夏山风光；以红枫、槭林供秋山观红叶；以松、柏组成冬山景致。

4. 按不同的造园材料和地形为主体构成景区

（1）假山园　以人工叠石为主，突出假山造型艺术，配以植物、建筑和水体。在我国古典园林中较多见，如上海豫园黄石大假山、苏州狮子林湖石假山、广州黄蜡石假山。

（2）水景园　利用自然的或模仿自然的河、湖、溪、瀑等人工构筑的各种形式的水池、喷泉、跌水等水体构成的风景。

（3）岩石园　以岩石及岩生植物为主，结合地形选择适当的沼泽、水生植物，展示高山草甸、牧场、碎石陡坡、峰峦溪流岩石等自然景观，全园景观别致，极富野趣，是较受欢迎的一种景区内容。

还有其他一些有特色的景区如山水园、沼泽园、花卉园、树木园等，这些都可结合整体公园的布局立意进行适当设置。

我国古典园林常常利用意境处理法来形成景区特色。一个景区围绕一定的中心思想展开，包括景区内的地形布置、建筑布局、建筑造型、水体规划、山石点缀、植物配置、匾额对联的处理等，如圆明园的 40 景、避暑山庄的 72 景都是较好的范例。现代一些园林的设计也借鉴了其中的一些手法，结合较强的实用功能进行景区的规划布局。如云南省玉溪市红塔公园的景区划分（见图 8-11），济南趵突泉公园利用原有历史建筑和文化立意构景，形成一处有济南历史人文特色的城市公园（见图 8-12）。

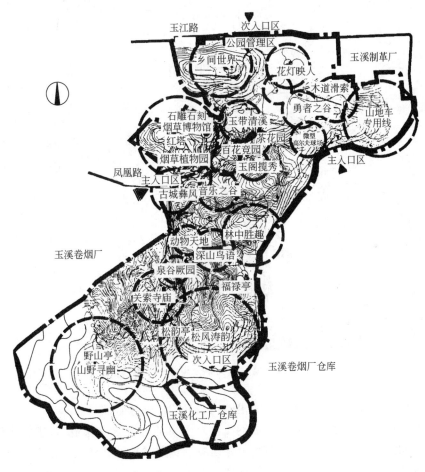

图 8-11　红塔公园景区划分

（六）设置园路及铺装场地

1. 园路

园路在公园中的分布是否合理，直接影响公园的使用、游人的活动和园林风景效果。因此园路是公园总体设计的主要组成部分。

园路应比较明显、方便地引导游人到主要观赏点；应联系和组织各个功能分区、风景点

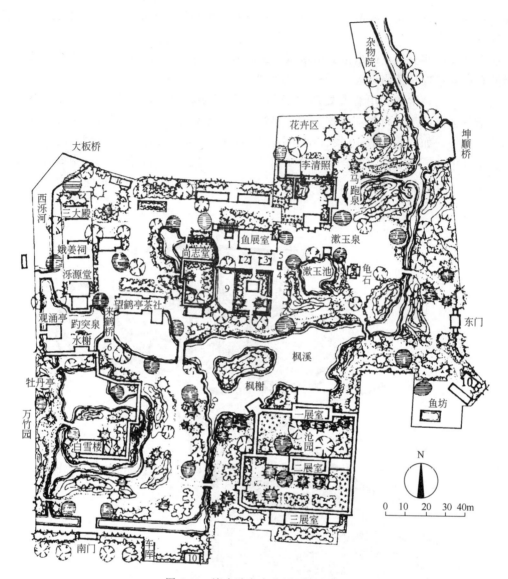

图 8-12 济南趵突泉公园总平面图

及主要建筑。园路本身就是风景线之一，沿路可以有组织地欣赏园景。

园路的布置应主路成环、道路系统成网，主路上不能有台阶（梯道），道路系统的网眼应有大有小。园路应与地形、水体、植物、建筑物、铺装场地及其他设施结合，形成完整的风景构图，创造连续展示园林景观的空间或欣赏前方景物的透视线路的转折、衔接通顺，符合游人的行为规律。

园路一般分为主路、次路、支路、小路四级。设计时要主次分明。主路是全园最宽的联系入口和公园各区的道路，宜成环（闭合）布置。支路一般是各区内的道路，既联系全园的主路，往往又形成一些局部的小环，使游人能到达公园的各个景点及建筑。小路应该遍布全园各处，引导游人深入到园内各个偏僻宁静的角落，以提高公园面积的使用效率。无论主路、支路、小路，在平面上均宜有一定的弯曲度，立面上宜有高低起伏变化，这样在沿路游览时，就可多向观景。园路的弯曲是由于功能上的要求和风景透视的考虑，它的曲折一般是因为前进方向上遇到了山丘、水体、树木、花坛、建筑等景物，或为了与附近的建筑联系，组织风景点而使道路改变方向，或者是山路遇到了陡坡而采用弯曲拉长路线来缓减坡度等。路的交叉一般正交为好，斜交的角度最好不小于60°。

园路的铺装可根据道路性质、级别不同而有区别。一般主路、支路采取比较平整、耐压力较强的铺装面，如水泥混凝土、沥青混凝土等。小路则可采取较美观自然的路面，如冰纹石块镶草皮、水泥砖镶草皮等。用不同的铺装材料来区别道路级别，还有助于引导游人沿着一定的方向前进。

2. 铺装场地

公园出入口和园中一些较大型的建筑集中较多游人，因此常根据需要而设置相应大小的铺装场地（广场）。铺装场地的形式一般是依照建筑形式、园路布局及功能要求而定，可自然，也可规则。园林中为了容纳更多的游人，在风景优美和游人方便到达的适当地段，如水边、林下，可加宽路面形成大小不等、形状各异的铺装场地，供游人赏景、休息、活动和锻炼。

铺装场地上可有高大遮阳乔木，或花坛、喷泉、雕塑、园椅等设施，这样不仅为游人提供了休息活动场地，同时也起到了丰富园林景色的作用。

（七）种植设计

公园的绿化种植设计是公园总体设计的主要组成部分。应根据当地的气候状况、园外的环境特征、园内的立地条件，结合景观构想、防护功能要求和当地居民游赏习惯确定全园的植物组群类型与分布。做到充分绿化和满足多种游憩及审美的要求。

一般在公园四周要安排防护林带，既有防风沙、隔噪声的作用，又可作园内景致的背景。文化娱乐区铺装场地和建筑设施较多，游人量较大，四季游人不断，以突出遮阳、美化、四季有明显特征的绿化效果为佳。体育活动场地附近主要选种生长迅速、无落花、落果和飞扬种子的大乔木，景色宜单纯、开朗。儿童活动区的植物要求体态奇特，色彩鲜艳、无毒无刺无恶臭，活动场地也应以遮阳为主。而休息区的植物种植要求多种多样，有不同的景观效果。全园美化的重点及特殊点在景点、建筑物附近，这些地方可在植物品种及种植方式上下功夫，以突出各景点四季不同的景观效果，整个公园可种植的土地，除种树木外，应尽可能铺草皮和地被植物，以免尘土飞扬。

总之，全园要有统一的基调树种，要在统一中求变化，注意运用植物的花色、叶色，形成不同的景观效果。此外还要注意季相变化。

公园的树种应以当地乡土树种为主，在考虑养护管理和气候、土壤等因素的情况下，也可适当引种能适应本地的一些较名贵的植物种类，以丰富公园的植物景观。

（八）规划设计的成果

1. 位置图及现状分析图

全市性公园比例为1/5000～1/10000。

区公园比例为1/2000。

2. 总体设计图

比例为1/1000；不足8hm²比例为1/500；面积大的比例为1/2000～1/5000。

包括总体平面图、功能分区图、景观分区图、视线分析图、植物种植图、道路系统图等。

3. 地形（竖向）设计图

比例与总体设计图一致。用 0.5～2m 的等高线表示地形变化，并注明建筑设施室外地平的标高；道路、铺装场地的标高及排水方向，土方调配方向，进出水口的位置、高程等。

4. 综合管线图

比例与总体设计图一致。标注上下水、煤气、电等的管线走向及检查井位置等。

5. 效果图

表示出总体的鸟瞰效果或局部的透视效果，也可用模型代替。

6. 施工图

按详细设计的意图，对部分内容和复杂工程进行结构设计，制订施工图纸和说明，常用的图纸比例为 1/100、1/50 或 1/20。包括：给水工程的施工详图，排水工程施工图，供电及照明等施工详图，广播通信施工图、煤气管线图，护坡、驳岸、挡土墙、围墙、台阶等园林工程的施工图，叠石、雕塑、栏杆、踏步、说明牌、指路牌等小品的施工图，道路广场硬地的铺设及回车道、停车场的施工图，园林建筑、庭院、活动设施及场地的施工图等。

7. 说明书、工程概算、植物名录

将图上不便表达的现状情况、设计意图、功能分区、施工要求、建园程序等写出来。

❧❧ 第二节　社区公园规划设计 ❧❧

社区公园是指用地独立，具有基本的游憩和服务设施，主要为一定社区范围内居民就近开展日常休闲活动服务的绿地。其规模宜在 1hm² 以上。

一、社区公园规模分类

《城市居住区规划设计标准》（GB 50180—2018）规定，居住区按照居民在合理的步行距离内满足基本生活需求的原则，分为十五分钟生活圈居住区、十分钟生活圈居住区、五分钟生活圈居住区及居住街坊四个等级。十五分钟生活圈居住区的步行距离为 800～1000m，十分钟生活圈居住区的步行半径为 500m，五分钟生活圈居住区的步行半径为 300m。其分级控制规模见表 8-1。

表 8-1　居住区分级控制规模

距离与规模	十五分钟生活圈居住区	十分钟生活圈居住区	五分钟生活圈居住区	居住街坊
步行距离/m	800～1000	500	300	—
居住人口/人	50000～100000	15000～25000	5000～12000	1000～3000
住宅数量/套	17000～32000	5000～8000	1500～4000	300～1000

社区公园按照其不同的服务范围，分为三种不同的规模。其中十分钟生活圈居住区和十五分钟生活圈居住区，对应的社区公园最小规模是 1.0hm² 和 5.0hm²，最小宽度分别为 50m 和 80m，社区公园的规模宜大于 1.0hm²；五分钟生活圈居住区对应的社区公园最小规模为 0.4hm²，最小宽度为 30m。各级公园绿地指标不含下一级公园绿地指标。具体如表 8-2，同时，在社区公园中应设置 10%～15% 的体育活动场地。

表 8-2　社区公园分级控制规模

类别	人均公共绿地面积/(m²/人)	备注
十五分钟生活圈居住区	2.0	不含十分钟生活圈及以下级居住区的公共绿地指标
十分钟生活圈居住区	1.0	不含五分钟生活圈及以下级居住区的公共绿地指标
五分钟生活圈居住区	1.0	不含居住街坊的公共绿地指标

二、社区公园规划设计

(一) 社区公园的特点

社区公园在服务对象上具有一定的区域限定性，即主要为 0.3～1.0km 范围内的某个居住社区居民服务，具有一定活动内容和设施，是为社区配套建设的公园绿地，虽然在用地类型上为公园绿地，不属于居住用地，但在服务功能上是从属于居住社区的。社区公园与附近居民日常户外休闲生活关系密切，在功能设施上更注重居民的日常使用，所以，社区公园是更为生活化的城市绿色公共空间，在具体服务对象和功能安排上，侧重老年人户外社会交往、休闲健身、文化娱乐以及儿童游戏娱乐活动等，同时兼顾其他游览观赏和体育运动功能。另外，居民游园时间大多集中在早晨和晚间。尤其在夏季，社区公园是附近居民户外散步纳凉的理想去处。

(二) 社区公园总体规划设计要求

1. 满足多功能要求

与综合公园相比，社区公园虽然规模较小（一般要求面积在 1hm² 以上），功能也没有综合公园丰富，但基本的休憩观赏、社会交往、文化娱乐、休闲健身、儿童游戏等活动内容和服务功能应具备，用地条件允许时还应设置适量小型运动场地和设施，满足居民运动健身的需要。因此，根据总体功能要求并结合公园场地现状条件进行合理的功能或景观分区。

2. 空间分区布局紧凑

社区公园虽然规模较小，但公园设施和内容总体上也是丰富多样，所以功能区或景区空间的布局较为紧凑，各功能区或景区间联系紧密，常结合地形地貌以小型园林水体和植物群落景观的变化来构成较丰富的园林空间和景观。

3. 营造丰富的园林景观

空间满足园林审美和游览要求，以景取胜，充分利用地形、水体、植物群落及园林建筑和园林小品设施，营造丰富多样的园林景观和文化意境，并结合游园交通路径的组织布局形成变化而生动的园林景观空间序列。按照公园设计规范要求，保持合理的绿化用地比例，发挥园林植物群落的环境生态主导作用，创造自然、优美、舒适的社区公共空间。

(三) 社区公园功能分区与设计内容

社区公园根据总体功能要求，一般可分为观赏休憩区、娱乐活动区、运动健身区、儿童游乐区四个主要功能空间，同时设置公园管理处，必要时（如规模较大的社区公园）可增设园务管理区。

1. 观赏休憩区

观赏休憩区主要为居民提供户外休息和游览赏景空间。内容包括花园、花境、花坛、水景、草坪、树林、树丛、疏林草地、休息场地、树荫广场、游览步道，还有亭、廊、榭、茶室、公共卫生间等园林景观服务建筑以及园椅、园凳、园灯、垃圾箱等服务设施。

2. 娱乐活动区

娱乐活动区主要为社区成年居民提供不同类型的文化娱乐场地和建筑设施。内容包括文化广场、露天舞台（露天剧场）、文娱活动室（如棋牌室、阅览室、游戏室）、书画报廊以及必要的休息设施和环境绿化景观等。

3. 运动健身区

运动健身区主要为社区居民提供适量的户外体育运动健身场地和设施。内容包括篮球场、羽毛球场、门球场、小型足球场、露天乒乓球台、健身步道、组合健身器材等，以及必要的休息设施和环境绿化景观等。

4. 儿童游乐区

儿童游乐区有时也称儿童游戏区、儿童乐园，主要为社区儿童提供适量的户外游戏娱乐场地和设施。包括沙坑、戏水池、旱冰场等各种游戏场地和秋千、跷跷板、旋转木马、滑滑梯、电动玩具车等各种游戏器具、设施，以及售票厅、小超市、公共卫生间、必要的休息设施和环境绿化景观等。

5. 公园管理处

公园管理处主要结合公园出入口等功能设施设置，主要设置办公室（接待室）和门卫室。如规划园务管理区，则还需设置公园绿化、卫生管理的后场设施，如仓库、堆场、小型花圃或花房等。

（四）其他景观设计要点

1. 出入口与道路交通设计

社区公园通常为开放式公园，根据周围街区道路交通情况可以设置多个出入口，方便周围居民进出公园，一般设置1～2个主要出入口，并设计标志性建筑或构筑物，也可以采用景石的形式设计标志景观。道路系统一般分为三级，即主路、支路和小路，主路宽度为2.5～4.5m，支路宽度为2.0～2.5m，小路宽度为0.9～2.0m。园路主要供游客步行游览、跑步锻炼或散步休息，除特种车辆和园务工作车辆外，禁止其他机动车和非机动行驶。

社区公园由于主要服务于附近住区居民，所以一般不需要为游客设置机动车停车场，只要结合出入口广场和其他服务建筑设施场地，配置少量停车位即可，满足临时停车需要。如果考虑为周围社区居民或商业设施提供长久性停车服务，在条件许可的情况下可以规划开发利用公园地下空间建设公共停车场，适当缓解城市日益紧张的停车难问题。

2. 竖向与水系设计

社区公园竖向与水系设计遵循因地制宜、造景为主、造型为辅的原则，因公园面积规模不大，平原地区通常采用微地形设计，结合植物群落景观布置，达到增加地形变化和丰富景观空间的效果，微地形设计一般高差变化在1.5m以内。水系设计多为小型湖泊、池塘、跌水或喷泉水池等，也可结合地形变化、雨水利用和水生植物造景设计成雨水花园、湿地小溪等水体生态景观，公园周边有城市河流水系与之相通，使公园水系有来源、有去脉。如果周围没有河流水系与之相通，则主要利用雨水收集系统来补充水体水源，动态水景小型化设计，并采用循环水系统，以节约水资源。小型湖泊、池塘可以设计养殖观赏鱼（如锦鲤、锦鲫等）及观赏水禽（如天鹅、鸳鸯等），丰富公园水体生态景观，增加人与自然的交流。

3. 植物造景设计

社区公园植物造景设计结合功能区安排，选择1～2种树木（1种乔木或1种乔木加1

种灌木）作为基调树，并以树丛、树群、小片树林为主，草坪花坛、花境为辅，适当布置小型专类花园（如海棠园、紫薇园、月季园等），公园整体植被景观既统一又有变化、疏密有致。同时合理安排具有不同季节观赏特点的植物，使公园植物景观不仅种类丰富形式多样，还具有季相变化，春夏秋冬各具特色。各种休憩场地和休息设施（如座椅、座凳等）旁应考虑采用乔木作庭荫树。长江以北地区冬季寒冷，庭荫树多选择落叶乔木，夏季户外休息享受阴凉，冬季落叶则可享受温暖阳光。

4. 建筑与小品设施设计

社区公园主要为附近住区居民提供户外休憩娱乐空间，公园建筑与小品设施主要为景观休憩建筑和休息设施，如结合地形、水体、植物、场地等具体环境设置不同形式的休息亭廊、花架等园林景观建筑小品，结合廊架、场地、林阴道等各种适合休息的环境，设置足够数量的座凳、座椅等休息设施。为满足居民夜间游园活动和休息，主要园路和休息活动场地需设计路灯、庭园灯、草坪灯等照明和夜景亮化设施。

三、社区公园植物配置与树种选择

在绿地中，树木既是造景的素材，也是观赏的要素。由于植物的大小、形态、色彩、质地等特性千变万化，为社区公园的多彩多姿提供了条件。

（一）植物配置的原则

园林植物配植是将园林植物等绿地材料进行有机的结合，以满足不同功能和艺术要求，创造丰富的园林景观。合理的植物配植既要考虑到植物的生态条件，又要考虑到它的观赏特性，既要考虑到植物自身美，又要考虑到植物之间的组合美和植物与环境的协调美，还要考虑到具体地点的具体条件。正确地选择树种，理想的配置将会充分发挥植物的特性构成美景，为园林增色。

① 乔木灌木结合，常绿植物和落叶植物结合、速生植物和慢生植物相结合，适当地配植和点缀花卉草坪。在树种的搭配上，既要满足生物学特性，又要考虑绿化景观效果，创造出安静和优美的环境。

② 植物种类不宜繁多，但也要避免单调，更不能雷同，要达到多样和统一。在儿童活动场地，要通过少量不同树种的变化，便于儿童记忆、辨认场地和道路。

③ 在统一基调的基础上，树种力求变化，创造出优美的林冠线和林缘线，打破建筑群体的单调和呆板感。

④ 在栽植上，除了需要行列栽植外，要避免等距离栽植，可采用孤植、对植、丛植等，适当运用对景、框景等造园手法。装饰性绿地和开放性绿地相结合，创造出丰富的绿地景观。

⑤ 在种植设计中，充分利用植物的观赏特性，进行色彩的组合与协调，通过植物叶、花、果实、枝条和干皮等显示的色彩，以一年四季的变化为依据来布置植物，创造季相景观。

（二）树种的选择

社区道路绿化树种的选择要重视以下要求：①冠幅大，枝叶密。②深根性。由于深根性植物根系生长力很强，可向较深的土层伸展，不会因为经常被践踏而造成表面根系破坏，影响正常生长。③耐修剪。要求有一定高度的分枝点（一般2m左右），侧枝不能刮碰过往车辆，并具有整齐美观的形状。④落果少、无飞毛，无毒、无刺、无刺激性。如果经常落果或飞毛絮，容易污染居民区，尤其污染空气环境。⑤发芽早、落叶晚。选择发芽早落叶晚的阔叶树可增加绿色期。

注意选择乡土树种，结合速生植物，保证种植的成活率及早成景。但是选择树种时最应注意的是突出特色。例如北京恩济里小区 4 个组团各有自己的景观特色，每组树群分别突出植物的花、香、果、绿 4 大特色。安苑采用玉兰、丁香和宿根花卉等，重点在于观花；定苑用玫瑰、月季等突出花香；幸苑有大枣、海棠等侧重观果；福苑强调平面绿地与立面绿化结合，各种色彩搭配。各组团又以白皮松、雪松、油松和龙柏穿插其间，做到三季有花、四季有绿。与此同时，在建筑的墙面及周围栏杆种上攀缘植物，藉以扩大绿化面积，增加生态效益。

四、社区公园规划案例

（一）意大利圣多纳迪皮夫市社区公园

意大利圣多纳迪皮夫市社区公园是该城市中一个小型的社区公园。社区公园的南部面向主要公路，内部的铺装是白色的水洗石，白色的铺装犹如天然地貌般起伏，构成小山、盆地。座椅、喷泉、道路、儿童乐土、野餐点，树木、灯具和被树木穿过的白色石凳也起着划分公园空间的作用，并在不同的季节为人们带来不同的感受（图 8-13）。

图 8-13　意大利圣多纳迪皮夫市社区公园全景

公园整体持续而统一，白色路面串起所有的空间，有的居民在悠闲的散步，有的居民在骑单车锻炼身体，有的居民在树荫下乘凉。夜晚来临，纤细的灯杆泛光，灯光辉映着下方柔和的路径。整个社区公园全天候地迎接居民的到来（图 8-14）。

（二）上海豆香园

该公园位于浦东陆家嘴地区，北临灵山路，南邻杨源路，西邻源深路，东临桃林路。豆香园处于浦东高档的居住区地块，周围有多处景观楼盘。同时，公园附近还分布着电力公司、商铺、人民法院、艺术中心、中小学等。几个街区之外是著名的上海科技馆和世纪公园，公园周边的环境十分安静。

①草地
②硬地铺装
③树林

图 8-14　意大利圣多纳迪皮夫市社区公园平面图和局部景象

　　该公园占地面积 3.6hm²，整个基地呈手枪形。基地范围内有一个中华武术会馆。该公园设计的指导思想是将公园建成满足包括休闲、游览、活动等各项功能的社区公园。同时以"豆"文化为特色，把景观营造、种植设计、科普教育、娱乐活动、经营服务等内容紧紧围绕这一特色展开，形成一个有独特文化内涵的植物专类园（图 8-15）。

图 8-15　上海豆香园

1. 豆香园遵循的设计原则

　　（1）以人为本，天人合一　公园规划设计在满足住宅区中老年人、青年人和儿童的日常户外休闲娱乐需求的同时，以"豆"文化为特色，以豆科植物为造景元素，使游人在游览参观的过程中得到精神的满足。

（2）以绿为主，以乔木为主　公园规划布局具有一定的绿化覆盖率。通过乔木、灌木、草本多层次结合，使公园绿化有较高的绿量，从而发挥良好的生态效益。

（3）因地制宜　公园规划充分考虑地域特点，通过公园内外空间的相互渗透，同时满足城市道路景观和居住区公园的要求。为周边住宅高层提供优美的俯视景观。挖湖堆土，克服上海地区地下水位较深，不利于部分植物生长的特色，为各类植物创造良好的立地条件。

2. 公园设计特点

（1）园路设计　豆香园主干道是一条铺有棕红色沥青的排水路面，同时还兼具观景功能。冬天园内大部分树木凋零后，这条红飘带似的主干道便成了一条靓丽的风景线，弥补了公园常绿树有限的问题。

（2）种植设计　豆科植物的主角地位突出，全园的豆科植物包括乔、灌、藤、草、花，总品种达到近百种，而且都分别标出了名称和用途。园内除了有起伏的绿地外，还有花架、蔬菜圃等供各种豆科植物配植展示，建成后的公园以豆科植物为外围景观，其他常绿植物和各色花灌木作为背景组成各种群落。

（3）园林建筑及环境小品设计　公园的主题是弘扬传统豆文化。因此，园中的建筑以冷色调的材质为主，包括青砖、素墙和灰色的木装饰等中国的传统元素。

别致的雕塑凸显豆文化。"福豆"和"豆凳"是两组以豆为主题的雕塑，其中"福豆"以不锈钢结构作外壳，里面的豆子却绘以京剧脸谱的图案，仿佛在向人们展示"豆"与中国历史文化的悠久渊源和情节。其他独具特色的建筑小品彰显了传统文化与现代文化的结合。

第三节　专类公园规划设计

专类公园是指具有特定内容或形式，有相应的游憩和服务设施的绿地，主要包括植物园、动物园、历史名园、遗址公园、游乐公园，其他专类公园如儿童公园、体育健身公园、滨水公园、纪念性公园、雕塑公园，以及位于城市建设用地范围内的风景名胜公园、城市湿地公园和森林公园等，这些专类公园以精彩独特的专项内容吸引着人们参观游览。本节对其中的植物园、动物园、湿地公园、遗址公园、游乐公园等进行介绍。

一、植物园

（一）植物园的性质和任务

植物园是进行植物科学研究和引种驯化，并供游人观赏、游憩及开展科普活动的绿地。其主要任务如下。

1. 科学研究

科学研究是植物园的主要任务之一。在科学技术蓬勃发展的今天，利用科学手段驯化野生植物为栽培植物、驯化外来植物、培育新的优良品种、优良品种的推广应用、为城市园林绿化服务等，是植物园责无旁贷的科学研究任务。

2. 观光游览

植物园还应结合植物的观赏特点、亲缘关系及生长习性，以公园的形式进行规划分区，创造优美的植物景观环境，让植物世界形形色色的奇花、异草、茂林、秀木组成千姿百态、绚丽多彩的自然景观，供人们观光游览，娱乐身心。

3. 科学普及

植物园通过露地展区、温室、标本室等室内外植物材料的展览，并结合挂牌介绍、图表说明、讲解及园林艺术的布局，让游人在休息、游览中得到植物科学的知识。提高群众认识自然、改造自然、保护自然的意识，丰富广大群众的自然科学知识。

4. 科学生产

科学生产是科学研究的最终目的。通过科学研究，技术推广应用到生产领域，创造社会效益和经济效益。

总之，植物园的科学研究、游览观光、科学普及和科学生产等诸方面的任务，要根据建园的目标和肩负的任务、性质而确定。

(二) 植物园的类型

植物园按其性质可分为综合性植物园和专业性植物园。

1. 综合性植物园

综合性植物园指其兼备多种职能，即科研、游览、科普及生产的规模较大的植物园。一般规模较大，占地面积100hm² 左右，内容丰富。目前，我国这类植物园有归科学院系统以科研为主结合其他功能的，如北京植物园（南园）（图 8-16）、南京中山植物园、庐山植物

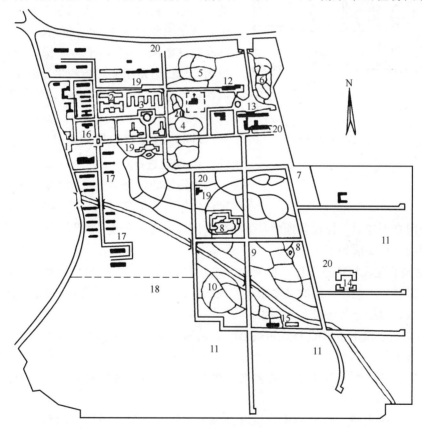

图 8-16　北京植物园（南园）

1—主要入口；2—试验温室；3—展览温室；4—宿根花卉园；5—环保植物区；6—药用植物园；7—濒危植物园；
8—水生藤本植物园；9—树木园；10—野生果树资源区；11—试验区；12—实验办公楼；13—植物标本馆；
14—木本植物繁殖温室；15—观赏植物温室；16—种子标本室；17—生活区；
18—中试场；19—洗手处；20—厕所

园、武汉植物园、华南植物园、贵州植物园、昆明植物园、西双版纳植物园等。有归园林系统以观光游览为主，结合科研、科普和生产的，如北京植物园、上海植物园、青岛植物园、杭州植物园、厦门植物园、深圳仙湖植物园等。

2. 专业性植物园

专业性植物园指根据一定的学科专业内容布置的植物标本园，如树木园、药圃等。这类植物园大多数属于科研单位、大专院校。所以又可称之为附属植物园。例如：浙江大学农学院植物园（见图8-17）、广州中山大学标本园、南京药用植物园等。

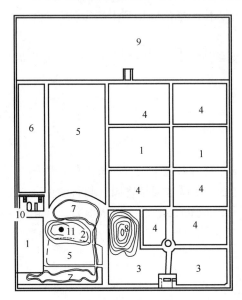

图 8-17　浙江大学农学院植物园
1—阴生植物区；2—裸子植物区；3—单子叶植物区；4—双子叶植物区；5——二年生植物区；6—引种栽培区；7—水生植物区；8—竹类区；9—花卉栽培区；10—办公室、种子室；11—李时珍雕像

（三）植物园面积的确定

一个植物园应该拥有多大的面积，必须根据植物园的性质、任务以及管理程度的高低等，从需要与可能两方面来考虑。

一般正规的植物园其面积最好为 66.7hm^2 左右，这是一个值得参考的数据。1963 年出版的《国际植物园名录》上载有美国的植物园 103 个，列出面积的有 94 个，平均面积是 77.8hm^2。苏联有植物园 90 个，平均面积为 76.9hm^2，因植物园要创造适于多种植物生长的立地环境，所以面积不能太小。我国规定，植物园面积宜大于 40hm^2。

（四）植物园的规划设计

1. 园址选择

植物园的选址对于植物园的规划、建设起决定性作用。园址选择的条件应从植物园的功能、任务等综合因素来考虑，根据各地的具体条件，因地制宜进行统一规划、合理布局。

植物园的选址要求如下。

① 植物园宜建在城市近郊区。植物园要求尽可能保持良好的自然环境，所以要与繁华嘈杂的城市保持一定距离，同时又要求有方便的交通，使游人易于到达，方便人们参观，但应远离污染区，包括空气污染和水污染。

a. 用地应位于城市活水的上游和城市的上风向，避开污染水体和污染的大气，以免影响植物的正常生长。

b. 远离工业区。由于工业生产必然要产生废气、废物，这些物质将会影响甚至危害植物健康生长。

c. 要有充足的水源，给水排水及供电系统要完善，以保证植物园内科研、游览、生活等能够良好地运行。水是植物园内生产、生活、科研、游览等各项工作和活动的物质基础。充足的水源是选择园地的关键要素之一。

② 为了满足植物对不同生态环境与生态因子的要求，园址应选择在地形、地貌较为复杂，具有不同小气候的用地。

　　a. 海拔高度：不同的海拔高度为引种不同地区的植物提供了有利因素。例如，庐山植物园引种东北落叶松成功，是由于植物园海拔高度1100m以上，夏季也十分冷凉的原因。

　　b. 坡向：植物园最好有不同的坡向以利各种不同生态习性的植物的生长。由于植物的习性千差万别，有的喜光、喜高温，而有的耐阴、耐寒冷，例如樟子松属于喜光树种，而油松则多分布在阴坡，所以在引种时应考虑，南方的植物引种到北方，一般在温暖的阳坡容易成活；而北方的植物往南引种，则在阴坡较易成活。

　　c. 水源：最好具有丰富的地形和不同高度的地下水位，以满足不同植物对水分的要求，还要有方便的灌溉、排水系统。同时水体景观也是植物园造景不可缺少的组成部分。

　　③ 要满足不同植物对土壤酸碱度、土壤结构等条件的要求，如杜鹃、山茶、毛竹、马尾松、红松、棕榈科植物等喜酸性土壤；柽柳、沙棘等喜碱性土壤；大多数花草树木喜中性土壤。大多数植物喜土层深厚、含腐殖质高、排水良好的土壤。

　　④ 园址最好具有丰富的天然植被，供建园时利用，这对加速建园、及早出效果十分有利。园址天然植被较丰富且生长良好说明该用地综合自然条件较好。反之，应对用地自然条件进行深入研究，尤其要考虑是否有利于木本植物的生长。如深圳仙湖植物园的选址和布局（见图8-18），其址位于山前水边，小气候良好，水源充足，天然植物丰富，是得天独厚的植物园建设用地。

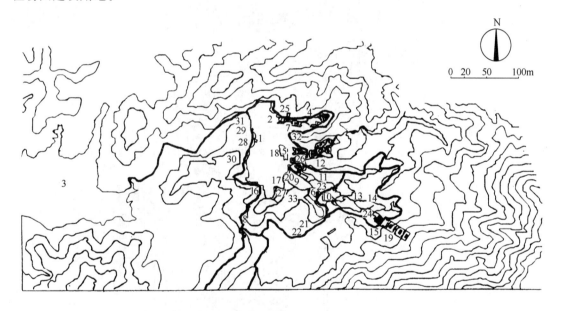

图 8-18　深圳仙湖植物园平面图

1—仙湖；2—塘仙渡；3—仙湖水库；4—曲港汇芳（水生植物园）；5—药洲；6—钓鱼台；7—芦汀乡渡；
8—两宜亭；9—荔林棕风；10—苏铁园；11—竹园；12—荔枝园；13—百果园；14—仙泉；15—仙池；
16—莲花池；17—山塘野航；18—竹苇深处；19—寺庙；20—锁龙桥；21—余荫蕴碧（阴生植
物区）；22—客舍；23—苗圃；24—厕所；25—停车场；26—餐厅；27—茶室；28—吟红
鹏碧；29—听松阁；30—裸子植物园；31—桩亭；32—大鹏展翅；33—蓑衣亭

2. 功能分区规划

　　植物园应有体现本园特点的科普展览区和相应的科研实验区，此外还应有职工生活区。下面分别加以介绍。

　　（1）科普展览区　植物园展览区把植物界的客观自然规律和人类长期以来认识自然、利

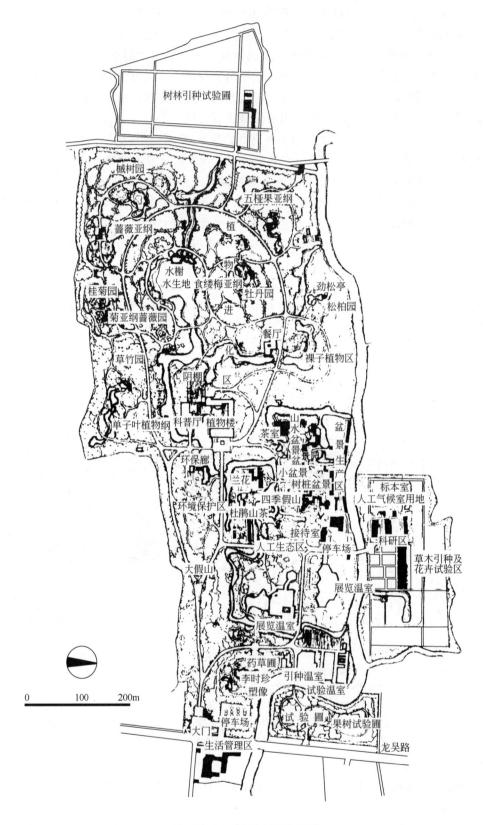

树林引种试验圃

槭树园

五桠果亚纲

蔷薇亚纲

植

物

水榭
水生地　食缕梅亚纲

桂菊园

菊亚纲蔷薇园

草竹园

阴棚

区

单子叶植物纲　科普厅　植物楼

环保廊

兰花

环境保护区　杜鹃山茶

人工生态区

大假山

牡丹园

劲松亭
松柏园

餐厅

裸子植物区

山水
盆景　盆
茶室　景　景
生
小盆景　产
树桩盆景　区

四季假山

接待室

停车场

展览温室

标本室
人工气候室用地

科研区

草木引种及
花卉试验区

展览温室

药草圃

李时珍
塑像

引种温室

试验温室

停车场

大门

生活管理区

试验圃　果树试验圃

龙吴路

0　100　200m

图 8-19　上海植物园平面图

用自然、改造自然和保护自然的知识展示出来,供人们参观、游赏、学习。全世界1000多所植物园的建设,积累了丰富的实践经验,建成形形色色、各具特点的植物园展览区。归纳起来,有以下几种展览区。

① 按植物进化系统布置展览区 这种展览区是把植物的进化系统和植物的科属分类结合起来布置,反映植物界由低级到高级的进化过程。植物进化系统对于学习植物分类学、植物的进化科学,认识不同的目、科、属植物提供了良好的场所。但是,往往在进化系统上较相近的植物在生态习性上不一定相近,而在生态习性上有利于组成一个群落的各种植物在系统上又不一定相近,所以在植物的配置与造景上,易单调、呆板。有的只有落叶树无常绿树,或只有常绿树无落叶树,为解决这一矛盾,可以既考虑植物分类系统,又考虑植物的生态习性和园林艺术效果,达到科学的内容与艺术的完美统一。例如上海植物园的植物进化区,采取系统进化分类和观赏相结合,既有系统进化的内容,又有观赏的专类园,如松柏园、木兰园、杜鹃园、槭树园、桂花园、蔷薇园和竹园。各专类园都运用了中国传统的造景手法,以专类花木为主景,以园林建筑点景,形成意境不同,具有丰富季相变化的山水园林(见图8-19)。

② 按植物地理分布和植物区系布置展览区 这种展览区是以植物原产地的地理分布或以植物的区系分布原则进行布置。例如莫斯科植物园的植物区系统展览区分为:远东植物区系、俄欧部分植物区系、中亚细亚植物区系、西伯利亚植物区系、高加索植物区系、阿尔泰植物区系、北极植物区系等7个区系。按区系布置展览区的植物园还有加拿大的蒙特利尔植物园、印度尼西亚的爪哇茂植物园。

③ 按植物的形态、生态习性与植被类型布置展览区 按照植物的形态和习性不同可分为乔木区、灌木区、藤本植物区、球根植物区、一二年生草本植物区等展览区,这种展览区在归类和管理上较方便,所以建立较早的植物园展览区常采用这种方式。如美国的阿诺德植物园,分为乔木区、灌木区、松杉区、藤本区等。但这种形态相近的植物对环境的要求不一定相同,所以若绝对地按照此种分区,在养护和管理上就会出现问题。

按照植物自然分布类型和生态习性布置的展览区,是人工模拟自然植物群落进行植物配置,在不同的地理环境和不同的气候条件下形成不同的植物群落。植物的环境因子主要有湿度、光照、温度、土壤4个方面。由于建园条件不可能在同一植物园内具备各种的生态环境,往往在条件允许的情况下选择一些适合于当地环境条件的植被类型进行展区布置。例如:水生植物展览区,可以创造出湿生、沼生、水生植物群落景观;岩石植物园和高山植物园是利用岩石、高山、沙漠等环境条件,布置高山植物群落、沙漠植物群落。如庐山植物园、合肥植物园、贵州植物园、深圳仙湖植物园、杭州植物园、西安植物园、武汉植物园等都建成了景色秀丽,兼备水生植物景观和山水风光的植物园;银川植物园,新疆吐鲁番沙漠植物园等都布置有百沙园、沙漠标本园、沙漠植物展览区等,形成在干旱荒漠气候条件下所特有的沙漠植物景观展览区。我国台湾、海南地区则利用其特有的地理条件、气候特点建设了热带植物园(见图8-20~图8-24)。

④ 按植物的经济生产价值布置展览区 经济植物的科学研究与利用,将对国民经济的发展起重要作用。所以许多植物园都开辟有经济植物区,区内将经过栽培、试验后确定有实用价值的经济植物栽入本区进行研究和展览,为农业、医药、林业、园林结合生产提供研究与实践的基地。经济植物区一般可分为药用植物、芳香植物、橡胶植物、含糖植物、纤维植物、淀粉植物区等。

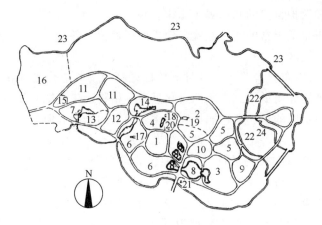

图 8-20　合肥植物园

1—木兰、山茶园；2—槭树、杜鹃园；3—梅园；4、10—蔷薇园；5—竹园；6—宿根花卉区；7—岩石园；
8—水生植物园；9—石榴、桂花园；11—树木园；12—松柏园；13—珍稀濒危植物区；14—经济植物区；
15—植物系统分类园；16—植物引种驯化区；17—展览温室；18—接待室；19—植物园大楼；
20—贵宾楼；21—东大门；22—鱼塘；23—董铺水库；24—茶座

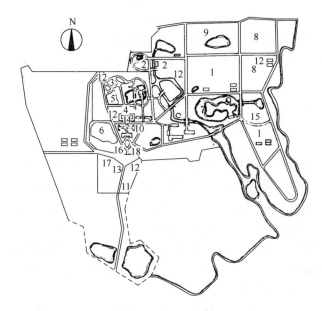

图 8-21　武汉植物园

1—木本植物区；2—药用植物区；3—阴生植物区；4—展览温室；5—杜鹃园；6—牡丹园；7—水生植物园；
8—竹园；9—猕猴桃园；10—月季园；11—濒危植物区；12—厕所；13—餐厅；14—售花处；15—医务室；
16—信箱；17—停车场；18—公用电话

⑤ 按植物的观赏性布置展览区　我国地大物博，地形复杂，气候多样，蕴藏着极丰富的植物资源。全国约有 30000 种高等植物，其中观赏植物占相当大的比例，丰富的观赏植物为我国建立专类园提供了有利条件，这类展览区可分为专类花园和专题花园。

专类花园：在植物园内将具有一定特色，品种或变种丰富，观赏价值高的植物，分区集中种植，结合小品、水景、地形、草坪等形成具丰富园林景观的专类花园，如丁香、牡丹、梅花、月季、杜鹃、荷花、山茶、槭树等。

专题花园：以一种观赏特征为主的花园，如芳香园、彩叶园、草药园、观果园、岩石

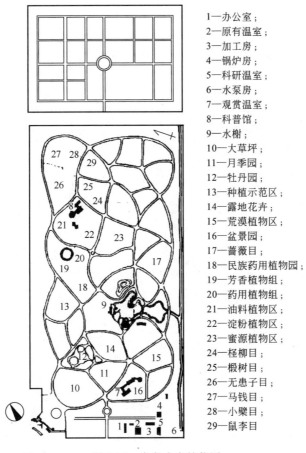

1—办公室;
2—原有温室;
3—加工房;
4—锅炉房;
5—科研温室;
6—水泵房;
7—观赏温室;
8—科普馆;
9—水榭;
10—大草坪;
11—月季园;
12—牡丹园;
13—种植示范区;
14—露地花卉;
15—荒漠植物区;
16—盆景园;
17—蔷薇目;
18—民族药用植物园;
19—芳香植物组;
20—药用植物组;
21—油料植物区;
22—淀粉植物区;
23—蜜源植物区;
24—柽柳目;
25—椴树目;
26—无患子目;
27—马钱目;
28—小檗目;
29—鼠李目

图 8-22 乌鲁木齐植物园

园、藤本植物园等。专题花园不仅有很好的观赏性、实用性,还可保护种源。不仅在植物园中应用,也可在公园、风景区、机关单位、校园中应用。

⑥ 树木园 树木园是植物园中最重要的引种驯化基地,是展览本地区和引进国外露地生长乔木、灌木的园区;一般占地面积大,其用地应选择地形地貌较为复杂、小气候变化多、土壤类型多、水源充足、排水良好、土层深厚、坡度不大的地段,以适应多种类型植物的生活习性要求。树木园的种植规划形式主要有 3 种。

按地理分布栽植,这样便于了解世界木本植物的分布情况,以植物的生态条件为依据。

按分类系统布置,这样易于了解植物的科属特征和进化规律。

按植物的生态习性要求,结合园林景观考虑,将不同的树种组成各种不同的植物群落,形成密林、疏林、树群、树丛和孤植等不同的植物配置,配以草坪和水面形成优美的植物景观。

⑦ 自然植被保护区 在我国一些植物园范围内,有些区域被划定为自然植被保护区,这些区域禁止人为砍伐与破坏,任其自然演变,不对外众开放,主要进行科学研究,如对自然植物群落、植物生态环境、种质资源及珍稀濒危植物等项的研究。如庐山植物园内的"月轮峰自然保护区"。

⑧ 温室植物展览区 温室区内主要展示不能在本地区露地越冬,必须有温室才能正常

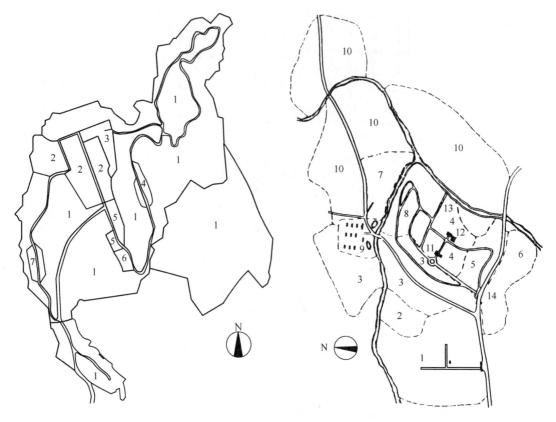

图 8-23　台湾恒春热带植物园

1—自然景观区；2—经济植物区；3—裸子植物区；
4—恒春半岛原生植物区；5—豆科植物区；
6—稀有植物区；7—椰子植物区

图 8-24　海南热带经济植物园

1—果树园；2—咖啡；3—树木；4—观赏植物区；
5—棕榈区；6—油料作物区；7—苗圃；8—药用
香料植物区；9—生活区；10—试验区；11—工
作楼；12—阴棚；13—厕所；14—停车场

生长发育的植物，为了适应体型较大植物的生长和游人观赏的需要，温室的高度和宽度都远远超过一般的繁殖温室，体型庞大、外观雄伟，是植物园的重要建筑，温室面积的大小依据展览内容多少，植物品种体型大小以及园林景观的要求而定。

（2）科研区　科研实验区主要由实验地、引种驯化地、苗圃地、示范地、检疫地等组成。一般科研区不对外开放，尤其一些属国家特殊保护的植物物种资源。

植物的科研区，主要进行外来植物品种，包括外地、外国引种植物的引种、驯化、培育、示范、推广等工作。此外，植物园中的检疫工作是十分重要的环节，尤其对从国外引进的植物。一般科研区与游览区有一定的隔离，应布置在较偏僻的地区，并控制人员的进出，加强保护措施，以做好保密工作。

（3）职工生活区　为保证植物园优质环境，植物园与城市市区有一定距离，大部分职工在植物园内居住，所以在规划时，应考虑设置宿舍，浴室、锅炉房、餐厅、综合性商店、托儿所、车库等设施，其布局与城市中一般生活区相似，但应处理好植物园的关系，防止破坏植物园内的景观。

北京植物园、杭州植物园、上海植物园、厦门万石植物园的布局与分区则充分考虑到游览与科研相结合，布局合理，构景有序，是我国植物园的代表作品。

（五）植物园的设计要点

① 植物园的出入口安排，要求与城市干道相联系，并通向展览区。

② 植物园的分区用地比例，一般科普展览区占地最大，可占全园总面积的 40%～60%，科研实验区用地占 25%～35%，其他用地占 25%～35%。

③ 科普展览区是面向公众开放的，应靠近主要入口，使游人易于到达，该区地形要布置的富于变化，其他布置要具有艺术性。

④ 偏重科研或游人量较少的展览区，宜布置在距主要出入口稍远的地点。

⑤ 科研实验区是进行科研和生产的场所，不向公众开放，因此应与展览区隔离开，但要与城市交通线有方便的联系，并设专用出入口。

⑥ 职工生活区要求有较完善的生活设备，如职工宿舍、食堂、小商店、托儿所、车库、锅炉房等。该区应紧靠科研试验区。

⑦ 植物园的建筑主要有展览建筑、科学研究用建筑及公用服务性建筑三类。它们的布置要点如下。

a. 展览建筑包括展览温室、大型植物博物馆、展览阴棚、科普宣传廊（栏）等。展览温室和植物博物馆是植物园的主要建筑，游人比较集中，应位于重要的展览区内，构成全园的构图中心。科普宣传廊应根据需要，分散布置在各小区内。

b. 科学研究用建筑，包括图书资料室、标本室、试验室、工作间、气象站等，试验圃地的附属建筑还有繁殖温室、繁殖阴棚、车库等。均布置在科研实验区，可靠近一出入口。

c. 公用服务性建筑包括植物园办公室、招待所、接待站、茶室、小卖部、食堂、休息亭廊、花架、厕所等。这类建筑的布局与综合性公园类似。

⑧ 植物园的种植设计，要特别突出其科学性、系统性。可按植物的分类原则（科属）来布置，也可按生态习性、在自然界中的群落关系、植物的经济用途、地理分布及植物区系，或按专类园的形式来布置植物。

⑨ 科普展览区是科普场所，所种植物应有标识，方便游人获得植物知识。

⑩ 若按专类园形式布置植物（分区），可以设置树木园、竹园、月季园、牡丹园、菊圃、兰圃、蔷薇园、丁香园、杜鹃园、山茶园、木兰园等，还有岩石园、芳香园、彩叶园等布置类型。国外还有按花色的，如白色园、粉色园等。这样布置的优点是可以充分发挥园林植物的最佳观赏效果，引起人们的兴趣，便于把同类植物中的不同种、变种或品种进行科学比较，开展科普、科研活动。也有利于发掘和保存园林植物的物种资源。

二、动物园

我国的动物资源极为丰富，有著名的大熊猫、丹顶鹤、东北虎等。到 2017 年，我国各地相继建成动物园 790 多处。动物园不仅是展出动物的场所，也是人们喜爱的城市公园。

（一）动物园的性质和任务

动物园是集中饲养、展览和研究多种野生动物和少数优良品种家禽家畜的公共绿地。它是以野生动物展出为主要内容，目的是宣传普及有关野生动物的科学知识，对游人进行科普教育，对野生动物的习性、珍稀物种的繁育进行科学研究。同时，为游人提供休息、活动的专类公园。

动物园的主要任务有以下几方面。

1. 科学普及教育

随着地球上人类社会的发展，自然环境受到破坏，栖息在自然环境中的野生动物也随之减少。动物园能使公众在动物园内正确识别动物，了解动物的进化、分类以及本国具有特点的动物区系和动物种类，同时可以作为中小学生生物课的直观教育基地和大学生物学科学生的实习基地。所以动物园在进行科学普及野生动物知识，了解有关环境与野生动物的关系，教育人们热爱自然、保护野生动物资源方面起着重要的作用。

2. 异地保护

动物园是野生动物重要的庇护场所，尤其是给濒临灭绝的动物提供了避难场地。它使野外正在灭绝的动物种群能在人工饲养的条件下长期生存繁衍下去，增加濒危野生动物的数量，起到种质（即精子、卵子和胚胎）库的作用，使动物的"物种保存计划"得以实现。

3. 科学研究

开展科学研究是动物园的主要任务之一，主要研究野生动物的驯化和繁殖。通过对野生动物的驯化和饲养，观察其生活习性，并对其病理和治疗方法以及动物的繁殖等进行研究，进一步揭示动物变异进化的规律，创造新品种，为野生动物的保护提供科学依据。

4. 观光游览

为游人提供观光游览是动物园的目的，结合丰富的动物科学知识，以公园的形式，让绚

图 8-25　上海动物园平面图

1—狮虎；2—熊猫；3—熊；4—鸣禽、猛禽；5—中型猛兽；6—水禽、涉禽；7—企鹅；8—金鱼；
9—爬虫；10—办公室；11—休息廊；12—猴类；13—象；14—鹿；15—长颈鹿；
16—野牛；17—河马；18—斑马；19—海狮；20—饲养管理

丽多彩的植物群落和千姿百态的动物构成生机盎然、鸟语花香的自然景观，供游人游览观光。

5. 国际交流

通过动物资源的国际交流，增进各国人民的友谊。

（二）动物园的类型

依据动物园位置、规模、展出方式等，可将动物园划分为 4 种类型。

1. 城市动物园

一般位于大城市近郊区，面积大于 20hm²。动物展出比较集中，品种丰富，常收集数百种至上千种动物。展出方式以人工兽舍结合动物室外运动场地为主，美国纽约动物园，英国伦敦动物园及我国的北京、上海动物园均属此类（见图 8-25、图 8-26）。

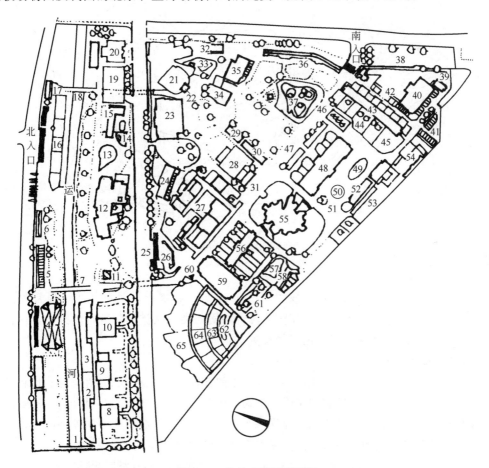

图 8-26 伦敦动物园平面图

1—西桥；2—鹿；3—羚羊；4—鸟房；5—雉鸡；6—猫头鹰；7—轮船码头；8—马、牛；9—长颈鹿；10—骆驼、美洲驼；11—海狸；12—哺乳动物、夜行动物；13—巨猿饲养处；14—水獭；15—昆虫；16—鹳和鹅；17—英国猫头鹰；18—东桥；19—会议室；20—办公楼；21—咖啡阁；22—照相馆；23—餐厅；24—东方鸟房；25—大门；26、34—凉亭；27—猴和猿；28—儿童游戏场；29—鹦鹉；30—长臂猿；31—售品部；32—英国鸟类；33—火烈鸟；35—鹦鹉房；36—肉食鸟；37—三岛塘；38—狼林；39—鸣禽；40—鸟房；41—雉鸡；42—孔雀；43—狗和狐；44—野牛；45—熊猫；46—水禽；47—猩猩；48—狮舍；49—企鹅；50—海豹；51—浣熊；52—野餐坪；53—儿童动物园；54—鹌鹑棚；55—象和犀牛；56—鹳和鸵鸟；57—海狮；58—野狗；59—爬虫馆；60—水族馆入口；61—南方鸟类；62—企鹅和鹈鹕；63—野猪；64—熊；65—山羊

2. 人工自然动物园

一般多位于大城市远郊区，面积较大，多达上百公顷。动物展出的品种不多，通常为几十种。以群养、敞放为主，富于自然情趣和真实感。目前，此类动物园的建设是世界上动物园建设的发展趋势之一，全世界已有 40 多个，如日本九州自然动物园，我国的深圳野生动物园、台北野生动物园均属此类（见图 8-27）。

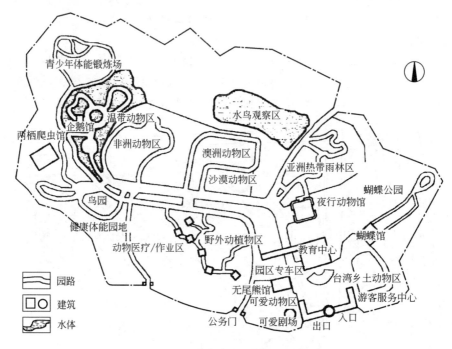

图 8-27　台北野生动物园平面图

3. 专类动物园

多位于城市近郊，面积较小，一般为 5～20hm²。动物展出的品种较少，通常为富有地方特色的种类，如泰国的鳄鱼公园、蝴蝶公园等均属此类。这类动物园特色鲜明，往往在旅游纪念品、旅游食品的开发上与特色动物有关。

4. 自然动物园

一般多位于自然环境优美、野生动物资源丰富的森林、风景区及自然保护区。面积大，动物以自然状态生存，游人通过确定的路线、方式，在自然状态下观赏野生动物，富于野趣。如芬兰著名的伦敦威甫斯特天然动物园（见图 8-28）。在非洲、美洲的许多国家公园中，均是以野生动物为主要景观。我国四川省都江堰国家森林公园也利用园内大熊猫、小熊猫、金丝猴、扭角羚、獐、天鹅等 10 多种国家重点保护动物，建立全国最大的森林野生动物园。

新加坡首创了世界第一个夜间野生动物园。全园占地 40hm²，根据地形及动物种类规划为 8 个景区，包括"喜马拉雅山脚""尼泊尔河谷""缅甸山区森林"等。动物园内已收养 81 种共 900 只珍禽异兽，其中有单角犀牛、非洲羚羊、蓝绵羊、香猫、食鱼鳄等。别出心裁的布局是夜间野生动物园设计的一大特色。园内以沟渠、溪流形成栏障，安装特别的灯光，效果与自然月光近似，动物可在园地里自由漫步或随意奔跑。夜间野生动物园只在夜晚开放，时间为 18：30～24：00。为便于游客观赏野生动物，园内专设游览电车，穿行于部分畜养驯服动物的园林间。

图 8-28　伦敦威甫斯特天然动物园平面图

1—骆驼；2—自动过道；3—白犀牛馆；4—非洲地区；5—印度犀牛；6—黑犀牛；7—鸟笼；8—胡德菲尔德圈场；9—欧洲野牛；10—停车场；11—佛雷圈场；12—强盗圈场；13—拟建非洲馆；14—狼林；15—火车站；16—天桥；17—却脱雷圈场；18—廊餐厅；19—酒吧；20—中心草坪；21—水上哺乳动物；22—中央林阴道；23—鸟笼；24—游戏场；25—海豹池；26—园圈场；27—骆驼；28—大鹤；29—雷草牧场；30—台格诺尔圈场；31—彼得爵士小路；32—河马池；33—霍雷法林达尔圈场；34—霍尔克劳夫脱圈场；35—角马；36—白点黑鹿；37—虎；38—山羊；39—狮；40—丘原；41—可弟亚克熊；42—北极熊；43—停车场；44—野餐地；45—拟建亚洲馆；46—斯毕萨斯场地；47—琼小姐路；48—长颈鹿；49—2号中央圈场；50—野风信子林；51—华伦圈场；52—中央圈场；53—猴；54—乘骑场；55—豹虎；56—猩猩；57—象；58—卖货处；59—鸟林；60—正门；61—野猪；62—猫科小动物；63—奎斯雷路；64—熊；65—尤耳夫人小路；66—练马场；67—企鹅池；68—野牛山；69—儿童动物园；70—动物学教育馆；71—房地产管理处、失物招领处

动物展出除上述各类动物园外，在综合性公园中设置动物角也是一种常用的手法。公园内驯养大型动物和猛兽类动物需较多卫生、安全防护措施，管理开支较大，因此，在《公园设计规范》中规定，在已有动物园的城市、综合性公园中不得设大型动物、猛禽类动物展区，鸟类、金鱼类、兔、猴类展区可在综合性公园内选择一个角落布置。

（三）动物园的规模、组成部分及用地比例

动物园应有适合动物生活的环境；供游人参观、休息、科普的设施；安全设施和绿带；饲料加工场以及兽医院。因此面积宜大于 $20hm^2$。

动物园一般由五部分组成。

（1）**动物展览部分**　由动物笼舍及活动场地组成。此部分占地最大，应紧挨主要出入口。

（2）公用服务部分　包括亭、廊、花架、小卖部、饭馆、厕所、接待室等，这些设施要均匀地分布于全园，便于游人使用。

（3）宣传、教育、科普部分　包括宣传廊（栏）、动物科普馆等，这些设施要设在交通方便之处，场地要开阔。

（4）经营管理、科研部分　包括管理处、兽医院、饲料中心、科研办公室等。该部分一般单独设区，宜适当隐蔽与隔离，但要交通方便，可设专用出入口。

（5）职工生活部分　为了避免干扰和卫生防疫，一般设在园外。

根据《公园设计规范》要求，动物园的用地比例应符合表 8-3 的要求。

表 8-3　动物园用地比例

项目	陆地面积 /hm²	园路铺设 /%	管理建筑 /%	游览、休息、服务、公共建筑/%	绿化 /%
动物园	2～5	10～20	<2.0	<12.0	>65
	5～20	10～20	<1.0	<14.0	>65
	20～50	10～20	<1.5	<12.5	>65
	50～100	5～15	<1.5	<11.5	>70
	100～300	5～15	<1.0	<10.0	>70
植物园	2～5	10～20	<1.0	<7.0	>70
	5～10	10～20	<1.0	<5.0	>70
	10～20	5～15	<1.0	<4.0	>75
	20～50	10～20	<0.5	<3.5	>75
	50～300	5～15	<2.5	<0.5	>80

（四）动物园的规划设计

1. 园址选择

① 应根据动物园的类型选择在郊区。原则上应在城市的下风口，要远离居住区，但要交通方便，综合性公园的动物展区要设在公园的角隅，要用绿化隔离带分隔，以免造成污染。

② 选址要远离工业区，防治工业生产的废气、废水等有害物质影响动物的健康。

③ 园址的选择应能够为动物、植物提供良好的生存条件，尽量选择在地形地貌较为丰富、具有不同小气候的地方，为不同地域的动物提供有利的生态环境因素。

④ 选址要有配套较完善的市政条件（水、电、煤气、热力、给水排水系统），保证动物园的管理、科研、游览、生活的正常运行。

2. 功能分区规划

大、中型动物园一般可分为以下 4 个区。

（1）科普馆　科普馆是全园科普科研活动的中心，馆内可设标本室、解剖室、化验室、研究室、宣传室、阅览室、放映厅等。如南京红山森林动物园两栖爬行馆以普及科普知识为主，展厅内既有仿实景展示的动物，又有大型的解说式展板。一般布置在出入口，用地宽敞，交通方便。

（2）动物展区　动物展区是动物园用地面积最大的区域。不论是笼养式动物园还是放养式动物园，展览顺序是体现动物园设计主题的关键。

① 按动物进化系统布局。这种陈列方式的优点是具有科学性，以突出动物的进化顺序为主，即由低等动物到高等动物，由无脊椎动物——→鱼类——→两栖类——→爬行类——→鸟类——→哺乳类。在这种顺序下，结合动物的生态习性、地理分布、游人爱好、地方珍贵动

物、建筑艺术等，做局部调整。在规划布置中还要借有利的地形安排笼舍，形成由数个动物笼舍组合而成的既有联系又有绿化隔离的动物展览区，如上海动物园分为鱼类──→鸟类──→爬虫类──→哺乳类（此类又安排为食肉类──→食草类──→灵长类 3 个笼舍组）。这种布局形式使游人具有较清晰的动物进化概念，便于识别动物。缺点是在同一类动物里，生活习性往往差异很大，给饲养管理造成不便。

② 按动物的地理分布安排。即按动物生活的地区，如欧洲、亚洲、非洲、美洲、大洋洲等，它有利于创造不同景区的特色，给游人以明确的动物分布概念。如加拿大多伦多动物园仿照世界各个动植物地理分布区域布置了 8 个展厅，即非洲、大洋洲、欧亚大陆、印度-马来西亚及南北美洲。但这种展览顺序投资大，对管理水平要求较高。

③ 按动物生态习性安排。即按动物生活环境，如水生、高山、疏林、草原、沙漠、冰山等，这种布置对动物生长有利，园容也生动自然。如长春动植物园在园内开辟了一处近 10hm² 的长白山原野展区，在原野东部的湖西岸，利用城市的建筑垃圾、挖湖的泥土，人工堆建了一座占地 3hm²、高 40m 的大山。从山下至山顶，模拟长白山区植物的垂直分布带特点，分带种植代表植物，形成长白山植物景观特点。原野的周围用沟隔起来，在其内除种植大量的野生植物外，还把北方的野生动物散放到原野内。原野内不设建筑，动物在山洞或地穴里栖息。在原野的外缘还修建熊、野猪、沙漠有蹄类等小原野。这种展览形式不仅对动物生长有利，而且还可增加人们的游兴，给人们以自然美的享受。

此外，大部分的丛林动物都是夜行性动物，夜晚正是观察它们的最佳时刻。新加坡夜间野生动物园是世界上第一座夜间动物园，游客可搭乘游园电车，在园内的喜马拉雅丘陵、南美大草原、尼泊尔河谷、亚洲河区森林等不同的自然环境中，听着解说员的介绍，透过先进的照明技术，清楚地观察夜间活动的动物──大至尼泊尔犀牛、大象、长颈鹿、印度尼西亚野牛，小至害羞并引人注目的麝，以及慢动作的懒猴。游客还可以在渔猎小径、花豹小径、巨林森林小径下车，走人行观赏步道，以便有机会看到在电车上不易看到的动物。

④ 按游人参观的形式安排。大型的动物园可以按游人参观的形式分为车行区和步行区。如重庆野生动物世界，园区以放养式观赏野生动物方式为主，步行区游览占地 187hm²，由长林山、熊猫山、白虎山、凤凰山四山相抱。游客也可以乘电瓶车游览步行区。步行区分为灵长动物区、大型食草动物区、涉禽区、猛兽动物区、鹦鹉长廊和表演 5 大区。车行区是目前国内最大最符合野生动物生活的放养式展示观赏区，占地面积为 147hm²，观赏线路达 5km，途经澳大利亚丛林、猛兽王国、欧亚大陆和非洲原野四大区域，车行区是最为精彩壮观、完全自然生态的野生动物观赏区。

⑤ 按游人爱好、动物珍贵程度、地区特产动物安排。如我国珍稀动物大熊猫是四川的特产，成都动物园为突出熊猫馆，将其安排在入口附近的主要位置。一般游人喜爱的猴、猩猩、狮、虎等多布置在主要位置上。

（3）服务休息区　包括科普宣传廊、小卖部、茶室、餐厅、摄影部等。商业服务区要与游人休息广场相结合。上海动物园将此区置于园内中部地段，并配置大片草地、树林和水面，不仅方便了游人，也为游人提供了大面积的景色优美的休息绿地，这种布置方法比零星分布的布局要好。

（4）办公管理区　包括饲料站、兽疗所、检疫站、行政办公室等，其位置一般设在园内隐蔽偏僻处，并要有绿化带隔离，但要与动物展区、动物科普馆等有方便的联系。此区应设专用出入口，以便运输和对外联系。有的将兽医站、检疫站设在园外。

此外，还有苗圃、饲料加工厂、药厂及动物隔离区等。为了避免干扰以及卫生防疫的要求，动物园职工生活区一般放在园外。

3. 动物园规划布局应考虑的问题

动物园往往需多年才能建成，因此必须遵循总体规划、分期建设、全面着眼、局部着手的原则，并要有科学观、群众观、艺术观和生产观，规划布局要具体考虑以下几点。

① 要有明确的功能分区，做到不同性质的交通互不干扰，但又有联系，达到既便于动物的饲养、繁殖和管理，又能保证动物的展出，便于游客的参观休息。

② 主要动物笼舍和服务建筑等与出入口广场、导游线要有良好的联系，以保证全面参观和重点参观的游客都方便。一般动物园道路与建筑的关系有以下几种规划形式（见图 8-29）。

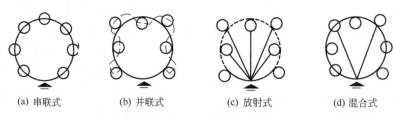

图 8-29　动物园道路与建筑关系图

——主要导游路；----次要导游路；○动物笼舍服务点等

a. 串联式：建筑出入门与道路一一连接，无选择参观动物的灵活性，适于小型动物园。

b. 并联式：建筑在道路的两侧，需与次级道路联系，便于车行、步行分工和选择参观，但如规划导游路线不良，参观时易遗漏或难以找到少数笼舍，适于大中型动物园。

c. 放射式：从入口或接待室起可直接到达园内各区主要笼舍，适于目的性强、时间短暂的游人，如国内外宾客、科研人员等参观。

d. 混合式：是以上几种方式根据实际情况的结合，而这种方式却是通常所采用的。

③ 动物园的导游线是建议性的，绝非展览会路线那样地强制。设置时应以景物引导，符合人行习惯（一般逆时针靠右走），园内道路可分主要导游路（主要园路）、次要导游路（次要园路），便道（小径）、园务管理、接待等专用园路。主要园路或专用园路要能通行消防车，以及便于运送动物、饲料等。园路路面必须便于清洁。

④ 动物园的主体建筑应设置在面向主要出入口的开阔地段上，或者在主景区的主要景点，也可能在全园的制高点以及某种形式的轴线上，如广州动物园将动物科普馆设置在出入口广场的轴线。

要重视动物科普馆的作用与建设，馆内可设标本室、解剖室、化验室、研究室、宣传室、阅览室，还有可供宣传如放映幻灯电影的小会堂，该馆也可组织生动活泼的动物参观游戏等。

笼舍布置宜力求自然，可采用分散与集中相结合，如鸣禽、攀禽、雉鸡、游禽、涉禽、走禽，小猛兽、狮、虎、豹、熊可分别适当集中。导游与观览相结合，如人们游步在上海动物园天鹅湖沿岸时，既可赏湖面景色，又可观赏沿途鸳鸯、涉禽、游禽。闹与静相结合，如鸣禽可布置在水边树林中，创造鸟语花香、一框一景的意境，如杭州动物园鸣禽馆。

服务休息设施要有良好的景观，有的动物园将主要服务设施布置在中部，与动物展览区有方便的联系。厕所、服务点等还可结合在主要动物笼舍建筑内或在附近，便于游客使用和观瞻。园内通常不设立俱乐部、剧院、音乐厅、溜冰场等，以保证动物夜间休息和防止瘟疫传染。

⑤ 动物园四周应有坚固的围墙、隔离沟和林墙，并要有方便的出入口，以防动物逃出园外伤害人、畜，并保证游人的安全疏散。

4. 动物笼舍建筑

动物笼舍建筑由 3 个基本部分组成。

① 动物活动部分：包括室内外活动场地、串笼及繁殖室。

② 游人参观部分：包括进厅、参观厅或参观廊及露天参观园路。

③ 管理与设备部分：包括管理室、贮藏室、饲料间、燃料堆放场。

动物笼舍建筑如按展览方式，可有室内展览、室外展览、室内外展览 3 种，其功能关系如图 8-30 所示。

动物笼舍建筑依其与生态环境的差别程度来分，基本造型可分为建筑式、网笼式、自然式和混合式。

建筑式是以动物笼舍建筑为主体，适用于不能适应当地生活环境，饲养时需特殊设施的动物，如天津水上公园熊猫馆。有些中小型动物园为节约用地、节省投资，笼舍也采用建筑式。

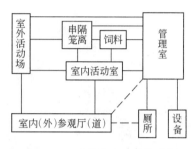

图 8-30　动物笼舍功能关系图

网笼式是将动物活动范围以铁丝网或铁栅栏相围，如上海动物园猛禽笼。网笼内也可依照动物的生态环境。它适于终年室外露天展览的禽鸟类或作为临时过渡性的笼舍。

自然式笼舍即在露天布置动物室外活动场，其他房间则作隐蔽处理，并模仿动物自然生态环境布置山水、绿化，考虑动物不同的弹跳、攀爬习性，设立不同的围墙、隔离沟和安全网，将动物放养其内自由活动。这种笼舍能反映动物的生态环境，适于动物生长，提高游人兴趣。但用地较大，投资也高，如广州动物园虎山。

混合式即以上三种笼舍建筑造型的不同组合，如广州动物园的海狮池。

动物笼舍是多功能性建筑，它必须满足动物的生态习性、饲养管理和参观展览方面的要求。其中动物习性是起决定性作用的。它包括对朝向、日照、通风、给水排水、活动器具、温度等的要求，如大象热天怕热、冷天怕冷，因而只能供室内外季节性展览。室外活动需设遮阳篷和供其洗澡的水池，冬季室内需设暖气装置或采用保暖围蔽墙和窗门等。

保证安全是动物笼舍设计的主要特点之一。要使动物与人、动物与动物之间适当隔离，不致互相伤害、不自相殴斗、传染疾病，铁栅间距、隔离网孔眼大小要适当，防止动物伤人，要充分估计动物跳跃、攀缘、飞翔、碰撞、推拉的最大威力，避免动物越境外逃。

动物笼舍的建筑设计还必须因地制宜。与地形结合，创造动物原产地的环境气氛，其造型尚需考虑被展出动物的性格，如龟、鸟类笼舍应玲珑轻巧。大象、河马则应厚实稳重，熊舍要结实，鹿苑宜自然朴实。在色调上要善于和周围环境相衬托。应以淡色为主，以便和绿化水面构成对比。同时，多样造型的笼舍建筑风格应求得统一协调。如上海动物园金鱼廊吸收中国传统园林建筑厅廊结合方式，并点缀以瀑布、山水盆景、竹石小景，造型轻巧玲珑，色彩淡雅（见图 8-31）。

5. 绿化规划设计

动物园的规划布局中，绿化种植不仅创造了动物生存的环境，还为各种动物创造了接近

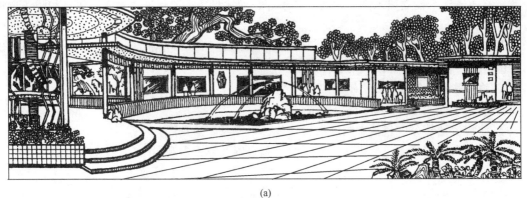

(a)

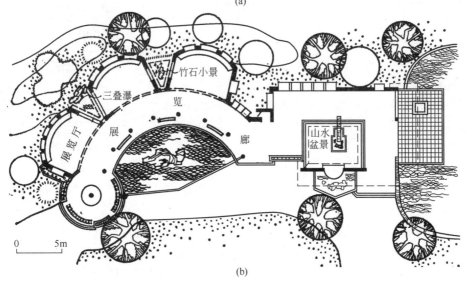

(b)

图 8-31　上海动物园金鱼廊

自然的景观,为建筑及动物展出创造优美的背景烘托,同时为游人游览创造了良好的游憩环境。

① 动物园的绿化种植应服从动物陈列的要求,配合动物的特点和分区,通过绿化种植形成各个展区的特色。应尽可能地结合动物的生存习性和原产地的地理景观,通过种植植物创造动物生活的环境气氛。也可结合我国人民喜闻乐见的形式来布置,如在猴山附近布置花果木,形成花果山;大熊猫展区多种竹子,烘托展示气氛;鸟禽类展室可通过绿化赋予传统中国画意,造成鸟语花香的庭园式布置。如南京玄武湖公园内的鸣禽室,以灌木和山石相配,产生较好的效果。

② 与一般文化休息公园相同,动物园的园路绿化也要求达到一定的遮阳效果,可布置成林阴路的形式。陈列区应有完善的休息林地、草坪,便于游人参观后休息。建筑广场道路附近应作为美化的重点,充分发挥花坛、花境、花架及观赏性强的乔灌木的风景装饰作用。

③ 动物园的周围应设有防护林带。防护林带宽度北京动物园为10～20m,上海西郊动物园为 10～30m。防护林起防风、防尘、消毒、杀菌作用,以半透风结构为好。北方地区可采用常绿落叶混交林,南方可采用常绿林。在当地主导风向处,宽度可加大,并可利用园

内与主导风向垂直的道路增设次要防护林带。在陈列区与管理区、兽医院之间，也应设有隔离防护林带。

④ 动物园应选择叶、花、果无毒，树干、树枝无尖刺的树种，以避免伤害动物。最好也不种动物喜吃的树种。

（五）动物园规划实例

1. 柏林动物园

柏林动物园占地 160hm²，规划展览区 92hm²（见图 8-32），按动物生理学、生态学和科普 3 条不同路线参观动物及鸟类。该园有效地利用各类水体如溪流、河道及湖泊作为大型展览空间的边界。绿化不仅创造了动物的生存环境，而且统一了全园的景观。展览场地周围的绿垣，疏林草地上的观赏树丛、孤立树与动物之间彼此隔间的水池和河道相得益彰，在休息区园地形成了风景如画的景观。

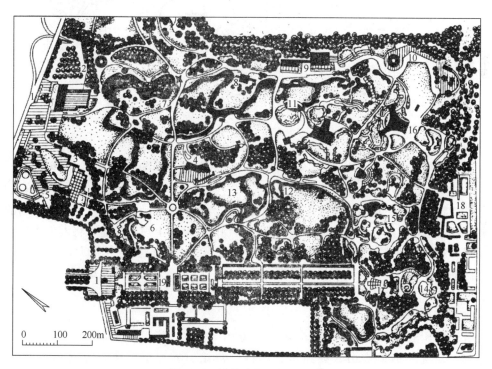

图 8-32　柏林动物园规划方案

1—入口；2—停车场；3—展览馆；4—咖啡馆、餐厅；5—电影院；6—花卉、草本花园；
7—展览场地；8—长颈鹿；9—灵长园；10—热带动物；11—河马；12—火烈鸟；13—美
洲鸵；14—熊；15—小动物角；16—陈列馆；17—水族馆；18—管理处；19—城堡

2. 多伦多动物园

多伦多动物园占地 30hm²（见图 8-33），原地形为岗峦起伏的高原，周围被纵深的河谷、凹地及茂密的森林包围。该动物园的规划设计最大限度地使动物的生活条件近似于它们生存的自然环境。全园分为 6 个动物地理区，在每个地理区内还规划有不同的分区，并设有代表性的陈列馆和露天展览区，创造的小型沙丘、山脉、高原、热带稀树草原、热带丛林、沼泽地、森林、湖泊、小溪等，使游人置身于天然动物群落和植物群落的自然环境之中。

3. 广州动物园

广州动物园占地 33.4hm²（见图 8-34），现有动物 240 多种。动物园原地形丘陵起伏，

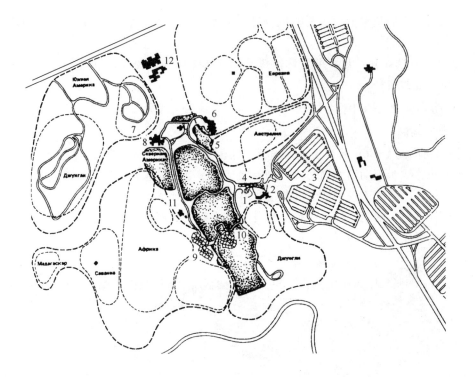

图 8-33　多伦多动物园平面图

1—主出入口；2—行政办公楼；3—停车场；4—海洋世界；5—澳洲区；6—亚欧区；7—南美
洲区；8—北美洲区；9—非洲区；10—印度、马来西亚区；11—饭店；12—服务区

北高南低。最初按照动物的进化顺序排列笼舍，后经多年实践后，逐渐改为按照动物的习性分类来排列笼舍布局。总体规划方案是在原有动物园的基础上规划扩建，将西南扩展后面积达 $50hm^2$。对原有功能区划进行调整，大门改为南入口，灵长类展区扩大，鸟类展区搬至西南，将通风、朝向不好的地区设置飞禽和猛兽区。动物笼舍的安排考虑游人密度，以免游人过于集中拥挤。

4. 北京动物园

北京动物园规划占地面积 $86.54hm^2$（见图 8-35）。其规划是以动物的食性和种类进行布局，已建成的狮虎山、熊猫馆、两栖爬虫馆、猩猩馆、鸟苑等动物兽舍与参天大树、水系河流，构成了动物生存的良好环境。是目前国内展览动物种类较多的动物园之一。

三、湿地公园

湿地公园作为城市生态系统的重要组成部分受到社会的广泛关注和重视，与其他景观环境相比，湿地公园具有特殊作用及价值：就公园本体而言，除独特的湿地景观外，湿地公园还具有物种及其栖息地保护，生态旅游和生态教育等特殊功能；从大尺度来讲，作为流域中的生态斑块，其空间构型及人为干扰强度状况的变化又会影响到周边土地的利用、植被的覆盖以及非点源污染强度等。湿地公园的建设是在对场地评价以及整体资源整合的基础上，优化原有湿地生态系统，建构景观空间并满足使用要求，实现对湿地环境的可持续利用与保护。

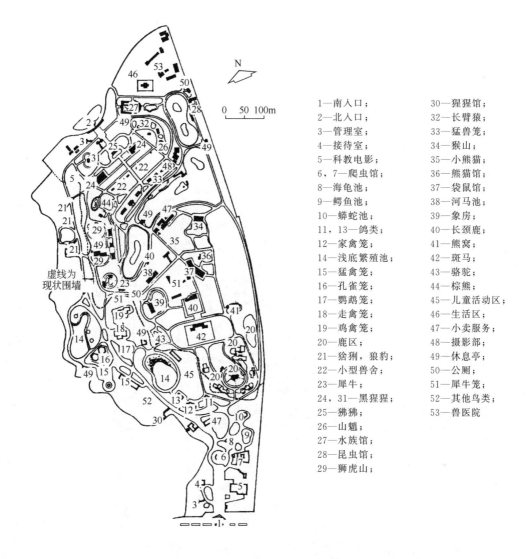

N

0　50　100m

虚线为
现状围墙

1—南入口；
2—北入口；
3—管理室；
4—接待室；
5—科教电影；
6，7—爬虫馆；
8—海龟池；
9—鳄鱼池；
10—蟒蛇池；
11，13—鸽类；
12—家禽笼；
14—浅底繁殖池；
15—猛禽笼；
16—孔雀笼；
17—鹦鹉笼；
18—走禽笼；
19—鸡禽笼；
20—鹿区；
21—猞猁，狼豹；
22—小型兽舍；
23—犀牛；
24，31—黑猩猩；
25—狒狒；
26—山魈；
27—水族馆；
28—昆虫馆；
29—狮虎山；

30—猩猩馆；
32—长臂猿；
33—猛兽笼；
34—猴山；
35—小熊猫；
36—熊猫馆；
37—袋鼠馆；
38—河马池；
39—象房；
40—长颈鹿；
41—熊窝；
42—斑马；
43—骆驼；
44—棕熊；
45—儿童活动区；
46—生活区；
47—小卖服务；
48—摄影部；
49—休息亭；
50—公厕；
51—犀牛笼；
52—其他鸟类；
53—兽医院

图 8-34　广州动物园平面图

（一）湿地与湿地公园

1. 湿地

湿地兼有水陆两种生态系统的基本属性，其生境特殊，物种多样，是地球上最具生产力的生态系统之一。

（1）广义的湿地　国际上公认的广义的湿地是 1971 年由苏联、加拿大、澳大利亚、英国等国在伊朗签署的国际重要湿地条约《拉姆萨尔公约》，把湿地定义为"天然或人工、长久或暂时的沼泽地、泥炭地或水源地带，带有静止或流动的淡水、半咸水或咸水水体，包括低潮时水深不超过 6m 的水域。"

（2）狭义的湿地　1979 年美国鱼类和野生动物保护协会将湿地定义为："处于陆地生态系统和水域生态系统之间的转换区，通常其地下水位达到或接近地表，或者处于浅水淹覆状态；湿地必须具有以下三个特点之一以上的特征：①地表长期或周期性受到水淹和水浸；②适应多水环境的水生植物；③基质以排水不良的水成土为主。"

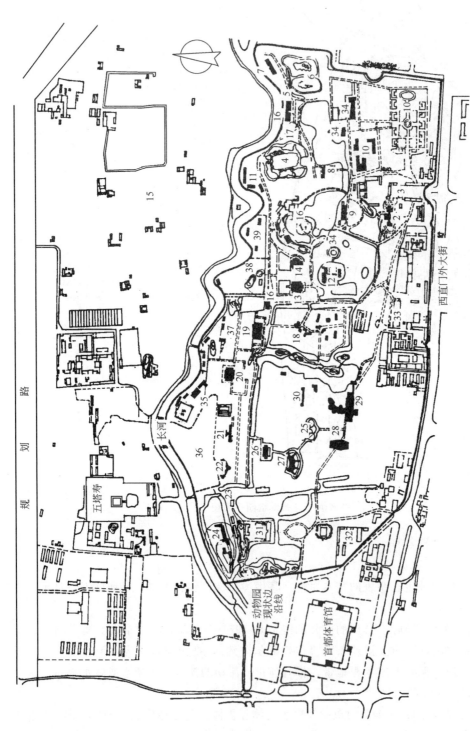

图 8-35　北京动物园规划图

1—大门；2—熊猫馆；3—行政办公；4—狮虎山；5—豹房；6—白熊池；7—厕所；8—猴楼；9—接待；10—小动物区；11—管理；12—水禽、鸣禽；13—犀牛；14—河马；15—猛禽；16—休息小吃；17—狼猞；18—鹿苑；19—羚羊馆；20—长颈鹿房；21—旧爬虫馆；22—旧鸟房；23—同科房；24—兽医院；25—海豹；26—猴房；27—猩猩馆；28—海牛馆；29—新建爬虫馆；30—金鱼廊；31—畅观楼；32—园林局修建处；33—园林局办公楼；34—象房；35—冷库；36—将建的鹿苑；37—野马、斑马、角马；38—羚麂等；39—鸵鸟、鹧鹕

西直门外大街

加拿大国家湿地工作组对湿地的定义为：被水淹或地下水位接近地表，或浸润时间足以促进湿成或水成过程并以水成土壤、水生植被和适应潮湿环境的生物活动为标志的土地。

我国也有专家从不同角度对湿地的内涵加以说明，认为湿地是"陆缘为含 60% 以上湿生的植被区，水缘为海平面以下 6m 的近海区域，包含内陆与外江河流域中自然的或人工的、咸水的或淡水的所有富水区域，枯水期水深 2m 以上的水域除外，不论区域内的水是流动的还是静止的、间歇的还是永久的"。

综上所述，狭义的湿地强调水文、土壤以及湿地植被三要素的同时存在，水深一般不超过 2m，湿生或水生植被占优势，土壤为水成土，即受地表积水或地下水浸润，具有明显生物积累及潜育化特征，有利于水生植物生长和繁殖的无氧条件的土壤。而那些枯水期水深超过 2m，水下无湿生植被生长的大型河道，湖泊以及海洋则属于水生生态系统。

2. 湿地公园及其内涵

我国关于湿地公园的概念与界定分别由中华人民共和国住房和城乡建设部和国家林业和草原局颁布了两套体系。

中华人民共和国建设部 2005 年发布的《国家城市湿地公园管理办法》对城市湿地公园以及国家城市湿地公园进行了限定：

城市湿地公园，是指利用纳入城市绿地系统规划的适宜作为公园的天然湿地类型，通过合理的保护利用，形成保护、科普、休闲等功能于一体的公园。城市湿地公园应具有一定的规模，一般不应小于 20hm^2。

具备下列条件的湿地，可以申请建立国家城市湿地公园：

（1）能供人们观赏、游览，开展科普教育和进行科学文化活动，并具有较高保护、观赏、文化和科学价值的；

（2）纳入城市绿地系统规划范围的；

（3）占地 500 亩（15 亩＝1hm^2）以上能够作为公园的；

（4）具有天然湿地类型的，或具有一定的影响及代表性的。

2008 年国家林业局提出的《国家湿地公园建设规范》中对湿地公园与国家湿地公园的定义进行了如下界定：

湿地公园是指拥有一定规模和范围，以湿地景观为主体，以湿地生态系统保护为核心，兼顾湿地生态系统服务功能展示、科普宣教和湿地合理利用示范，蕴涵一定文化或美学价值，可供人们进行科学研究和生态旅游，予以特殊保护和管理的湿地区域。

国家湿地公园是指经国家湿地主管部门批准建立的湿地公园。面积应在 20hm^2 以上，国家湿地公园中的湿地面积一般应占总面积的 60% 以上。国家湿地公园的建筑设施、人文景观及整体风格应与湿地景观及周围的自然环境相协调。国家湿地公园中的湿地生态系统应具有一定的代表性，可以是受到人类活动影响的自然湿地或人工湿地。

针对湿地公园的生态、空间及游憩特征，建构具有特殊性的评价设计方法具有重要的现实意义。无论湿地公园规模的大小，相同基底条件下，湿地的生态特征、空间形态是类似的，因此采取从生态条件功能需求等方面对湿地公园加以限定，依据生境特征、空间特征以及使用需求的特征构建湿地公园设计体系。湿地公园是利用自然湿地或具有典型湿地特征的场地，以生态环境的修复以及地域化湿地景观的营建为目标，模拟自然湿地生态系统的结构、特征和生态过程进行规划与设计，形成兼有物种栖息地保护、生态旅游以及科普教育等功能的湿地景观区域，是对湿地的一种保护、开发利用的合理模式，应具有以下特征：具有一定规模的湿生与沼生生态系统，湿地景观占公园的主体；具有较完好的湿地生态过程和显著的湿地生态学特征，湿地生态过程是该湿地区域内控制性、主导性的自然生态过程，或尽管湿地生境遭到一定程度的破坏，但具备湿地生态恢复的潜在条件；兼有物种及其栖息地保护，生态旅游和生态教育等特殊功能。

（二）湿地公园的环境特征

1. 湿地公园的生态特征

（1）受人为干扰影响大　湿地公园是具有一定使用功能的人工与自然相叠合的游憩环境，相对于自然湿地受到较多人为干扰，在对场地造成一定破坏的同时也适度地改善了环境的原有缺陷。一方面由于游憩、科普以及展示的需求，湿地公园中湿地分布相对不均，湿地类型多样，斑块面积较小且连接度低，生态敏感性高，系统的结构脆弱，植物多由人工种植，群落结构不合理；水位调节以及水体净化等主要依靠人工手段调节，水体的自净能力差，湿地水文功能得不到有效发挥。另一方面，人为的适度干预也有效地调整场地内部的生态环境，改善场地原有缺陷，如采取人为土壤熟化的方式以改善淤泥质土，降低过水速度，调整河流蜿蜒性以扩大滩地以及引入适宜性物种等。

（2）空间异质性高，动植物种类多　与大规模的湿地保护区相比，湿地公园虽然规模较小，但由于受人为干扰较多，环境内湿地分布不均匀，面积通常较小，会出现孤岛式的湿地斑块，空间与生境的异质性程度高。同时针对观赏、游憩需求，湿地公园中往往会营造多种类型的湿地景观，如森林湿地景观、芦苇丛湿地景观、泥沼湿地景观等，因此出于造景的需求，湿地公园中植被种类以及动物种类的数量都远远高于植被群落单一的自然湿地（图8-36）。

(a) 香港湿地公园植物类型多样　　　　　　　　　　　(b) 淮安某沿河湿地植物类型单一

图 8-36　湿地公园动植物多样

（3）类型多样，具有地域特色　受场地自然条件、地形地貌以及文化背景等因素的影响，不同区域不同类型的湿地公园呈现出多样的景观特征（图8-37）。从宏观而言，不同地域、不同文化背景、不同的气候条件形成多样的环境特色。从微观而言，不同的水体环境、土壤基底、动植物栖息等又构成了丰富的生态景观；各类地形地貌、不同植物种群的天际线也营造出湿地公园竖向变化的特色景观；不同的游憩类型、科普观览以及公园主题为游客提供了多种类型的认知与体验。

(a) 冬季的农田型湿地公园　　　　(b) 春季的水库型湿地公园　　　　(c) 秋季的湖泊型湿地公园

(d) 秋季湿地荷花荡景观　　　　(e) 冬季湿地芦苇荡景观　　　　(f) 夏季湿地的水杉林景观

图 8-37　湿地公园多样的景观特征

（4）植被生长量大，生态不稳定　湿地作为由陆生系统向湿生系统过渡的特殊生态环境，其本身并不稳定。而湿地公园由于人工的干扰，其植被抗干扰能力差。

一方面湿地公园通常会选择一种或几种植物作为优势种（或基调植物种）栽植，以利于形成较为系统的景观效果，但在实际应用过程中，当人工湿地略为干旱时，杂草便大量地入侵，并抑制栽种植物的生长，影响生长速度，造成植被群落的衰退。另一方面，湿地公园往往会通过密植以快速提高绿量，实现景观效果，单位区域内绿化密度过高，如湿地公园中大量栽植禾本科植物，每年的代谢量远远大于自然湿地。如长三角地区的芦苇荡每年每亩的代谢量约为 800～1000kg 的芦苇和芦竹。大量植物残体、鸟类粪便以及果实等堆积，如不采取适当的人为清理，湿地会快速地被死亡植物体的有机物逐渐填埋，从而向陆生系统转化，造成湿地的退化。

2. 湿地公园的空间特征

（1）空间较为均质　由于湿地公园多以自然植被群落为主导，景区内建筑比例较少，建筑规模较小，因此湿地公园常常以单一的自然植被形态为主，空间形态较为均质，特别是由于湿地公园中湿地植被生长旺盛，空间破碎度高，缺少视野的开合变化，空间层次单一（图 8-38）。

（2）竖向变化较少　由于湿地本身通常位于大区域的负地形地带，因此湿地公园通常地势平坦，并且由于环境内人工建（构）筑物规模小，分布分散，而水体面积较大，由此形成的空间形态往往竖向变化较少、天际线平缓（图 8-39）。

（3）斑块破碎度高　与其他的公园类型相比，湿地公园斑块破碎程度更高（图 8-40）。作为一类特殊的生态环境，湿地处于陆生系统与水生系统的中间过渡状态，因此半陆地半水面的状态是湿地公园的典型空间特征，曲折的水面岸线与高密度的岛屿数使得湿地呈现较高的破碎度，一定程度上的斑块破碎度有利于湿地典型空间特征的营造，此外，分散的湿地岛屿易于避开一些易受人类干扰的区域，有利于两栖类动物筑巢与栖息。

图 8-38 湿地公园空间均质

(a) 北京野鸭湖湿地公园——竖向变化较少，天际线平缓   (b) 宁夏悦海湿地公园——地势平坦，水体面积较大

图 8-39 竖向变化少

图 8-40 斑块破碎度高

（三）规划设计原则

城市湿地公园规划设计应遵循系统保护、合理利用与协调建设相结合的原则。在系统保护城市湿地生态系统的完整性和发挥环境效益的同时，合理利用城市湿地具有的各种资源，充分发挥其经济效益、社会效益，以及在美化城市环境中的作用。

1. 系统保护的原则

（1）保护湿地的生物多样性 为各种湿地生物的生存提供最大的生息空间；营造适宜生物多样性发展的环境空间，对生境的改变应控制在最小的程度和范围；提高城市湿地生物物种的多样性并防止外来物种的入侵造成灾害。

（2）保护湿地生态系统的连贯性　保持城市湿地与周边自然环境的连续性；保证湿地生物生态廊道的畅通，确保动物的避难场所；避免人工设施的大范围覆盖；确保湿地的透水性，寻求有机物的良性循环。

（3）保护湿地环境的完整性　保持湿地水域环境和陆域环境的完整性，避免湿地环境的过度分割而造成的环境退化；保护湿地生态的循环体系和缓冲保护地带，避免城市发展对湿地环境的过度干扰。

（4）保持湿地资源的稳定性　保持湿地水体、生物、矿物等各种资源的平衡与稳定，避免各种资源的贫瘠化，确保城市湿地公园的可持续发展。

2. 合理利用的原则

（1）合理利用湿地动植物的经济价值和观赏价值；

（2）合理利用湿地提供的水资源、生物资源和矿物资源；

（3）合理利用湿地开展休闲与游览；

（4）合理利用湿地开展科研与科普活动。

3. 协调建设的原则

（1）城市湿地公园的整体风貌与湿地特征相协调，体现自然野趣；

（2）建筑风格应与城市湿地公园的整体风貌相协调，体现地域特征；

（3）公园建设优先采用有利于保护湿地环境的生态化材料和工艺；

（4）严格限定湿地公园中各类管理服务设施的数量、规模与位置。

（四）湿地公园规划设计

1. 基本要求

（1）作为城市绿地系统的重要组成部分与生态基础设施之一，公园应以湿地生态环境的保护与修复为首要任务，兼顾科教及游憩等综合功能。用地权属应无争议，无污染隐患。对可能存在污染的场地，应根据环境影响评估采取相应的污染处理和防范措施。对水质及土壤污染较为严重的湿地，需经治理达标后方能进行建设。

（2）应落实城市总体规划和城市控制性详细规划等相关规划要求，满足城市湿地资源保护规划、海绵城市建设规划等专项规划要求，具备湿地生态功能与公园建设条件。公园规模与湿地面积指标要求如表 8-4 所示。

表 8-4　公园规模与湿地面积所占比例

公园规模	小型	中型	大型
公园面积/hm²	≤50	50～200(不含)	≥200
湿地面积所占比例	≥50%	≥50%	≥50%

（3）依法严格控制水源保护区及其它生态环境敏感区内的相关建设。坚决杜绝在环境条件不适宜的情况下通过大面积开挖等人为干预措施，或以旅游开发为导向进行湿地公园建设。

（4）综合考虑区域防洪及其他水利要求，在保障游人安全和湿地生态系统健康的前提下实现对区域水系的有效调节。

（5）尽量避免向市政管网排水，保持自然水体径流过程，合理收集利用降水资源；雨洪管理相关设计应与竖向设计、水系设计、栖息地设计和游憩设施设计相协调。

（6）根据详细的基址踏勘，研究制定具有针对性的湿地保护与修复措施。

（7）依法保护特有的栖息地、古树名木与历史文化遗产，合理利用场地原有自然与文化资源，体现地域特色。

2. 资源调查与分析评价

综合运用多学科研究方法，对场地的现状及历史进行全面调查。重点调查与基址相关的生态系统动态监测数据、水资源、土壤环境、生物栖息地等。根据各地情况和不同湿地类型与功能，建立合理的评价体系，对现有资源类别、优势、保护价值、存在的矛盾与制约等进行综合分析评价，提出相应的设计对策与设计重点，形成调研报告及图纸。有条件的可建立湿地公园基础数据库（内容详见表8-5）。

表 8-5　城市湿地公园资源调查与评价分析内容

分析评价类型	分析评价内容	备注
生态系统	湿地类型、功能特征、代表性、典型价值、敏感性、系统多样性、生态安全影响、生态承载力等	重点分析基址生态本底所面临的干扰因素与程度,恢复可行性。生态环境敏感性、栖息地环境质量的分析与评价应作为指导公园设计的必要内容
水资源与土壤环境	水文地质特点、水环境质量、水资源禀赋、降雨规律、水环境保护与内涝防治要求、土壤环境等	必须从区域到场地,尤其注意对小流域水系现状及湿地水环境的分析评价
生物资源	植物种类、群落类型、典型群落、生境类型、主要动物及其栖息地环境特点、生物多样性、生物通道、外来物种等	注重对现有及潜在栖息地的分析
景观资源	资源构成、资源等级、自然景观资源、人文资源等	注意文化遗产的发掘与保护
人工环境	用地适宜性、建设矛盾、周边居民分布、人为干扰状况、公众活动需求、交通状况、建构筑物、公共设施建设情况、现有基础设施、与湿地有关的人文、历史、民俗等非物质遗产等	结合现状与上位规划进行分析

注：湿地公园生态环境敏感性评价应在基址现状特征基础上，遵循评价因子的可计量、主导性、代表性和可操作性原则，尽可能反映研究区内自然景观资源与生态状况。常用因子包括植被类型、植被盖度、水体污染程度、土壤质量、不透水层比例、生物多样性指数等。可根据湿地类型和所在区域不同，增加相关影响因子，并研究确定各因子影响权重、敏感性等级和不同敏感度区域的具体分布和边界，以指导公园的生态保护与环境建设。

3. 定位与目标

明确公园建设定位、设计目标、主要特色、需解决的重要问题、时间安排和项目拟投资规模、设计成果等。重点明确湿地公园的主要功能、栖息地类型及保护与修复目标等。

4. 功能分区

公园应依据基址属性、特征和管理的需要科学合理地分区，至少包括生态保育区、生态缓冲区、湿地体验区及综合服务与管理区。各地也可根据实际情况划分二级功能区。分区应考虑生物栖息地和湿地相关的人文单元的完整性。生态缓冲区及综合服务与管理区内的栖息地应根据需要划设合理的禁入区及外围缓冲范围。

（1）生态保育区　对场地内具有特殊保护价值，需要保护和恢复的，或生态系统较为完整、生物多样性丰富、生态环境敏感性高的湿地区域及其它自然群落栖息地，应设置生态保育区。区内不得进行任何与湿地生态系统保护和管理无关的活动，禁止游人及车辆进入。应根据生态保育区生态环境状况，科学确定区域大小、边界形态、联通廊道、周边隔离防护措施等。

（2）生态缓冲区 为保护生态保育区的自然生态过程，在其外围应设立一定的生态缓冲区。生态缓冲区内生态敏感性较低的区域，可合理开展以展示湿地生态功能、生物种类和自然景观为重点的科普教育活动。生态缓冲区的布局、大小与形态应根据生态保育区所保护的自然生物群落所需要的繁殖、觅食及其他活动的范围、植物群落的生态习性等综合确定。区内除园务管理车辆及紧急情况外禁止机动车通行。在不影响生态环境的情况下，可适当设立人行及自行车游线，必要的停留点及科普教育设施等。区内所有设施及建构筑物须与周边自然环境相协调。

（3）湿地体验区 国家湿地公园内的湿地自然景观或人文景观分布的湿地区域。

可以体验湿地农耕文化、渔事等生产活动，示范湿地的合理利用，本区域允许游客进行限制性的生态旅游、科学观察与探索，或者参与农业、渔业等生产过程。

（4）综合服务与管理区 在场地生态敏感性相对较低的区域，设立满足与湿地相关的休闲、娱乐、游赏等服务功能，以及园务管理、科研服务等区域。可综合考虑公园与城市周边交通衔接，设置相应的出入口与交通设施，营造适宜的游憩活动场地。除园务管理、紧急情况和环保型接驳车辆外，禁止其它机动车通行。可适当安排人行、自行车、环保型水上交通等不同游线，并设立相应的服务设施及停留点。可安排不影响生态环境的科教设施、小型服务建筑、游憩场地等，并合理布置雨洪管理设施及其他相关基础设施。

5. 游客容量计算

公园游客容量根据不同的分区分别进行计算，具体方法见表8-6。

表8-6 城市湿地公园游客容量计算方法

生态保育区	生态缓冲区	综合管理与服务区
0人	按线路法，以每个游人所占平均道路面积计算，5～15m²/人	按公式 $C = (A_1/A_{m1}) + C_1$ 计算， 式中 C——公园游人容量，人； A_1——公园陆地面积，m²； A_{m1}——人均占有公园陆地面积，m²； C_1——开展水上活动的水域游人容量（仅计算综合服务与管理区内水域面积，不包括其他区域及栖息地内的水域面积），人。 陆地游人容量宜按60～80m²/人，水域游人容量宜按200～300m²/人。

6. 用地比例

公园用地面积包括陆地面积和水体面积。水体应以常水位线范围计算面积，潜流湿地面积应计入水体面积。计算时应以公园陆地面积为基数分区进行。其中陆地面积应分别计算绿化用地、建筑占地、园路及铺装用地面积及比例，并符合表8-7的规定。

表8-7 城市湿地公园用地比例　　　　　　　　　　　　　　　　　　单位：%

陆地面积/公顷	用地类型	生态保育区	生态缓冲区	综合服务与管理区
<50	绿化	100	>85	>80
	管理建筑	—	<0.5	<0.5
	游憩建筑和服务建筑	—	<1	<1
	园路及铺装场地	—	5～8	5～10
50～100	绿化	100	>85	>80
	管理建筑	—	<0.3	<0.3
	游憩建筑和服务建筑	—	<0.5	<0.8
	园路及铺装场地	—	5～8	5～10

续表

陆地面积/公顷	用地类型	生态保育区	生态缓冲区	综合服务与管理区
101～300	绿化	100	＞90	＞85
	管理建筑	—	＜0.1	＜0.1
	游憩建筑及服务建筑	—	＜0.3	＜0.5
	园路及铺装场地	—	3～5	5～8
≥300	绿化	100	＞90	＞85
	管理建筑	—	＜0.1	＜0.1
	游憩建筑和服务建筑	—	＜0.2	＜0.3
	园路及铺装场地	—	3～5	5～8

注：1. 上表用地比例按相应功能区面积分别计算。

2. 建筑用地比例指其中建筑占地面积的比例，建筑屋顶绿化和铺装面积不应重复计算。

3. 园内所有建筑占地总面积应小于公园面积2%。除确有需要的观景塔以外，所有建筑总高应控制在10m以内，3层以下。

4. 林阴停车场、林阴铺装场地的面积应计入园路及铺装场地用地。

5. 生态保育区内仅允许最低限度的科研观测与安全保障设施。

7. 湿地保护与修复

湿地修复应采取自然恢复为主、与人工修复相结合的方法，强调尊重自然、顺应自然、保护自然，坚持修复与保护相结合，树立"保护也是修复"的理念。首先从历史资料收集、现场取样调查、人类经济活动干扰度分析、土壤理化性质、岸带侵蚀度分析、微生物生态系统健康程度、湿地植被和生物多样性等方面综合分析评价湿地面临的威胁与退化的成因，在此基础上，按照针对性与系统性相结合、局部与整体相结合、近期与远期相结合的原则，制定切实可行的保护与修复方案，明确保护与修复工程的对象、位置、规模、技术措施、实施期限等内容。

对需要实施修复的区域，合理利用生物、生态、物化、水文等工程技术，逐步恢复退化湿地生态系统的结构和功能，最终达到湿地生态系统的自我持续状态。具体措施包括土壤治理、湿地水系修复、植被恢复与多样性提升、水体生态修复、生物多样性恢复、入侵物种管理等。在湿地修复过程中，应充分利用泛滥河流和潮汐循环协助输送水分和营养物，增加湿地流动性，应采取减量化设计，尽量减少后期维护投入。

8. 植物选择与配置

优先考虑栖息地生态环境需要，结合现状资源特点和各区功能需要，对植物布局、空间、尺度、形态及主要种类进行合理设计。维护地带性的湿地生物群落健康稳定，控制植物种植密度、避免过度人工化。注意水深对植物的影响。植物种类的选择与水深关系详见表8-8。

表8-8　湿地植物群落与适宜水深

植物类型	适宜水深	注意事项
湿生植物	宜种植在常水位以上	注意水位变化对不同植物的影响
挺水植物	除某些种类的荷花以外大多适宜栽植在水深小于60cm的水域	对蔓生性或具有较强的萌蘖能力的水生植物,宜采取水下围网、水下种植池、容器栽植等多种措施控制其生长区域
浮叶植物	水深1～2m左右的水域	浮叶植物水面叶片覆盖面积一般不宜超过水域面积的1/3
沉水植物与底栖藻类、水草等	需较好的水体能见度和光照环境,宜种植在开阔无遮挡水域	不宜作为先锋种,应在水体污染情况达到植物生长要求后种植

　　保留原有场地生长良好的乡土植物，适当增加为野生动物提供食物来源与栖息场所的植物群落。靠近生态保育区的生态缓冲区一侧的隔离防护绿地，植物种类需考虑与生态保育区的连续性。游人使用频率高的区域避免使用有毒、有硬刺的植物。综合服务与管理区可提升植物群落的观赏性与丰富度，注意常绿与落叶、速生与慢生植物的搭配和季相变化，满足适宜的遮阳、赏景、科普等功能需求。结合基址历史和文化特色，营造富有意境的植物景观。对设有生物滞留、水体净化等雨洪管理设施的绿地，应根据设计滞水深度、雨水渗透时间、种植土厚度、水污染负荷及不同植物的生态习性等条件，选择抗逆性强、抗污染、耐水湿的植物种类，并注意与周边生态环境的协调。

（五）湿地公园案例分析

1. 香港湿地公园

　　香港湿地公园位于天水围新市镇东北隅，占地 61hm²。香港湿地公园的原址是一片普通的湿地，香港在发展天水围新市镇的同时，打算用这片土地来补偿发展所失去的具有生态价值的土地。

　　拥有辽阔自然美景的香港湿地公园是一个世界级的生态旅游景点，整个湿地公园设野生动物模型展览、仿真湿地场景和娱乐教育设施。徜徉其中游人不仅能够欣赏自然美景，还能通过规划设计师匠心独具的设计，欣赏各种水的形态、体验水孕育生命的特质。公园里有近190 种雀鸟、40 种蜻蜓和超过 200 种蝴蝶及飞蛾。

　　公园内设有 3 个大型展馆及户外保护区，除了展示天然湿地生态外，亦引入多种湿地常见的动植物室内展览，如马来鳄、马来闭壳龟、本地独有的香港斗鱼、香港湍蛙等。2004年 6 月在元朗山贝河捕获的小湾鳄贝贝于 2006 年 8 月迁入公园内的"贝贝之家"。访客中心设有 3 个大型展馆，包括一个影音剧场（在"人类文化"展馆内）、推广环保意识的电脑互动游戏"湿地直播室"，以及展示不同湿地生态环境的"湿地世界"。

　　湿地世界内细分为三部分（苔原、热带沼泽、香港湿地），介绍不同地域的湿地生态。湿地挑战项目以互动游戏引领访客探索人类活动对湿地的威胁。沿着蜿蜒的木头路向深处走去，各种植物错落有致，小动物则隐现其中。人们透过深浅不一且清澈的湖水，可看见游鱼穿行于其中。

　　湿地保护区包括溪畔漫游径（介绍溪流由上游至下游的生态）、湿地探索中心（设有两个小型展馆，定期有展览）、生态探索区（溪流的缩影，可在此探索生态的奥秘）、湿地工作间（展示湿地的农作物）、演替之路（模拟荒废的湿地逐渐从开阔水域演变成林地的过程，并介绍生境与生物群落互相影响的关系）、河畔观鸟屋、泥滩观鸟屋、鱼塘观鸟屋、红树林浮桥、蝴蝶园和原野漫游径。其中最吸引人的是三个不同的观鸟屋，用原木搭就，内设望远镜，可以让游人清楚地看到在湿地活跃的鸟类。

　　香港湿地公园的营建是对原有生态缓冲区的拓展，一方面缓解米埔湿地自然保护方面的压力，凸显生态保护的重要性；另一方面，很好地展示了典型湿地景观，形成独具特色的科普教育、湿地游览以及资源交流中心（图 8-41）。

2. 杭州西溪国家湿地公园

　　西溪湿地坐落于浙江省杭州市区西部，离杭州主城区武林门只有 6km，距西湖仅 5km，与西湖流域间仅有一丘林带分隔。西溪湿地内水网交错，是以鱼塘为主的次生湿地，国家湿地公园位于西溪湿地的核心保护区范围。由于长期以来的农耕、养殖等生产功能的不断发

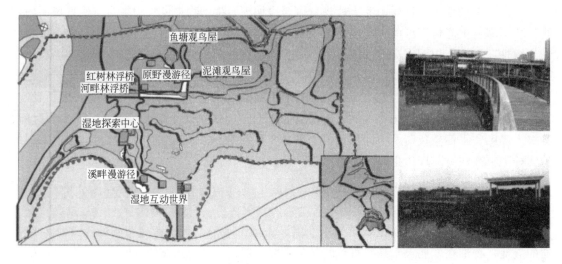

图 8-41　香港湿地公园

展，西溪湿地中存在大量的鱼塘、围湖造田的区域，农药以及饲料的投放导致河道淤塞，水体质量下降，湿地萎缩，生态功能丧失。

2005 年杭州西溪湿地被批准为中国第一个国家湿地公园。规划中提出退田、减少渔业养殖以及屠宰业等措施，强调全面加强湿地及其生物多样性保护，恢复西溪湿地生态功能，实现湿地资源的可持续发展。在保护与恢复并举的同时，展示湿地自然景观和人文景观，营造西溪与西湖之间的绿色生态廊道（图 8-42 和图 8-43）。西溪国家湿地公园在空间布局上可归纳为"三区、一廊、三带"。

图 8-42　杭州西溪国家湿地公园（一）

"三区"指：东部东起紫金港路绿带西侧，南起沿山河，北至文新路延伸段，西部的界线为千斤漾至包家塘港（蒋村港），总面积约 2.70km²，基本是鱼塘湿地，有少量河港，区内旅游资源极少，实行完全封闭；西部东起长家滩港，南起五常大道，西至绕城公路绿地东侧，北至新开河，总面积约 2.80km²。该区也属鱼塘湿地，河港较少，历史人文旅游资源也不多，实现一定年限的全封闭保护，营造原始湿生沼泽地；中部东起千斤漾至包家塘港，南起沿山河，北至文新路延伸段，西部的界线北段起自绕城公路绿化带东侧、向南折至年家港（新开河）、朝天幕港，再往南至长家滩，总面积约 5.90km²，除鱼塘湿地外，河网稠密，湿地自然景观最为明显，且历史人文遗址较多，为湿地生态旅游休闲区。

"一廊"是一条 50m 宽的多层式绿色景观长廊将环绕保护区，由常绿高乔木、低乔木、灌木、草本植物、水边植物五个层次组成。

"三带"指的是紫金港路"都市林阴风情带"、沿山河"滨水湿地景观带"、五常港"运河田园风光带"。

图 8-43 杭州西溪国家湿地公园（二）

四、遗址公园

（一）遗址公园的定义

随着国家对历史遗迹、遗址保护工作的高度重视，近年来出现了许多以历史遗迹、遗址或其背景为主体规划建设的公园绿地。根据《城市绿地分类标准》（CJJ/T 85—2017）的定义，遗址公园是以重要遗址及其背景环境为主形成的，在遗址保护和展示等方面具有示范意义，并且有文化、游憩等功能的绿地。位于城市建设用地范围内的遗址公园首要功能定位是重要遗址的科学保护及相关科学研究、展示、教育，需正确处理保护和利用的关系，遗址公园在科学保护、文化教育的基础上合理建设服务设施、活动场地等，承担必要的景观和游憩功能。

（二）遗址公园的保护设计原则

1. 体现原真性原则

遗址公园最基本的特性是原真性，对遗址原真性的解读是对遗址进行科学研究的基础。保持遗址的原真性，是遗址保护的基本原则，同时也是在进行遗址公园规划设计时必须恪守的一条准则。原真性主要包括遗址本体格局、环境格局、艺术风格、建筑结构、建筑材料、工艺技术和历史沉积等。如果遗址失去了其原真性，也就失去了遗址的价值，遗址保护也就没有意义。

2. 整体保护与利用原则

遗址保护工作应该着眼于遗址所携带的全部历史信息；对于文物建筑存在过程中产生的缺失，是一种历史痕迹，不应该轻易补足，这一观点至今也继续被沿用，体现了从单一到整体的发展过程。对遗址的保护和利用，首先要保护文物建筑周边原有的历史环境，其次要考虑到如何将遗址与城市环境相衔接。不仅要考虑到遗址本体的保护，还要兼顾遗址所处于的大的自然环境的格局的保护；不仅要考虑到遗址的等物质环境的保护，还要考虑到遗址的历史、文化、科学、情感等人文、精神环境的保护。在遗址公园规划设计中，要坚持整体性原则的保护，全方位的考虑，要保护其全部的历史信息。

3. 可持续发展的原则

可持续发展主要包括公平性、持续性、共同性三项原则。遗址公园的规划设计要侧重持续性原则。遗址公园的特点之一是对遗址本体影响和破坏限度最小，兼顾对遗址本身和周边的历史环境要素进行较为严格的保护控制。遗址公园规划设计既要保护遗址及其环境，又要合理根据遗址环境、城市环境进行遗址公园的建设及相关功能的布置、土地的开发，同时要防止以"保护遗址"为目的的过度开发利用，更要避免基于开发利用为目的，对遗址周围环境的破坏性建设，出现不符合社会利益情况的出现。

4. 展示文化性的原则

遗址是历史文化信息的物质载体，由于遗址具有传播历史文化内涵的功能，就使遗址公园的建设要具有文化性。历史文脉由于遗址的存在得以延续，遗址公园规划设计要深刻挖掘、展示、延续和创造遗址的文化性，体现更深刻的文化内涵。遗址公园不仅要成为城市中人们休闲游憩的场所，而且还要推动遗址内在的文化的弘扬，甚至促进以该文化为特色的城市文化的发展，促进作用主要从以下两方面来体现：

（1）遗址公园要展示历史文化信息，传承遗址文化。遗址公园规划设计初期要全面把握住遗址所反映的文化信息，深度地开发该文化。依托该文化，设计出与之相关的景点和建设项目，在达到遗址保护和利用的同时，给遗址公园创造鲜明的文化氛围。例如无锡鸿山遗址公园展示的是鸿山文化、三星堆遗址公园展示的是三星堆地区古蜀文化。

（2）遗址公园要体现城市文化，增强城市的文化内涵。一个城市一旦形成具有相同文化信息的遗址规模，那么它所反映出来的文化内涵就不仅仅局限于遗址本身，有的甚至可以代表一个地区或一段时期的文化，在继承当地文脉的同时，也体现着对城市的记忆。

5. 体现主题性原则

遗址公园的最大特点在于遗址公园的空间、活动组织都围绕着从遗址所反映的历史文化信息中提炼出来的遗址主题展开。在规划设计中，各个功能系统沿着这一文化主题，渗透到从宏观到微观的规划设计的各个层面。

（1）硬质空间反映主题　硬质空间指遗址公园的实体空间部分，主要包括遗址公园的总体布局和由微观物质环境，如道路、建筑物、构筑物、景观小品等组成的实体要素，目的是为软质活动提供空间场所，构成主题活动的载体。因此，硬质空间要满足和营造出主题所要表达和需要的环境氛围。

①　总体布局反映主题　宏观层面的总体布局除了要考虑自然环境等因素的限制，同时还要体现遗址主题。遗址所代表的文化就是规划设计中所要反映的主题，总体布局中的各个功能区和主要景点的设置都要和所要表达的主题相一致。

其次，主题所确定的环境氛围将直接影响布局。如大明宫遗址公园的总体规划，就将表现盛唐宫殿的主题文化的宫殿遗址区规划设计成了景观轴线控制同时又有效法自然园林格局的规划结构体系。

② 微观环境布局反映主题　同样，微观层面的物质环境要符合主题氛围的要求。在建筑设计中，其建筑风格要突出体现遗址环境主题的氛围。在景观小品设计中，小品的形式、地面铺装的风格都要反映主题气氛。如大明宫遗址公园丹凤门遗址采用了反映盛唐文化主题的唐风建筑进行复建，雄伟大气；灯具均采用具有唐代特色的造型，地面铺装采用具有唐代特色的纹理和颜色。

（2）软质活动体现主题　遗址公园中所举办的各种活动是项目中的软质组成部分，也是直接体现遗址主题的方式，是将固化的东西进行鲜活表达的一种有效手段，具有强烈的参与性和体验性。软质活动由人们在遗址公园中不同主题的参观过程组成，是一个动态的过程，而不仅仅是静态的观赏过程。

6. 以人为本的原则

规划设计中的以人为本就是一切以人的使用要求与心理诉求作为根本出发点，满足人的行动模式和心理特征，使设计满足人们的生理和心理需求。在遗址公园规划设计中，以人为本的原则贯穿于规划设计的各个层面。

（1）宏观层面　遗址公园是具有保护遗址和功能利用的园林。它不仅为后人留下具有极高科学、文化、历史和艺术价值的遗址，而且作为公园，也为人们提供了积极向上的休憩的场所空间，丰富人们文化精神生活的内容。遗址公园的建设从宏观层面体现了公共利益，体现了以人为本。

（2）微观层面　首先要有便利的交通，在公园规划设计中，将公共交通、私家车交通、自行车交通和人行交通进行合理的组织和疏导，并且合理配置停车场地。其次，公园中要有合理的配套服务设施与基础服务设施，其服务范围要覆盖整个公园，保证游客在任何地点都能便捷地享受到多种购物、休息、餐饮、卫生等服务。最后，在处理各种景点和场所空间时，都要以人为本，提供舒适和亲切的设计，创造宜人的尺度和空间比例，满足人们对于舒适度的要求。

7. 保护生态的原则

遗址公园是一种特殊类型的公园，具有作为城市开敞绿化空间的职能，为人们提供大量的绿化或水面，起到改善城市环境，提升人们生活质量的作用。尤其对于城市的总体发展而言，遗址公园还是一个重要的生态资源。

（1）与遗址环境构成城市生态系统　遗址公园不但要形成一个自身完整的生态系统，还要考虑到和周边生态环境的融合，使城市的各生态要素联系起来，成为一个完整的生态系统。遗址公园建设同生态保护共同结合越来越成为时下成熟的遗址公园同城市结合的模式，尤其是在城市的边缘地区。例如良渚遗址公园、鸿山遗址公园、三星堆遗址公园都是将遗址保护与周围的植被保护、农田保护、自然山体、水体保护相结合，构成了一个完整的大范围的集生态保护、景观欣赏和产业开发的系统。

（2）基于原有生态环境的设计　一般来讲，遗址周边有着较好的生态环境，以大面积的绿化或水面为主，在对园区的生态系统规划设计时，要优先考虑这些生态要素，并加以设计，结合遗址保护与展示，使之成为公园内最重要的组成部分，而人工修筑的建筑或构筑物只占整个公园的一小部分，遗址公园整体的生态环境不应受这些因素的影响。

（3）建设生态环保系统 遗址公园的规划设计中要考虑到利用先进技术手段来辅助遗址公园的生态环保系统的建设，采用高效、污染小的新能源，尽可能降低对能源的消耗，减少对城市的污染。如建立自己的生态污水处理系统，利用太阳能设备，补充公园的电热的消耗，使用零排放的公共卫生间，对于垃圾进行分类处理等措施。

（三）遗址公园规划案例

1. 圆明园遗址公园

圆明园坐落在北京西郊，与颐和园紧相毗邻。它始建于康熙四十六年（1707 年），由圆明、长春、绮春三园组成。占地 350hm²，其中水面面积约 140hm²，有园林风景百余处，建筑面积逾 16 万平方米，是清朝 150 余年间创建和经营的一座大型皇家宫苑（图 8-44）。圆明园

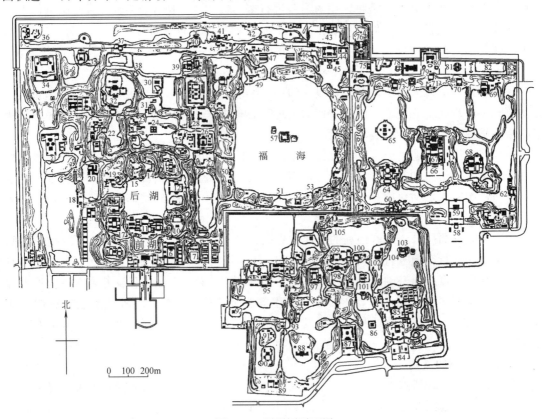

图 8-44 圆明园平面图

1—大宫门；2—出入贤良门；3—正大光明；4—长春仙馆；5—勤政亲贤；6—保和太和；7—前垂天貺；8—洞天深处；
9—如意馆；10—镂月开云；11—九州清晏；12—天然图画；13—碧桐书院；14—慈云普护；15—上下天光；
16—坦坦荡荡；17—茹古涵今；18—山高水长；19—杏花春馆；20—万方安和；21—月地云居；22—武陵春色；
23—映水兰香；24—澹泊宁静；25—坐石临流；26—同乐园；27—曲院风荷；28—买卖街；29—舍卫城；30—文源阁；
31—水木明瑟；32—濂溪乐处；33—日天琳宇；34—鸿慈永祜；35—汇芳书院；36—紫碧山房；37—多稼如云；
38—柳浪闻莺；39—西峰秀色；40—鱼跃鸢飞；41—北远山村；42—廓然大公；43—天宇空明；44—蕊珠宫；
45—方壶胜境；46—三潭印月；47—大船坞；48—双峰插云；49—平湖秋月；50—藻身浴德；51—夹镜鸣琴；
52—广育宫；53—南屏晚钟；54—别有洞天；55—接秀山房；56—涵虚朗鉴；57—蓬岛瑶台（以上为圆明园）；
58—长春园大宫门；59—澹怀堂；60—茜园；61—如园；62—鉴园；63—映清斋；64—思永斋；65—海岳开襟；
66—含经堂；67—淳化轩；68—玉玲珑馆；69—狮子林；70—转香帆；71—泽兰堂；72—宝相寺；73—法慧寺；
74—谐奇趣；75—养雀笼；76—万花阵；77—方外观；78—海晏堂；79—观水法；80—远瀛观；81—线法山；
82—方河；83—线法墙（以上为长春园）；84—绮春园大宫门；85—敷春堂；86—鉴碧亭；87—正觉寺；88—澄心堂；
89—河神庙；90—畅和堂；91—绿满轩；92—招凉榭；93—别有洞天；94—云绮馆；95—含晖楼；96—延寿寺；
97—四宜书屋；98—生冬室；99—春泽斋；100—展诗应律；101—庄严法界；
102—涵秋馆；103—凤麟洲；104—承露台；105—松风梦月（以上为绮春园）

曾以其宏大的地域规模、杰出的营造技艺、精美的建筑景群、丰富的文化收藏和博大精深的民族文化内涵而享誉于世，被誉为"一切造园艺术的典范"和"万园之园"。1860年10月惨遭英法联军洗劫并付之一炬。

1976年11月，圆明园管理处成立，1988年1月圆明园遗址公园被公布为全国重点文物保护单位，1988年6月29日，圆明园遗址公园正式开始对社会开放。经过1990年、1993年两次征地，圆明园遗址公园回收了盛时圆明园规模的全部土地使用权。1996年9月被六部委命名为爱国主义教育基地；1998年11月，圆明园遗址公园被北京市国防教育委员会命名为"北京市国防教育基地"。2000年9月，国家文物局正式批复《圆明园遗址公园规划》。2008年11月20日通过国家旅游局4A景区评审。2010年10月12日，荣获"北京新十六景"之一，成为代表京都魅力的16张名片之一。

圆明园遗址公园仅存山形水系、园林格局和建筑基址，假山叠石、雕刻残迹仍然可见。在"西洋楼"旧址建有园史展览馆，供人瞻仰凭吊（图8-45）。

图8-45 圆明园遗址

2. 大明宫遗址公园

唐大明宫遗址公园规划总面积约3.84km²，其中包括唐大明宫的主要城市遗址、殿前广场遗址、园林公园遗址、翰林院遗址和北夹城遗址。根据唐代大明宫文献研究和史料记载，结合地形地貌，以及文物展示与管理的要求，唐大明宫国家遗址公园被划分为五个主要区域，分别为殿前区、宫殿区、宫苑区、北夹城和翰林院（图8-46）。

大明宫遗址公园充分利用地势，相互呼应，合理布局，从而形成一个整体。宫城南部大致形状为矩形，北部大致形状为东多西少的梯形。宫城的东部和西部两侧都有禁军，禁军的指挥机关设在城北门。整个宫殿可分为前院和内院两部分。

由南到北，首先是南边的正门丹凤门，丹凤门两侧为建福门和望仙门；由丹凤门向北一直可以看到的是含元殿，含元殿两侧分别是东、西朝堂，含元殿北侧是宣政殿和紫宸殿，左右两侧分别是延英殿和望仙台，后面依次为廊院、清思殿、太和殿等建筑。

大明宫的建筑整体布局以丹凤门、含元殿、宣政殿、紫宸殿、蓬莱殿、含凉殿、玄武殿等为南北中轴线，其他建筑分别分布在大轴线的两侧，后城为一池三山的整体布局，建筑物分布在周围，间距合适，功能清晰，布局合理。总体来说，大明宫遗址公园的总体布局在很大程度上仍然遵循太极宫的建筑布局模式，即前朝后寝、中轴对称、三大殿制度、多重宫墙防卫体系。

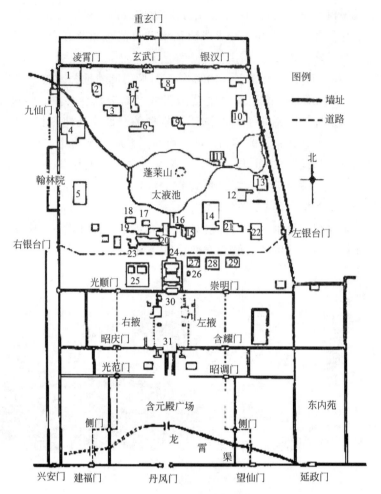

图 8-46　唐大明宫遗址公园

1—大福殿；2—三清殿；3—含水殿；4—拾影殿；5—麟德殿；6—承香殿；7—长阁；
8—元武殿；9—紫兰殿；10—望云楼；11—含凉殿；12—大角观；13—玄元皇帝庙；
14—珠镜殿；15—蓬莱殿；16—清晖阁；17—金銮殿；18—仙居殿；19—长安殿；
20—还周殿；21—清思殿；22—太和殿；23—承欢殿；24—紫宸殿；25—延英殿；
26—望仙台；27—凌绮；28—浴堂；29—宣微；30—宣政殿；31—含元殿

五、游乐公园

(一) 游乐公园的性质

　　游乐公园是一种单独设置，具有大型游乐设施，生态环境较好的绿地，其中绿化占地比例应大于或等于 65%。

　　游乐公园必须具备以下两点：具有大型游乐设施，突出游乐的功能；是严格意义上的公园，绿化占地比例有明确要求。

　　游乐园是一种综合的娱乐场所，多建在人口稠密的大都市附近，旅游类型分类属于主题公园，即游乐主题的公园；园中的游乐项目多种多样，如原始社会模拟型、未来世界幻想型、大型惊险项目、智力比赛项目、经典射击等；有的游乐园项目齐全，有的以一个或数个项目为主。

世界上最负盛名的游乐园是1958年在美国加利福尼亚州洛杉矶市建造的迪士尼乐园（图8-47）。它是米老鼠动画片制片人迪士尼（Walt Disney）一生的杰作，每年吸引数千万旅游者。

图8-47　洛杉矶迪士尼乐园

一般认为主题公园起源于荷兰，后来兴盛于美国。荷兰的一对马都拉家族夫妇，为纪念在二次世界大战中牺牲的独生子，而兴建了一个微缩了荷兰120处风景名胜的公园。此公园开创了世界微缩景区的先河。1952年，开业时随即轰动欧洲，成为主题公园的鼻祖。

近年来，中国游乐型主题公园的建设也得到了快速的发展，游乐型主题公园是休闲娱乐的主要去处。

（二）游乐公园规划设计要点

1. 游乐园主题定位

虽然游乐公园没有强调一定要有主题的设定，但是主题对于游乐公园的形象宣传、游客吸引等诸多方面至关重要，称得上是游乐公园的"灵魂"，对游乐公园的成败起着决定性的作用，只有特色的、富有吸引力的游乐公园主题才能满足游客的心理需求。游乐公园主题的定位并不是一成不变的，主题定位应从城市经济发展水平、地域环境、客源市场、建筑风格、游客的消费水平等因素进行综合考虑，主题定位以后，各项开发建设需要紧密地围绕主题进行设计规划。目前，国内的游乐公园在主题选择上主要分两种：一是以介绍文化为主要特色的微缩景区游乐园，这一类公园的文化内涵比较丰富，但是名胜版块的设计过多过细，大部分游客将其作为景观欣赏或留影纪念便匆匆离去，这样有悖于建园者的初衷，长此以往会难以满足当代游客的生活观念和休闲需求，游乐公园的吸引力会逐渐减弱，经营管理方面也会陷入瓶颈；二是以刺激性和参与性为主的游乐公园，这一类公园对环境质量的要求不高，层次单调，欠缺文化内涵。美国迪斯尼游乐园主题定位以唐老鸭和米老鼠为主线，对文化内涵、环境质量、参与性和刺激性方面都有所体现，尤其是内部区域的划分也非常清晰，但是花费成本较大，娱乐设施的刺激性较大，目前国内此类游乐公园的发展势头迅猛。城市游乐公园的规划应该充分利用当地的自然资源，通过人工开发创造出具有当地特色的新景观。

2. 游乐公园的主题思想

游乐园主题定位之后，需要进一步确定主题的指导思想。首先，尽量保护当地的自然地貌，做到地域性与自然环境和人文环境协调发展，主题规划设计应遵循不破坏自然山体的外形为原则。设计师在规划设计过程中要根据当地城市的文化内涵进行设计，考虑人们的生活观念、科技的发展、审美水平、异域风情等因素，以"假景真作""假景真文化"达到"假作真时真亦假"的效果。其次，整个游乐公园的主体风格要引入一些特殊元素，在视觉上形成强烈的反差，让游者过目不忘、流连忘返。

主题选择的重点考虑因素：

（1）主题内容应独特、新颖，具备一定的文化内涵，并具有较强的识别性和商业感召力。

（2）主题内容可在集中与儿童和青少年目标市场的基础上，考虑不同层次的游客需求。大型游乐公园课采用多主题形式以最大限度地吸引游客。

（3）无论是其整体布局、景点组合、小品设计、表演活动都必须紧紧围绕主题内涵，烘托出一个使游客融入其中的环境。

3. 空间规划设计

空间规划设计是设计过程中的主要环节，空间的立体化能够给游客全方位的印象，合理的空间规划设计更能吸引游客，给人以深刻、持久、震撼的感觉。山体环境空间可以作为游乐公园空间构成的中心，在设计构图中需要对空间规划环境进行仔细勘查，使其与游乐公园的内容统一。从空间序列考虑，要考虑游客游玩的节奏，游者在游玩过程中不可能全程都保持良好的情绪和充足的体力，连续不断地制造兴奋反而会造成游客的视觉疲劳。因此，游乐公园在空间序列设计方面要遵循高潮、过渡再高潮原则。

4. 游乐公园设施与活动内容

游乐设施与活动内容主要包括三个方面：

（1）现有主题游乐公园所具有的游乐设施，包括机械游乐、特定的主题有了建筑与构筑物等。

（2）休闲活动设施。游乐公园适合安排一些与绿化环境结合较好的活动设施，如攀岩、滑草、真人 CS 等在一般绿化占地比例较低的游乐园中不适合布置的休闲项目。

（3）具有展示、表演、科普教育等积极功能的娱乐建筑或场地。如水族馆、展览馆等。

5. 自然植物景观规划设计

随着东西方文化的交融，纯人工化或纯自然式的植物景观越来越少，创园者会根据景区特色的需要进行规则与自然的交融。传统园林景观环境中的一石一木、一花一草、一山一水的设计已经满足不了当代游客的欣赏、游玩需求，而开阔的树林草地、城市广场、森林公园等原生态的自然景观更受现代游客的喜爱。自然植物景观的设计在园林环境中是非常重要的一部分，对空间环境的区域划分、净化空气、色彩过渡、调节气温发挥着重要作用。不同的植物景观可以营造出不同意境的空间环境，规划设计时尽量保留植物的自然性，疏密、错落有致的植物要顺应自然，栽植时以大树为主，不修不剪，营造真实、原生态的自然环境，使游客可以感受自然式植物景观的魅力，打造寄情山水、抒发情感、放松身心的自然空间。

（三）游乐园规划案例

1. 洛杉矶迪士尼游乐园

迪士尼游乐园位于美国加利福尼亚州阿纳海姆市（Anaheim）迪斯尼乐园度假区，是世界上最大的综合游乐场。1955 年 7 月，美国动画片大师沃尔特·迪斯尼在洛杉矶附近创办的世界上第一座迪士尼游乐园。洛杉矶迪士尼乐园集中了世界各地迪士尼主题乐园的精华，为游客奉献最难忘的娱乐体验、最新的冒险项目、娱乐景点，游客可以获得新奇的体验、享受欢乐和独特的迪士尼魔力。

洛杉矶迪士尼乐园分两部分：迪士尼园和加州探险乐园，主要有主街、冒险乐园、新奥尔良广场、动物王国、拓荒者之地、米奇卡通城、梦幻乐团、未来王国八个主题公园。中央大街上有优雅的老式马车、古色古香的店铺和餐厅茶室等。走在其中，经常会碰到一些演员扮成的米老鼠、唐老鸭、白雪公主和七个小矮人。沿着大道走走停停，看到两旁的异域风情，骑着马匹的西部牛仔、戴着鸭舌帽的枪手、奔跑的小黄鸭、在路旁嬉笑怒骂的高飞，这一切都是童年让人魂牵梦萦的主角。走入灰姑娘城堡，仿佛真的置身于童话世界。纪念品商店总能激起成年人购买的欲望，那些惟妙惟肖的商品披着魔法外衣，看上去那么精致。在米奇乐园里各种动画音乐灯光闪烁、令人眼花缭乱，目不暇接，这里并没有任何惊险刺激的内容，没有头晕目眩的转弯急行，但是这些生动活泼、栩栩如生的人物灯光秀，让人们大开眼界，孩子们欢呼雀跃，立刻踮起脚尖驻足观赏。一对对高大的花车，载着一个个耳熟能详的卡通人物，装载着一篇篇脍炙人口的童话诗篇，涌动着一片片感人至深的童年回忆，演员们随着乐声的节奏翩翩起舞，此处成了欢声笑语的海洋（图8-48）。

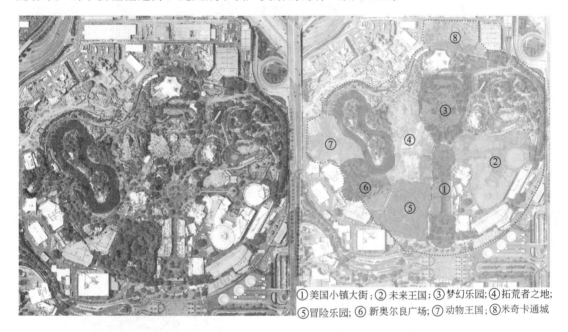

①美国小镇大街；②未来王国；③梦幻乐园；④拓荒者之地；⑤冒险乐园；⑥新奥尔良广场；⑦动物王国；⑧米奇卡通城

图8-48　洛杉矶迪士尼乐园平面图与分区图

2. 法国拉维莱特公园

1982年举办的国际性的法国巴黎拉维莱特公园设计竞赛，最后建筑师屈米（Bernard Tschumi）的方案中标。解构主义是当时非常新潮的艺术思潮，将既定的设计规则加以颠倒，反对形式、功能、结构、经济彼此之间的有机联系，提倡分解、片段、不完整、无中心、持续地变化等，给人一种新奇、不安全的感觉（图8-49）。

巴黎拉维莱特公园在建造之初，它的目标就定为：一个属于21世纪的、充满魅力的、独特并且有深刻思想意义的公园。它既要满足人们身体上和精神上的需要，同时又是体育运动、娱乐、自然生态、科学文化与艺术等诸多方面相结合的开放性的绿地，并且，公园还要成为各地游人的交流场所。建成后的拉维莱特公园向人们展示了法国的优雅、巴黎的现代、热情奔放，具体到音乐、绘画、雕塑等，甚至还有法语的展示。

公园面积约55hm²，乌尔克运河把公园分成了南北两部分，北区展示科技与未来的景象，南区以艺术氛围为主题。公园被屈米用点、线、面三种要素叠加，相互之间毫无联系，各自可以单独成一系统（图8-50）。点就是26个红色的点景物folie，出现在120m×120m的方格网的交点上，有些folly仅作为点的要素存在，有些folie作为信息中心、卖饮食、咖啡吧、手工艺室、医务室之用（图 8-51）。

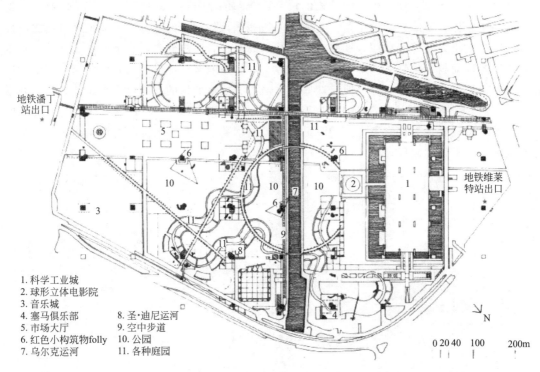

1. 科学工业城
2. 球形立体电影院
3. 音乐城
4. 塞马俱乐部　　8. 圣·迪尼运河
5. 市场大厅　　　9. 空中步道
6. 红色小构筑物folly　10. 公园
7. 乌尔克运河　　11. 各种庭园

图 8-49　法国拉维莱特公园

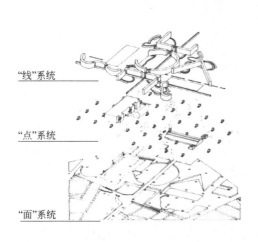

图 8-50　点、线、面三层次系统

图 8-51　公园中的红色构建筑物

　　线的要素有长廊、林阴道和一条贯穿全园的弯弯曲曲的小径，这条小径联系了公园的十个主题园，也是一条公园的最佳游览路线，徜徉其间，公园的几乎所有特色景观与游憩活动都一一网罗。

　　面的要素就是十个主题园，包括镜园、恐怖童话园、风园、雾园、竹园等。

3. 公园设置的游憩活动

　　（1）拉维莱特之屋和保尔大帐篷装饰成了临时的展览厅，主题是《世界文化》和《社会辩论》；

（2）能随着投射在银幕上的画面的节奏变化而变化的电影院，节目在每个下午播放，每场持续 15 分钟；

（3）一块为展示新的杂技艺术而永久保留的场地；

（4）拥有巨大的 1000 平方米的半球形银幕的电影院（图 8-52）；

（5）在夏天的星期天的下午，在 folie 的周围可以随音乐起舞的场地；

图 8-52　不锈钢球形银幕电影院

（6）"访问工作室"（visits workshop）全年都有著名的演奏家、诗人等来献艺，不限背景和年龄，人们都可以光顾；

（7）国际法国语言剧院是一个非常少有的地方，在那里语言和手写结合的作品都可以找到；

（8）另一处拉维莱特之屋和保尔大帐篷；

（9）一个剧院面向大众开放展示法国当时的创作作品；

（10）除了授课以外，巴黎音乐学院整个学年还不断推出面向大众的音乐会，在白天或傍晚，有古典或现代的舞蹈、音乐，爵士乐等，还有即席的创作；

（a）原中央市场大厅

（b）音乐城

图 8-53　公园设置的游憩活动场所

（11）巨大而壮观的国家科学技术展览馆，对不同年龄分别考虑不同的场地展览；

（12）一艘退役的潜水艇诉说自己的故事；

（13）新型环境中的骑马；

（14）经常有现代的新形式演出的场地；

（15）面向 2～5 岁小孩的启蒙艺术学习工作室（young children's workshop），有大人陪伴和教课；

（16）特别适合摇滚乐和国际上变化多样的各种走秀的音乐厅；

（17）介于俱乐部和现代表演厅之间的场所，厅里能容纳 650 人听爵士乐、蓝调、摇滚等世界上许多形式的音乐；

（18）这座建于 19 世纪 60 年代，长 241.86m 的金属框架建筑原本是中央市场大厅，现在完美地扮演它的新角色，用于各种形式的娱乐活动：展览、音乐节、戏剧、贸易展览等。

被作为公园较大型的活动场地之用 [图 8-53(a)]；

（19）音乐城：南入口处的综合性建筑，设有音乐博物馆、信息和资料中心、音乐工作室 [图 8-53(b)]。

巴黎拉维莱特公园具有多种有吸引力的活动，虽然没有机械游乐设施，仍然称得上是"超级精彩的游乐公园"。

4. 北京欢乐谷

北京欢乐谷位于北京东四环四方桥东南角，北接京沈高速，西至东四环路，东临规划中的堡头西路，西至规划中的堡头南路，占地 100 万平方米。其中，公园一期占地约 54 万平方米，分别由峡湾森林、亚特兰蒂斯、失落玛雅、爱琴港、香格里拉、蚂蚁王国和欢乐时光七个主题区组成，于 2006 年暑期建成开放。公园二期、三期分别占地 5 万平方米和 40 多万平方米，于一期开园后陆续推出。北京欢乐谷精心设置了 120 余项体验项目，包括 40 多项娱乐设备、50 多处人文生态景观、10 多项艺术表演、20 多项主题游戏和商业辅助性项目，可以满足不同人群的需要。30 多万平方米的绿化、8 万平方米的湖面给予欢乐谷良好的生态环境。七大主题区域给予欢乐谷世界各地的人文气质（图 8-54）。

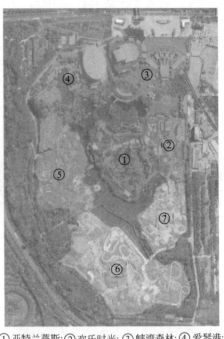

①亚特兰蒂斯；②欢乐时光；③峡湾森林；④爱琴港；
⑤失落玛雅；⑥香格里拉；⑦甜品王国

图 8-54　北京欢乐谷平面图与分区图

"峡湾森林"中色彩斑斓的玻璃空中步道、波光粼粼的欢乐广场、时尚前卫的公园大门、美丽纯情的欢乐剧场，再加上绿荫冉冉的树林，时尚与自然完美结合。

失落玛雅以考古、教育、农业、生态群落知识为背景，项目设置注重野外教育，通过环境、项目特色、启发、引导人们的好奇心，带人们融入精彩的中美洲文明之中。特色表演玛雅太阳神的形象展示，引领人们追寻远古的记忆。玛雅天灾是北方前所未见的新型观赏项目，创造性地再现大洪水暴发的灾难场景。

爱琴港主题区通过古代爱琴海边的故事展开画卷，弘扬奥林匹克的精神，诠释运动，诠释生命的真谛。爱琴港主题区分成三部分：因火山废弃的城镇、新的海湾和文化古迹。建筑形式有古代希腊特色的神庙、大型梁柱，也有反映现代希腊特色的小镇建筑。

香格里拉主题区分为三个部分：一是梦幻中的香格里拉，二是西藏风情小镇，三是安静的茶园休息区。沿着这三个脉络感知古老文明的气息，追寻原始部落族人的步履，体验淳朴生活的快乐。

蚂蚁王国是欢乐谷最为独特有趣的区域，小蚂蚁会给孩子们讲述它的动物朋友，它的住所，以及它周围的一切，蚂蚁王国希望用生动可爱的方式给孩子们带来关于生态、生物、种群、群落这些听起来有些复杂的知识。蚂蚁王国以超大尺度形象为特点，特意夸张的蚁穴、深凹的车轮胎痕迹、高达十米的"小草"等，色彩鲜艳活泼，布局灵活中求顺畅，转折中求有序，力图给孩子们提供一个快乐的梦想园。

第四节　游园规划设计

一、游园的定义

城市公园绿地体系中，除"综合公园""社区公园""专类公园"外，还有许多零星分布的小型公园绿地。这些规模较小、形式多样、设施简单的公园绿地在市民户外游憩活动中同样发挥着重要作用。这些用地独立、规模较小或形状多样，方便居民就近进入，具有一定游憩功能的绿地，称为公园绿地中的游园。对块状游园不作规模下限要求，在建设用地日趋紧张的条件下，小型的游园建设应予以鼓励，带状游园的宽度宜大于 12m。绿化占地比例应大于或等于 65%。

二、游园的性质

小游园可利用城市中不宜布置建筑的小块零星空地来建造，在旧城改建中具有重要的作用。小游园可以布置得精细雅致，除种植花木外，还可有园路、铺地和建筑小品等。平面布置多采取开放式布局，规划设计可以因地制宜。小游园在绿化配置上要符合它的兼有街道绿化和公园绿化的双重性的特点。一般绿化的覆盖率要求较高。小游园在国外也很普遍，如日本 1923 年关东大地震后重建东京时，在小学校邻近、道旁、河滨等地建设了 72 座小游园。苏联首先将小游园列入城市园林绿地系统，并分为广场上的小游园、公共建筑物前的小游园、居住区内的小游园、街道上的小游园等类型。我国的小游园面积小、分布广、方便人们利用。小游园以花草树木绿化为主，合理地布置步道和休息座椅。一般也会布置少量的儿童游玩设施、小水池、花坛、雕塑，以及花架、宣传廊等园林建筑小品作为点缀。

三、规划设计的要点

1. 特点鲜明突出，布局简洁明快

游园的平面布局不宜复杂，应当使用简洁的几何图形。从美学理论上看，明确的几何图形要素之间具有严格的制约关系，最具美感；同时对整体效果、远距离及运动过程中的观赏效果的形成也十分有利，具有较强的时代感。

2. 因地制宜，力求变化

如果游园规划地段面积较小，地形变化不大，周围是规则式建筑，则游园内部道路系统以规则式为佳；若地段面积稍大，又有地形起伏，则可以自然式布置。城市中的游园贵在自然，最好能使人从嘈杂的城市环境中脱离出来。同时园景也宜充满生活气息，有利于逗留休息。另外要发挥艺术手段，将人带入设定的情境中去，做到自然性、生活性、艺术性相结合。

3. 小中见大，充分发挥绿地的作用

① 布局要紧凑：尽量提高土地的利用率，将园林中的死角转化为活角等。

② 空间层次丰富：利用地形道路、植物小品分隔空间，此外也可利用各种形式的隔断花墙构成园中园。

③ 建筑小品以小巧取胜：道路、铺地、座凳、栏杆的数量与体量要控制在满足游人活动的基本尺度要求之内；使游人产生亲切感，同时扩大空间感。

4. 植物配置与环境结合，体现地方风格

严格选择主调树种，除注意其色彩美和形态美外，更多地要注意其风韵美，使其姿态与周围的环境气氛相协调。注意时相、季相、景相的统一，为在较小的绿地空间取得较大活动面积，而又不减少绿景。植物种植可以以乔木为主、灌木为辅，乔木以点植为主，在边缘适当辅以树丛，适当增加宿根花卉种类。此外，也可适当增加垂直绿化的应用。

5. 组织交通，吸引游人

在设计道路时，采用角穿的方式使穿行者从绿地的一侧通过，保证游人活动的完整性。

6. 硬质景观与软质景观兼顾

硬质景观与软质景观要按互补的原则进行处理。如硬质景观突出点题入境，象征与装饰等表意作用；软质景观则突出情趣，和谐舒畅、情绪、自然等顺情作用。

7. 动静分区

为满足不同人群活动的要求，设计小游园时要考虑到动静分区，并要注意活动区的公共性和私密性。在空间处理上要注意动观、静观、群游与独处兼顾，使游人找到自己所需要的空间类型。

四、游园规划案例

（一）绿英亩公园（Greenacre Park）

绿英亩公园位于纽约曼哈顿第二、第三大道和51街之间。占地5.67hm²，1971年建成开放。由前哈佛大学风景园林系主任佐佐木英夫（Hideo Sasaki）设计，洛克菲勒集团捐赠修建（图8-55～图8-57）。

作为一个良好的城市公共空间，"Greenacre Park"解决了部分高密度城区居民对公园的基本需求：巧妙的园林树木和植物，结合水景地形，形成丰富多层次的休闲空间。露天的咖啡馆，以及价格合理且美味的食品。可移动的椅桌，使人们能够舒适可控地坐在适当位置。25英尺（1英尺=0.3048米）高的瀑布层叠幕墙，不断地吸引着游客，灵动的水声营造出一种静谧隐蔽的氛围。乔木成荫，叶子的缝隙间有美丽斑驳的光线洒落。

进入公园，空间依高低分为3个层次，入口平台区、上几级台阶的花架座椅区以及下几级的瀑布水景区。南侧沿着景墙的水景成为入口水景和瀑布的联系。园中北墙上是厚厚的常

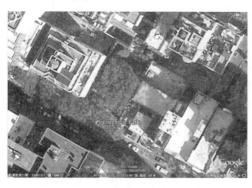

图 8-55　绿英亩公园区位图

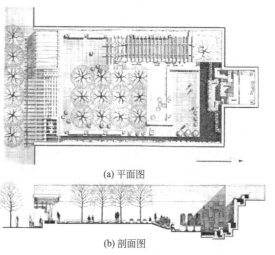

(a) 平面图

(b) 剖面图

图 8-56　绿英亩公园平面图和剖面图

春藤，植物配置细腻到位，入口座椅区照旧是干挺叶稀的无刺美国皂荚。

（二）荷兰多德雷赫特街头绿地

多德雷赫特的霍夫（宫廷）是 1572 年荷兰各城市的代表秘密会面的地方，以期脱离当时所属的西班牙帝国。因此，霍夫经常被视为荷兰的政治摇篮。

作为将法院区改造为文化区计划的一部分，市政当局决定翻修毗邻霍夫的回廊

图 8-57　绿英亩公园内部

花园，该花园已年久失修。该计划的主要目标是赋予历史遗址优雅的外观，使这个空间成为一个安静、轻松的避风港（图 8-58）。

图 8-58　荷兰多德雷赫特街头绿地

　　首先需要将庭院的独立隔间改造成一个单独的空间，有清晰的入口和畅通无阻的视野。市政规划要求"绿色庭院"，布局简单，用料优质，细节细致。

　　为了将庭院作为一个整体，凸起草坪的外缘大致沿着周边延伸，中间留下一条宽阔的小径，供人们绕着它的外缘散步。草坪似乎被分成两半，在其间打开一个不规则的空间，人们可以在几棵现存的大树下行走。一半草坪相对于另一半稍作旋转，以使两半草坪与周围建筑物的布局保持一致。150cm 宽的石板被放置在表面撕裂的边缘，突出了两半之间的差异，并提供了坐的空间。科尔滕钢铁的垂直板构成了草坪的其余部分。

　　在凸起的草坪和周边之间的宽阔小径，已经铺好了，但在其他方面保持开放。沿途增加的唯一元素是一些灌木木兰、山茱萸、山楂和柚子，将公共草坪与周围花园更为私密的氛围联系起来。

（三）南京中山门游园

　　中山门游园位于中山门内中山东路南北两侧。该游园设计既和南京市古城风貌及古城墙、城门相协调，又体现了现代南京城市的个性风格（图 8-59）。

图 8-59　南京中山门游园

　　游园分为南侧西段 A 地块、东段 B 地块、北侧 C 地块三块，共计 6600m² 。游园呈条状东西向分布，东高西低，两端有明显高差。其中 A 地块为主景区，区内设计一组小品，以富现代感的玻璃顶构架与带菱形花窗的具江南园林特色的景墙组合，背景衬以青青翠竹形成绿地主景，并铺设木地坪为游人提供一处休憩场所。B 地块为原城墙上的中山门小游园入口，现将原有沿街台阶后移，将绿地凸起于小街边，沿街形成连绵山势，在绿地内沿上山台阶设三块巨石衬托山势，并将游人引入。山脚下布置一现代风格的管理用房与主景呼应。C 地块在以大树绿化为主景依山坡而种，形成自然坡地，并设登城墙的小步道，步道入口处设小块铺地并布景长条石供游人小坐。

⁓⟡ 第五节　城市广场规划设计 ⟡⁓

　　城市广场由来已久。古希腊城市广场如普南城的中心广场，是市民进行宗教、商业、政治活动的场所。古罗马建造的城市中心广场开始时是作为市场和公众集会场所，后来也用于发布公告、进行审判、欢度节庆等的场所，通常集中了大量宗教性和纪念性的建筑物。此外，很多小城镇上还有进行商业活动的市场和码头、桥头的集散性广场。

　　中国古代城市缺乏公众活动的广场，只是在庙宇前有前庭，有的设有戏台，可以举行庙会等公共活动。衙署前的前庭，不是供公众活动使用，相反，还要求他们肃静回避。这在古代都城的规划布局中更为突出，如宫城或皇城前都有宫廷广场，但不开放。在生活节奏日益加快的今天，城市广场则成为繁忙的城市空间中的一个缓冲点，一个生活节奏的调节器。城市广场是人们相互接触、相互交往、和平共处的场所，为此我们应该为居民在城市中提供更多宜人的公共活动空间，形式多样的城市广场，以满足人们日益丰富的城市生活。

一、广场的定义及分类

（一）城市广场的定义

　　芦原义信在《街道美学》一书中提出，作为名副其实的广场应具备以下四个条件：第一，广场的边界线清楚，能成为"图形"，此边界线最好是建筑的外墙，而不是单纯遮挡视线的围墙；第二，具有良好的封闭空间的"阴角"，容易构成"图形"；第三，铺装面直到边界，空间领域明确，容易构成"图形"；第四，周围的建筑具有某种统计和协调，D/H 有良好的比例。他认为广场是居民的生活场所，是热闹的有生气的空间，而不是单纯的封闭空间。

　　凯文·林奇（Kevin Lynch）认为："广场位于一些高度城市化区域的核心部位，被有意识的作为活动焦点。通常情况下，广场经过铺装，被高密度的构筑物围合，有街道环绕或与其连通。它应具有可以吸引人群和便于聚会的要素"。

　　《城市规划原理》（第四版）提出"广场是由于城市功能上的要求而设置的，是供人们活动的空间。城市广场通常是城市居民社会生活的中心，广场上可进行集会、交通集散、居民游览休憩、商业服务及文化宣传等"。

　　《中国大百科全书》中把城市广场定义为："城市中由建筑物、道路或绿化地带围绕而成的开敞空间，是城市公众社会生活的中心。广场又是集中反映城市历史文化和艺术面貌的建筑空间"。纵观各种定义，可以看出城市广场的本质就是一个能被人所利用并能反映城市特色的开敞空间。

（二）城市广场的形式和类型

1. 城市广场的形式

广场的形式主要依据广场地形的不同，而有很大的变化，直接影响到人的视觉与心理。同时，对功能也会起到一定的限制作用。形式上有下沉式广场、提升式广场、水平式广场。

① 水平式广场　广场地平没有层次上的地势落差变化，多出现在一些交通集散、商业街等广场。

② 提升式广场　广场地平呈抬升的趋势，其空间层次划分为三级：平坦区域、提升区域、高点区域。

③ 下沉式广场　广场的地势呈下沉的趋势，广场的主要区域低于水平面，一般呈三个梯级，即平坦区域、下沉区域、低点区域。

抬升与下沉式比水平式广场具有空间层次的变化，但要注意起伏要适度，既不能过高也不能过低，否则会对人的心理和行为产生影响。

2. 城市广场类型

城市广场一般是根据其所承担的功能分为市政广场、交通广场、纪念广场、商业广场、街道广场、建筑广场等。

① 市政广场　市政广场的出现是市民参与市政和管理城市的一种象征。多修建于城市

图 8-60　天安门广场

行政中心所在地，是市民和政府沟通或举行全市性重要仪典的场所。广场尺度规模不可过小，以硬质铺装为主，同时可适当点缀绿化和小品，不宜布置过多的娱乐建筑和设施，同时为了加强稳重庄严的整体效果，建筑群一般呈对称布局，标志建筑物一般位于轴线上。还应注意合理组织广场内和相接道路的交通流线，以保证人群、车辆安全，迅速汇集与疏散（见图 8-60）。

② 纪念广场　纪念广场是纪念人物或事件而修建的广场，广场本身应成为纪念性雕塑或纪念碑底座的有机构成，应注重突出主题，布局与形式应创造与主题相一致的环境气氛。广场中心或侧面以纪念雕塑、纪念碑、纪念物或纪念性建筑作为标志物，主体标志物应位于构图中心。绿化时，首先要考虑合理地组织交通，满足大量人流集散的要求。按照广场的类型不同，绿化设计也要求有不同的风格，有的要求雄伟，有的要求简洁，但整个广场要有一个统一的风格。在种植手法上是多种多样的，如用大片的草坪和规整的花坛或点缀有代表性的常绿树种，来衬托和强调纪念物。广场局部也可布置小游园，设置座凳供人们休息。有的为了强调广场的庄严气氛，可布置浓郁、苍翠的树林（见图 8-61）。

③ 商业广场　商业广场是集购物、休憩、娱乐、餐饮于一体的广场，大都位于城市的商业区，是城市生活的重要中心。广场空间中大多以步行环境为主，使商业活动区相对集中，以此避免人流、车流交叉。内外建筑空间相互渗透，娱乐设施齐全，建筑小品尺度和内容富于人情味（见图 8-62）。

④ 交通广场　交通广场包括站前广场和道路交通广场两类。交通广场是城市交通系统的有机组成部分，它是交通连接枢纽，起交通、集散、联系、过渡及停车作用，并有合理的交通组织。交通广场也可以从竖向空间布局上进行规划设计，以解决复杂的交通问题，分隔

图 8-61 华盛顿纪念碑

图 8-62 西单广场

车流和人流。它应满足畅通无阻、联系方便的要求，有足够的面积及空间以满足车流、人流和安全的需要。同时，还要合理地安排广场的服务设施与景观。交通广场一般以常绿树为主，配以花灌木，中间也可以设喷泉、雕像、灯塔等，四周围以绿篱及栏杆。小型交通广场一般不允许行人进入，大型交通广场的内部与路口对应开设通道，分割小区，允许行人通过、逗留或休息（见图 8-63）。

图 8-63 光谷广场

图 8-64 汉口江滩广场

⑤ 休闲及娱乐广场　休闲广场是为人们提供安静休息、体育锻炼、文化娱乐和儿童游戏等活动的室外空间，是现代城市改善环境质量和市民生活中不可缺少的重要场所。一般包括绿地广场、滨水广场、文化广场、大型公共建筑外广场以及社区广场等。由于休闲娱乐广场空间组织较为自由，可以是无中心的、片段式的，即每一个小空间围绕一个主题。因此，这类广场更应重视广场的尺度、空间形态，小品、座椅的设置都应符合人的环境行为规律和人体尺度（见图 8-64）。

二、城市广场规划设计

（一）城市广场规划设计原则

1. 以人为本原则

城市广场的使用应充分体现对"人"的关怀，古典的广场一般没有绿地，以硬地或建筑为主；现代广场则出现大片的绿地，并通过巧妙的设施配置和交通，竖向组织，实现广场的"可达性"和"可留性"，强化广场作为公众中心"场所"的精神。现代广场的规划设计以"人"为主体，体现"人性化"，其使用进一步贴近人的生活。

2. 地方特色原则

城市广场的地方特色既包括自然特色，也包括其社会特色。

首先城市广场应突出其地方社会特色，即人文特性和历史特性。城市广场建设应承继城市当地本身的历史文脉，适应地方风情民俗文化，突出地方建筑艺术特色，有利于开展地方特色的民间活动，增强广场的凝聚力和城市旅游吸引力。

其次，城市广场还应突出其地方自然特色，即适应当地的地形地貌和气温气候等。城市广场应强化地理特征，尽量采用富有地方特色的建筑艺术手法和建筑材料，体现地方山水园林特色，以适应当地气候条件。如北方广场强调日照，南方广场则强调遮阳。

3. 效益兼顾原则

城市广场的功能向综合性和多样性衍生，现代城市广场综合利用城市空间和综合解决环境问题的意义日益显现。因此，城市广场规划设计不仅要有创新的理念和方法，而且还应体现出"生命至上、生态为先"的经济建设与社会、环境协调发展的思想。

4. 突出主题原则

城市广场无论大小如何，首先应明确其功能，确定其主题。这也可谓之"纲举目张"。围绕着主要功能，广场的规划设计就不会跑题，就会有"轨道"可循，也只有如此才能形成特色和内聚力与外引力。无论是交通广场、商业广场，还是融纪念性、标志性、群众性于一体的大型综合性广场，都要有准确的定位。在城市广场规划设计中应力求突出城市广场在塑造城市形象、满足人们多层次的活动需要与改善城市环境（包括城市空间环境和城市生态环境）的三大功能。并以体现时代特征为主旨，整体考虑广场布局规划。

（二）城市广场的设计

广场的设计主要从以下四个方面来切入。

1. 规模与尺度

F·伯吉德在他的《市镇设计》一书中对围合空间的尺度提出的数据颇有参考价值，他指出，当建筑物里面的高度等于人与建筑物的距离时（1∶1），有很好的封闭感；但建筑物立面的高度等于人与建筑物距离的1/2时（1∶2），是封闭的低限；如果建筑物立面的高度小于人与建筑物距离的1/3（1∶3），封闭感就消失了。可以推荐，广场的宽度（D）与周围建筑物的高度（H）之比大于或等于1，而小于2，即 $1 \leqslant D/H \leqslant 2$，为具有围合感的宜人尺度。现代大型城市广场的绝对尺寸以不超过 $5hm^2$ 为宜。

广场的围合感与周边建筑布置有关。首先要有连续的墙面来形成封闭的空间。当建筑物一个一个断开，建筑本身又不长，特别是单栋建筑之间的间距较大时，围合感受到削弱。其次是避免多条道路从广场中穿过。进入广场的道路越多，缺口越大，封闭性越差。尽量避免城市交通，特别是非步行交通穿越广场，必须穿过的道路要设法缩小断面，从而缩短了建筑物的间距。较好的办法是将进入广场的道路位置错开，对着建筑物的墙面不让直通，从而加强围合感。

2. 形成场所

凡是人们愿意逗留的地方才能称为场所。可以设想，在四周无依无靠、地上光秃秃一片的空间里，人们是不会愿意在这里逗留的。我国有些广场大而无挡，地面上铺满了花岗岩石块或草坪，广场上不说没有能坐下来的设施，就连一棵树都没有，夏天只能任凭太阳直晒，这样的广场能吸引人进去吗？大广场、大草坪固然气派，配上高大建筑更加气势雄伟，在一定情况下是需要的，但不能到处随便搬用。

首先具有场所感的广场要求尺度宜人，令人在里面感到舒适、踏实。其次还应具有丰富的空间，既有开敞空间又有亚空间及私密空间，满足不同种类的个人需求。再次广场创造的空间应能引起群众的互动。

3. 突出主体

如同城市中有标志性建筑一样，广场中要有一个主体建筑来控制全局，以加深人们对广场的印象。缺乏主体建筑、周边建筑平淡无奇或杂乱无章都有损于广场的形象。具有主体建筑的广场应让它占据主要地位，成为视线的中心，从多个角度能看到它。同时要处理好它的体量与造型，能自然地把人的注意力吸引过去。

广场上的主体建筑并非都要体量宏伟、高矗才能成为主体。北京天安门与其他城门楼相比并不高，造型也不特殊。但具有无可比拟的象征意义，无论广场的尺度多大仍是一个主体。

主体感也不一定是非要在广场上有主体建筑。它也可以产生于某一个构筑物，如塔、碑、雕像之类，而周围的建筑物却扮演者配角，如巴黎协和广场上的方尖碑。

4. 变化形状

关于广场的形状，英文中"square"是"广场"，与"方形"同义，许多广场确实是方形的。然而广场不一定非是方形的，不规则形状的广场的空间环境可能比规整的更有趣味。但形状的变化不能凭空想象，更不是追求新奇的结果。需要从以下几点着手。

① 顺其自然　广场形状的形成要顺应自然条件，同时需要综合所在地点的地形、地貌、广场的性质以及与城市总体的关系等进行设计。

② 合乎功能　意大利锡耶纳的坎波广场呈半圆的不规则形状。广场上的主体建筑——市政厅处于半圆形的圆心上，占主导地位，是地位的象征。高约100m的市政厅钟塔雄踞大片密集低矮的民居之上，成为城市的标志。广场虽然面积不大，但在一个小城市中，如此开阔的空间足够供节日举行集会和阅兵仪式之用。广场中高矗的钟塔与迎面低矮的弧形建筑形成强烈的对比。当人们绕过弯曲的窄巷小街进入宽广的广场时，视觉突然开阔。加上广场的地面从弧形建筑坡向市政厅，产生的视觉效果确能震撼人心。

③ 巧于构思　强调广场的空间环境设计不能凭空想象，要立足于现场的客观实际。然而要创造出有特色的设计必须有高度的修养和丰富的想象力，去体会人在广场中活动时产生的切身感受。

三、案例分析

1. 南京火车站站前广场（图 8-65）

南京火车站站前广场是集交通、休闲、娱乐等诸多功能为一体的火车站重要的配套设施，与著名的玄武湖连为一体。

图 8-65 南京火车站站前广场

　　设计者充分利用丰富的景观资源，突出广场的集散功能。本着交通为先的原则，最快捷地疏导人流，融入城市交通。以地面加地下的集散方式充分利用地下、地上交通，人流、车流分流，体现了火车站站前广场功能的完整性。

　　整个广场以"城市之门"集散广场为基本景观格局。以主站房建筑简洁、明快的现代风格为基调，城市之门仅以地石和喷水池组成繁写体"门"为隐喻，点明火车站"城市之门"的主题，通过阅城广场向玄武湖生态景区渗透。

2. 高邮市蝶园广场（图 8-66）

　　蝶园广场位于高邮市城南，东临净土寺塔，西望镇国寺塔，占地 11.5hm^2，原址为清初大学士王永吉别墅遗址。

　　蝶园广场注重地域特色、历史人文环境与现代造园手法相结合，满足不同层次群众的文化活动和休闲活动的需要，营造以净土寺塔、魁星楼形成的轴线作为广场的景观主轴，沿轴线形成"一轴、二面、三点"的整体布局。一轴为景观主轴线；二面为"蝶池水面"加"蝶园主广场"；三点为"入口商业休闲广场"加"亲水广场"加宋城魁星楼。通过贯穿全局的主轴产生联系、对话，由入口步道的"收"到主广场和蝶池的"放"，沿轴线形成丰富的城市广场空间层次。

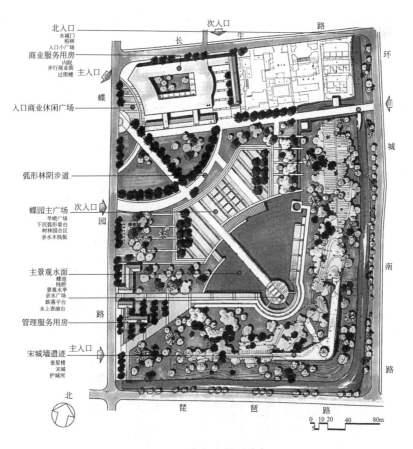

图 8-66　高邮市蝶园广场

第六节　附属绿地规划设计

"附属绿地"是指附属于各类城市建设用地（除"绿地与广场用地"）的绿化用地，包括居住用地附属绿地、工业用地附属绿地、道路与交通设施用地附属绿地、公共管理与公共服务设施用地附属绿地、商业服务业设施用地附属绿地、物流仓储用地附属绿地、公用设施用地附属绿地等。

一、居住用地附属绿地设计

按照《城市居住区规划设计规范》（GB 50180—2018）和《城市绿地分类标准》（CJJ/T 85—2017），居住用地附属绿地分为宅间绿地、社区道路绿地以及配套公建绿地三类类别。

宅间绿地是指住宅前后左右周边的绿地，虽然较为分散，但面积较大，是居民邻里生活的重要区域，可以促进邻里交往，推动和谐社区建设。宅旁绿地以绿化为主，可以设置休息座椅、小型健身场地、儿童游戏空间等。

社区道路绿地，随社区道路布置，可以与其他居住绿地整体规划。

配套公建绿地是在社区内，公共建筑和公用设施用地内专用的绿地，是由单位使用、管理的绿地，相应的功能与设施要满足公建的要求。如学校内要有操场、实验园地、自行车棚、活动场地等，幼儿园内可设置活动场、游戏场、小块动植物实验场及管理杂院等，医疗机构的绿地可设置病员候诊休息的室外园地、康复绿地等。

（一）宅间绿地的规划设计

住宅四周及庭院内的绿化是住宅区绿化的最基本单元，最接近居民，是居民夏季乘凉、冬季晒太阳，就近休息赏景、幼儿玩耍的重要空间；且宅间绿地具有"半私有"性质，满足居民的领域心理，而受到居民的喜爱与爱护。同时宅间绿地在居民日常生活的视野之内，便于邻里交往，便于学龄前儿童较安全地游戏、玩耍。另外宅间绿地是直接关系居民住宅的通风透光、室内安全等一些具体的生活，因此备受居民重视。宅间绿地因住宅建筑的高低、布局方式、地形起伏，其绿化形式有所区别时，绿化效果才能够反映出来（见图 8-67）。

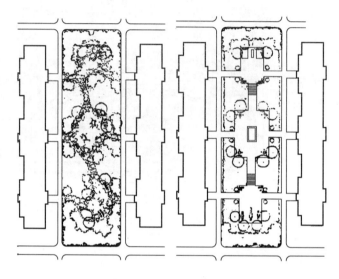

图 8-67　宅间绿地示意图

1. 宅间绿化应注意的问题

① 绿化布局，树种的选择要体现多样化，以丰富绿化面貌。行列式住宅容易造成单调感，甚至不易辨认外形相同的住宅，因此可以选择不同的树种，不同布置方式，成为识别的标志，起到区别不同行列、不同住宅单元的作用。

② 住宅周围常因建筑物的遮挡造成大面积的阴影，树种的选择受到一定的限制，因此要注意耐阴树种的配植，以确保阴影部位良好的绿化效果，可选用桃叶珊瑚、罗汉松、十大功劳、金丝桃、金丝梅、珍珠梅、绣球花等，以及玉簪、紫萼、书带草等宿根花卉。

③ 住宅附近管线比较密集，如自来水管、污水管；雨水管；煤气管、热力管、化粪池等，应根据管线分布情况，选择合适的植物，并在树木栽植时留够距离，以免后患。

④ 树木的栽植不要影响住宅的通风采光，特别是南向窗前尽量避免栽植乔木，尤其是常绿乔木，在冬天由于常绿树木的遮挡，使室内晒不到太阳，而有阴冷之感，是不可取的，若要栽植一般应在窗外 5m 之外。

⑤ 绿化布置要注意尺度感，以免由于树种选择不当而造成拥挤、狭窄的不良心理感觉，树木的高度、行数、大小要与庭院的面积、建筑间距，层数相适应。

⑥ 把庭院、屋基、天井、阳台、室内的绿化结合起来，通过植物的安排把室外自然环

境与室内环境连成一体，使居民有一个良好的绿色环境的心理感觉，使人赏心悦目。

2. 宅间绿化布置的形式

（1）低层行列式空间绿化　在每幢房屋之间多以乔木间隔，选用和布置形式应有差异。基层的杂物院、垃圾场，一般都规划种植常绿、绿篱加以隔离。向阳一侧种植落叶乔木，用以夏季遮阳，冬季采光。背阴一侧选用耐阴常绿乔灌木，以防冬季寒风，东西两侧种植落叶大乔木，减少夏季东西日晒。靠近房基处种植住户喜好的开花灌木，以免妨碍室内采光与通风。

（2）周边式居住建筑群、中部空间的绿化　一般情况下可设置较大的绿地，用绿篱或栏杆围出一定的用地，内部可用常绿树分隔空间，可自然式亦可规则式，可开放型，亦可封闭型，设置草坪、花坛、座椅、座凳，既起到隔声、防尘、遮挡视线、美化环境的作用，又可为居民提供休息场所，形式可多样，层次宜丰富。

（3）多单元式住宅四周绿化　由于大多数单元式住宅大多空间距离小，而且受建筑高度的影响，比较难以绿化，一般南面可选用落叶乔木辅之以草坪，增加绿地面积，北面宜选用较耐阴的乔木、灌木进行绿化，在东西两边乔木宜栽植高大落叶乔木，可起到冬季防风，盛夏遮阳的良好效果。为进一步防晒，可种植攀缘植物，垂直绿化墙面，效果也好。

（4）庭院绿化　一般对于庭院的布置，因其有较好的绿化空间，多以布置花木为主，辅以山石、水池、花坛，园林小品等，形成自然、幽静的居住生活环境，甚至可依居民嗜好栽种名贵花木及经济林木。赏景的同时，辅以浓浓的生活气息，也可以以草坪为主，栽种树木花草，而使场地的平面布置多样而活泼，开敞而恬静。

（5）住宅建筑旁的绿化　住宅建筑旁的绿化应与庭院绿化，建筑格调相协调。目前小区规划建设中，住宅单元大部分是北（西）入口，底层庭院是南（东）入口。北入口以对植、丛植的手法，栽植耐阴灌木，如金丝桃、金丝梅、桃叶珊瑚、珍珠梅、海桐球、石楠球等，以强调入口。南入口除了上述布置外，常栽植攀缘植物，如凌霄、常春藤、地绵、山荞麦、金银花等，做成拱门。在入口处注意不要栽种尖刺的植物，如凤尾兰、丝兰等，以免伤害出入的居民，特别是幼小儿童。墙基、角隅的绿化，使垂直的建筑墙体与小平地地面之间以绿色植物为过渡，如植铺地柏、鹿角桧、麦冬、葱兰等，角隅栽植珊瑚树、八角金盘、凤尾竹、棕竹等，使沿墙处的屋角绿树茵茵，色彩丰富，打破呆板、枯燥、僵直的感觉。

（6）生活杂务用场地的绿化　在住宅旁有杂务院、垃圾站等，一是要位置适中，二是采用绿化将其隐蔽，以免有碍观瞻。如垃圾站点的设置要选择适当位置，既便于使用、清运垃圾，又易于隐蔽。一般情况下，在垃圾站点外围密植常绿树木，将其隐蔽，可起到绿化并防止垃圾因风飞散而造成再污染，但是要留好出入口，一般出入口应位于背风面。

（二）社区道路绿地

社区道路绿地是社区绿化系统中的一部分，也是社区"点、线、面"绿化系统中的"线"的部分，它起到连接、导向、分割、围合等作用，沟通和连接社区公共绿地、宅旁绿地等各级绿地。社区道路绿地有利于居住区的通风，改善小气候，减少交通噪声的影响，保护路面以及美化街景，以少量的用地，增加居住区的绿化覆盖面积。道路绿化布置的方式，要结合道路横断面，所处位置，地上地下管线状况等进行综合考虑。社区道路不仅是交通、职工上下班的通道，往往也是居民散步的场所。主要道路应绿树成荫，树木配植的方式，树种的选择应不同于城市街道，形成不同于市区街道的气氛，使乔木、灌木、绿篱、草地、花卉相结合，显得更为生动活泼。

1. 主干道旁的绿化

居住区主干道是联系各小区及居住区内外的主要道路，除了人行外，车辆交通比较频繁，行道树的栽植要考虑行人的遮阳与交通安全，在交叉口及转弯处要依照安全三角视距要素绿化，保证行车安全。主干道路面宽阔，选用体态雄伟、树冠宽阔的乔木，使主干道绿树成荫，在人行道和居住建筑之间可多行列植或丛植乔灌木，以起到防止尘埃和隔声的作用，行道树以樟树、广玉兰和桂花等为主，以玫瑰、月季相辅。绿带内以开花繁密或枝叶美丽的八仙花、玉簪等为地被，在道路拓宽处可布置些花台、山石小品，使街景花团锦簇，层次分明，富于变化。

2. 次干道旁的绿化

居住小区道路，是联系各住宅组团之间的道路，是组织和联系小区各项绿地的纽带，对居住小区的绿化面貌有很大作用。这里以人行为主，也常是居民散步之地，树木配置要活泼多样，根据居住建筑的布置、道路走向以及所处位置、周围环境等加以考虑。树种选择上可以多选小乔木及开花灌木，特别是一些开花繁密的树种，叶色变化的树种，如合欢、樱花、五角枫、红叶李、乌桕、栾树等。每条道路又选择不同树种，不同断面种植形式，使每条路各有个性，在一条路上以某一二种花木为主体，形成合欢路、樱花路、紫薇路、丁香路等。如北京古城居住区的古城路，以小叶杨作行道树，以丁香为主栽树种，春季丁香盛开，一路丁香一路香，紫白相间一路彩，给古城路增景添彩，也成为古城居民欣赏丁香的美好去处。

3. 住宅小路的绿化

住宅小路是联系各住宅的道路，宽 2.5m 左右，供人行走，绿化布置时要适当后退 0.5~1m，以便必要时急救车和搬运车驶近住宅。小路交叉口有时可适当放宽，与休息场地结合布置，也显得灵活多样，丰富道路景观。行列式住宅各条小路，从树种选择到配置方式采取多样化，形成不同景观，也便于识别家门。如北京南沙沟居住小区，形式相同的住宅建筑间小路，在平行的 11 条宅间小路上，分别栽植馒头柳、银杏、柿、元宝枫、核桃、油松、泡桐、香椿等树种，既有利于居民识别自己的家，又丰富了住宅绿化的艺术面貌。

道路绿地设计时，有的步行路与交叉口可适当放宽，并与休息活动场地结合，形成小景点。主路两旁行道树不应与城市道路的树种相同，要体现居住区的植物特色，在路旁种植设计要灵活自然，与两侧的建筑物、各种设施相结合，疏密相间，高低错落，富有变化。道路绿化还应考虑增加或弥补住宅建筑的差别，因此在配植方式与植物材料选择、搭配上应有特点，采取多样化，以不同的行道树、花灌木、绿篱、地被、草坪组合不同的绿色景观，加强识别性。在树种的选择上，由于道路较窄，可选种中小型乔木。

在造园中所谓"路从景出，景随路生"，在居住及道路绿化中也正是如此，这也说明路与景相辅相成的关系。因此随着道路沿线的空间收放，绿化设计应给人产生观赏动感，如某小区主路呈 S 状（见图8-68），每一个转折点都创造了不同的景致，使居民出行过程中赏心悦目，不会感到枯燥。经过各个景点的仔细安排，人们从小区的南到北，从北到南都能经历不断变化的景观效果感受到步移景异的情趣。

（三）配套公建所属绿地

在居住区或居住小区里，公共建筑和公用设施用地内附属的绿地，是由各单位使用、管理并各按其功能需要进行布置的。这种绿地对改善居住区小气候、美化环境及丰富文化生活等方面发挥着积极的作用。在设计时要结合四周环境的要求进行绿化布置。

1. 公共服务设施的绿化

公共服务设施绿化是指小区内的公共服务建筑附近的绿化，如会所、游泳池、商店、停车场等。商店、会所前应留出宽敞地面解决人流集散，除了要考虑交通和遮阳等功能要求，还要考虑与建筑配合时的艺术效果，植物应选体形优美遮阳效果好的。

2. 托儿所、幼儿园的绿化

托儿所、幼儿园一般在小区中都布置在独立地段，或者设在住宅的底层，其用地周围环境必须安静。正规的托儿所、幼儿园应包括室内活动及室外活动两个部分。根据幼儿园的活动要求，室外活动应设置有公共活动场地、班组活动场地、菜园、果园、小动物饲养地等。公共活动场地是全部儿童的活动游戏场，应该是幼儿园的重点绿化区，在场地上应设有各种活动器械、沙坑等，并可适当布置小亭、花架、涉水池等。在活动器械附近以种植荫蔽的落叶乔木为主，场地角隅部分可适当点缀些开花灌木。班组活动场地，主要供小班作室外活动用，一般种大乔木荫蔽，场地周围也可用植篱围起来，形成一个单独空间。整个室外活动场，应尽量铺设草地。有条件的还可设棚架，供夏日荫蔽。托幼用地周围，除了用墙垣、篱栅作隔离外，在园地周围必须种植成行的乔灌木和植篱，形成一个浓密的防尘土、噪声、风沙的防护带（见图 8-69）。

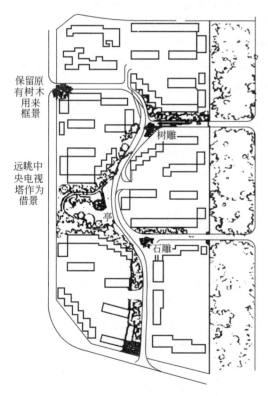

图 8-68　某小区沿主路景点分析图

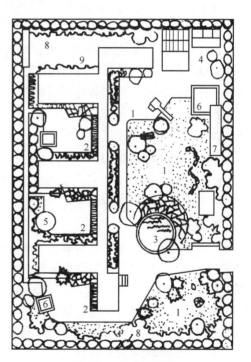

图 8-69　幼儿园绿化

1—公共活动场地；2—小班活动场地；3—涉水池；4—生物角；5—沙池；6—运动沙地；7—凉棚；8—防护林；9—杂物院

菜园、果园及小动物饲养场地一般布置在园内边角上，四周应有低矮的篱栅作隔离，其内种植少数果树、油料作物、经济药用植物等，以及饲养少数家禽、家畜。托幼机构绿化植物种类选择可多种多样，但要注意不能用有刺、有毒、有恶臭以及易引起过敏反应的植物，以免影响儿童健康。

二、工业用地附属绿地设计

工业绿地是指城市工业用地范围内的绿地，即城市工矿企业的生产车间、库房及其附属设施等用地内的绿地。

（一）工业绿地的意义

工业是城市中重要的组成要素之一。现代工业生产的发展是许多新城市形成和旧城市扩建的前提。工业在城市中的布局影响着整个城市的功能性质和发展方向，同时影响着城市的环境和面貌。

工业用地在城市中占有十分重要的地位，一般城市工业用地占到 20％～30％，工业城市工业用地比例会更高。工厂中建筑林立、烟囱密集、一些工厂污染严重、生态条件恶劣，这给整个生态环境造成很大的污染，因而，工矿企业的绿化至关重要。发展工矿企业绿化是增加城市绿地面积的重要手段，也是改善城市生态环境的重要途径。例如上海宝钢是我国大型钢铁企业环保型生态园林建设的典范，他们以生态园林为指导，以提高绿化生态目标和绿化效益质量为目的，根据宝钢的生产情况和环境的污染情况，选择配置了 360 多种具有吸收有害气体或吸附粉尘能力较强的植物，绿地总面积达 414.55 万平方米，其中草坪 130 万平方米，绿地覆盖率 28.52％，取得了巨大的生态效益和社会效益。

工业绿地除具有一般绿化所具有的作用功能外，还具有以下特殊功能和作用。①美化环境，树立工厂形象。②改善工作环境：绿地能消除或减弱对人体神经系统有不良刺激的因素，如强光、噪声和大风等，植物的绿色对人的心理有镇静作用。另外绿地在提高劳动生产率和保证产品质量等方面也具有明显作用。③改善生态环境：植物具有吸收二氧化碳放出氧气、吸收有害气体、放射性物质、吸滞烟尘和粉尘、调节和改善小气候、减弱噪声、监测环境污染等作用。④创造经济效益等。

（二）工业绿地的特点

工矿企业绿地由于工业生产而有着与其他用地绿地不同的特点，工厂的性质、类型不同，生产工艺特殊，对环境影响及要求也不相同，工业绿地有其独特的特点。

1. 环境恶劣

工厂在生产过程中常常会排放或逸出各种有害于人体健康、植物生长的气体、粉尘及其他物质，使空气、水分、土壤受到不同程度的污染，这样的状况以目前的科学技术及管理的条件还不可能杜绝；另外，由于工业用地的选择尽量不占耕地良田，加之基本建设和生产过程中废物的堆放、废气的排放，使土壤的结构遭到严重的破坏。因此，必须根据不同类型、不同性质的工厂选择适宜的花草树木，否则将会造成树木死亡，事倍功半的结果。

由于全厂区硬化率高，水分循环异常，土壤缺乏雨水的淋溶，理化性质变坏，常发生缺氧、盐化以及土壤过于密实等问题。空间的限制和生态因子的恶化，对植物生长极为不利，甚至威胁着植物在工厂环境中的生存，给工厂绿化带来了很大的困难。

2. 用地紧凑

工业生产需要一定的设备，要集中大量的劳动力，所以工厂里建筑林立、管线密布、人口密集；工业生产需要大量的原料和燃料，大量的产品又要贮存和外运，所以仓库堆场和道路占很大的面积，特别是中小型工矿企业，往往能提供绿化的用地很少，因此工厂绿化中要灵活运用绿化布置手法，以植物为主体，植物造景，同时还必须要见缝插绿，甚至找缝插绿，寸土必争地栽种花草树木，以争取绿化用地。还可以充分利用攀缘植物进行垂直绿化或者开辟屋顶花园，以增加绿地面积。

3. 保证安全生产

工业企业绿化的首要目的不是美化，而是要有利于生产正常运行，有利于产品质量的提高。工厂里空中、地上、地下有着种类繁多的管线，不同性质和用途的建筑物、构筑物，铁路、道路纵横交叉、运输繁忙，因此绿化植树时要根据其不同的安全要求，既不影响安全生产，又要使植物能有正常的生长条件。

在工厂绿化中确定适宜的栽植距离，对保证生产的正常运行和安全是至关重要的。有些企业的空气污染程度直接关系到产品质量，如精密仪器厂、光学仪器厂、电子工厂等应增加绿地面积，土地均以植物覆盖，以减少飞尘。

4. 服务对象

工业企业绿地是本厂职工休息的场所，职工的职业性质比较接近，人员相对固定，绿地使用时间短，面积小，加上环境条件的限制，使可以种植的花草树木种类受到限制，因此如何在有限的绿地中，结合园林小品、园林设施，使之内容丰富，发挥其最大的使用效率是工厂绿化中特有的问题。如有的工厂利用厂内山丘水塘，植花木，置水榭，建棚架建成小游园，车间附近设喷泉水池，种上睡莲，伴以仙鹤戏水，相映成趣。道路两旁及建筑物前沿规则式的栽植，显得工整庄严、端正，而自然式的小游园则显得活泼生动。

（三）工业绿地设计原则

1. 保证安全生产

工厂绿化应根据工厂性质、规模、生产和使用特点、环境条件对绿化的不同功能要求进行设计。在设计中不能因绿化而任意延长生产流程和交通运输路线，影响生产的合理性。如干道两旁的绿地要服从于交通功能的需要，服从管线使用与检修的要求；车间周围的绿化必须注意绿化与建筑朝向、门窗位置、风向等的关系，充分保证车间对通风和采光的要求。在无法避开的管线处设计时必须考虑各类植物距各种管线的最小净间距，不能妨碍生产的正常进行和选择耐修剪植物。只有从生产的工艺流程出发，根据环境的特点，明确绿地的主要功能，确定适合的绿化方式、方法，合理地进行规划，科学地进行布局，才能使绿化达到预期效果。

2. 提高绿地率

工厂绿地面积的大小直接影响绿化的功能和工业景观，因此要想方设法，多途径、多形式地增加绿地面积，提高绿地率。由于工厂的性质、规模、所在地的自然条件以及对绿化要求的不同，绿地面积差异悬殊。

我国一些学者提出，为了保证工厂实行文明生产，改善厂区环境质量，必须有一定的绿地面积。重工业类企业厂区绿地面积应占厂区面积的20％；化学工业类企业绿地应占20％～25％；轻工业、纺织工业40％～50％；精密仪器工业类50％；其他工业类在30％左右。我国目前大多数工厂绿化用地不足，特别是一些位于旧城区的工厂绿化用地更加偏紧。

要通过多种途径，积极扩大绿化面积，坚持多层次绿化，充分利用地面、墙面、屋面、棚架、水面等形成全方位立体的绿化空间。

3. 具有独特风格

工厂绿化是以工业建筑为主体的环境净化和美化，要体现本厂绿化的特点与风格，充分发挥绿化的整体效果。工厂因其生产工艺流程的要求，以及防火、防爆、通风、采光等要求，形成工厂特有的建（构）筑物的外形及色彩，厂房建筑与各种构筑物的联系，形成工厂特有的空间和别具一格的工业景观。如热电厂有着优美造型的双曲线冷却塔；纺织厂锯齿形天窗的车间；炼油厂的纵横交错、色彩丰富的管道；化工厂高耸的露天装置等。工厂绿化就是在这样特点的环境中，以花草树木的形态、轮廓、色彩的美，使工厂环境形成独特的、优美的艺术面貌。

4. 合理布局，形成绿地系统

工矿企业绿地要利于全厂统一安排，统一布局，减少建设中的种种矛盾。绿地规划设计时，要以工业建筑为主体进行环境设计，由于工厂建筑密度较大，应按总平面的构思与布局对各种空间进行绿化布置。在视线集中的主体建筑四周，用绿地重点布置，能起到烘托主体的作用；如适当配以小品，还能形成丰富、完整、舒适的空间。

将工厂绿地纳入工厂总平面图布置中，做到全面规划，合理布局，点、线、面相结合，形成系统的绿地空间，点的绿化主要分为两个部分：一是厂前区的绿化，二是游憩性的游园。线是厂内道路、铁路、河流的绿化以及防护林带。面是工厂企业单位中的车间、仓库、堆场等生产性的建筑、场地周围的绿化。工厂企业单位绿化中的点、线、面三者形成系统，成为一个较稳定的绿地景观空间。

（四）工业绿地规划设计前的准备

在规划设计前必须进行自然条件的调查，工厂总图布置意图及社会调查。工厂生产性质及规模的调查。

（1）自然条件的调查　对当地自然条件进行充分调查，如土壤类型分布、地下水位、气象气候条件等。初建成的工厂还要调查周围建筑垃圾、土壤成分，为适当换土或改良土壤作依据。

（2）工厂性质及其规模的调查　不同性质的工厂生产内容不同，对周围环境的影响也不一样。就是工厂性质相同，但生产工艺也可能不同，所以还需要进行调查，才能弄清生产特点，确定所有的污染源位置和性质，进而明确污染物对植物损伤情况，为绿化设计提供依据。

（3）工厂总图的了解　了解绿化面积情况及相关管线与绿化树木的关系。

（4）社会调查　要做好工厂绿化规划设计，应当深入了解工厂对环境绿化的要求，当地园林部门对工厂绿化的意见，以便更好地规划建设和管理。

（五）工业绿地各分区绿化设计要点

1. 厂前区绿化

厂前区包括主要入口、厂前建筑群和厂前广场。这里是职工居住区与工厂生产区的纽带，对外联系的中心，是厂内外人流最集中的地方。厂前区在一定程度上代表着工厂的形象，体现工厂的面貌，也是工厂文明生产的象征。它常与城市道路相邻，其环境的好坏直接关系到城市的面貌，其主要建筑一般都具有较高的建筑艺术标准。

厂前区在工厂中的位置一般在上风方向，受生产工艺流程的限制较小，离污染源较远，受污染的程度比较小，工程网也比较少，空间集中，绿化条件比较好，同时也对园林绿化布置提出了较高的要求。厂前区的绿化由厂门、建筑物周围的绿化、林阴道、广场、花坛、花台等组成。

厂前区绿化布置应考虑道路和建筑的平面布局，主体建筑的立面、色彩、风格，与城市道路的关系等，多数采用规则式和混合式相结合的布局。厂门的绿化要方便交通，与建筑的形体、色彩相协调，与街道绿化相呼应，远离大门的两侧种高大的树木，大门附近用矮小而观赏价值较高的植物或建筑小品作重点装饰，形成绿树成荫、多姿多彩的景象。

厂门到办公综合大楼间的道路、广场上，可布置花坛、喷泉，体现本厂特点的雕塑等。建筑周围的绿化应注意厂前区空间处理上的艺术效果，建筑的南侧栽植乔木要防止影响采光通风，栽植灌木宜低于窗口，以免遮挡视线，东西两侧宜植落叶乔木，以防夏日西晒（见图 8-70）。

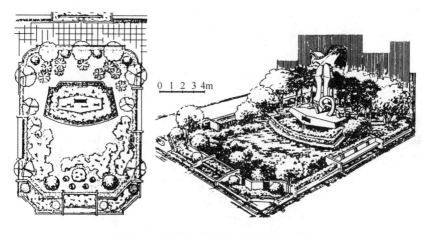

图 8-70　某厂厂前区绿地平面及效果图

厂前区的另一个空间是大门与厂前建筑群之间的部分，这里是厂前空间的中心，应注意与厂外环境及生产区绿化的衔接过渡。布置形式因功能要求不同而不同：当人流、车流量较大，并有停车要求时，常布置成广场形式，绿化多为大乔木配置在广场四周及中央，以遮阳树为主；当没有上述特殊要求时，常常与小游园布置相结合，以供职工短时间的休息。如北京前进化工厂、上海石油化工总厂的涤纶厂、腈纶厂等厂前区结合小游园布置，栽植观赏花木，铺设草坪，辟水池，设山泉小品，有小径、汀步，还设置灯座、凳椅，形成恬静、清洁、舒适、优美的环境，职工在工余班后，可以在此散步谈心、娱乐，取得了很好的效果。

2. 生产区绿化

生产区是生产的场所，污染重、管线多、空间小、绿化条件较差。但生产区占地面积大，发展绿地的潜力很大，绿地对保护环境的作用更突出、更具有工厂绿地的特殊性，是工厂绿化的主体。生产区绿化主要以车间周围的带状绿地为主。

车间周围绿化要注意的问题如下：①生产车间职工生产劳动的特点；②车间出入口作为重点美化地段；③考虑车间职工对园林绿化布局形式及观赏植物的喜好；④注意树种选择，特别是有污染的车间附近；⑤注意车间对采光、通风的要求；⑥考虑四季景观；⑦满足生产运输、安全、维修等方面的要求；⑧处理好植物与各种管线的关系。

车间周围的绿化比较复杂，可供绿化面积的大小因车间内生产特点不同而异。根据其对环境的影响将生产车间分为 3 类：①产生污染生产车间；②无污染生产车间；③对环境质量要求高的生产车间。对这 3 类不同的生产车间环境进行设计应采用不同的方法。

（1）有环境污染车间的绿化　产生有害气体、粉尘、烟尘、噪声等污染物的车间，对环境影响严重，要求绿化植物能防烟、防尘、防毒。在其生产过程中，一方面通过改进工艺措施，增加除尘设备，回收有害气体等手段来解决；另一方面通过绿化减轻危害，美化环境，两者同等重要。

在有严重污染的车间周围进行绿化，首先要了解污染物的成分和污染程度。在化工生产中，同一产品由于原料和生产方式的不同，对空气的污染也不同，例如，生产尿素和液氨的氮肥厂主要污染物是 CO、CO_2、NH_3 等，而生产硫酸铵的工厂除了上述污染物外，还必须考虑到 SO_2 的污染。因此要使植物能够在不同的污染环境中发挥作用（主要是卫生防护功能），关键是有针对性地选择树种。但要达到预期的防护效果，还有赖于合理的绿化布置，在产生污染的车间附近，特别是污染较重的盛行风向下侧，不宜密植林木，可设开阔的草坪、地被、疏林等，以利于通风，稀释有害气体，与其他车间之间可与道路相结合设置绿化隔离带。

在有严重污染的车间周围，不宜设置成休息绿地。植物选择必须要选择抗性强树种，配置中掌握"近疏远密"原则，与主导风向平行的方向要留有通风道，以保证有害气体的扩散。

在产生强烈噪声的车间周围，如锻压、铆接、锤钉、鼓风等车间应该选择枝叶茂密、树冠矮、分枝点低的乔灌木，多层密植形成隔音带，减轻噪声对周围环境的影响。

在多粉尘的车间周围，应该密植滞尘、抗尘能力强，叶面粗糙、有黏液分泌的树种。

在高温生产车间，工人长时间处于高温中，容易疲劳，应在车间周围设置有良好的绿化环境的休息场所，改善劳动条件是必要的，休息场地要有良好的遮阳和通风，色彩以清爽淡雅为宜，可设置水池、座椅等小品供职工休息、调节精神、消除疲劳。

在产生严重污染的车间周围绿化，树种选择是否合理是成败的关键，不同树种对环境条件的适应能力和要求不同，如烟尘污染对植物生长影响较大，在这样的环境中臭椿生长最为健壮，榆树次之，柳树则生长较差。树木抗污染能力除树种因素外还同污染的种类、浓度、树木生长的环境等有关，也和林相组成有关，复层混交林的栽植形式抗污染能力强，单层稀疏的栽植抗污染能力弱。

（2）无污染车间周围的绿化　无污染车间指本身对环境不产生有害污染物质，在卫生防护方面对周围环境也无特殊要求的车间。车间周围的绿化较为自由，除注意不要妨碍上下管道外，限制性不大。在厂区绿化统一规划下，各车间应体现各自不同的特点，考虑职工工余休息的需要，在用地条件允许的情况下，可设计成游园的形式，布置座椅、花坛、水池、花架等园林小品，形成良好的休息环境，在车间的出入口可进行重点的装饰性布置，特别是宣传廊前可布置一些花坛、花台，种植花色艳丽、姿态优美的花木。在露天车间，如水泥预制品车间、木材、煤、矿石等堆料场的周围可布置数行常绿乔灌木混交林带，起防护隔离、防止人流横穿及防火遮盖等作用，主道旁还可遮阳休息。植物的选择考虑本车间的生产特点，作出与工作环境不同的绿化设计方案，调节人的视觉环境。

一般性生产车间还要考虑通风、采光、防风（北方地区）、隔热（南方地区）、防尘、防噪等一般性要求。如在生产车间的南向应种植落叶大乔木，以利炎夏遮阳，冬季又有温暖的阳光；东西向应种植冠大荫浓的落叶乔木，以防止夏季东西日晒，北向宜种植常绿、落叶乔木和灌木混交林，遮挡冬季的寒风和尘土，尤其是北方地区更应注意。在车间周围的空地上，应以草坪覆盖，使环境清新明快，便于衬托建筑和花卉、乔灌木，提高视觉的艺术效果，减少风沙。在不影响生产的情况下，可用盆景陈设，立体绿化的形式，将车间内外绿化连成一个整体，创造一个生动的自然环境。

此外，高压线下和电线附近不要种植高大乔木，以免导电失火或摩擦电线，植物配置应考虑美观的要求，并注意层次和四季景观。

（3）有特殊要求的车间周围的绿化　要求洁净程度较高的车间，如食品、精密仪器、光学仪器、工艺品等车间，这些车间周围空气质量直接影响产品质量和设备的寿命，其环境设计要求清洁、防尘、降温、美观，有良好的通风和采光。因此植物应选择无飞絮、无花粉、无飞毛、不易生病虫害、不落叶（常绿阔叶树或针叶树）或落叶整齐、枝叶茂密、生长健壮、吸附空气中粉尘的能力强的树种。同时注意低矮的地被和草坪的应用，固土并减少扬尘。在有污染物排出的车间或建筑物朝盛行风向一侧或主要交通路线旁边，应设密植的防护绿地进行隔离，以减少有害气体、噪声、尘土等的侵袭。在车间周围设置密闭的防护林或在周围种植低矮乔木和灌木，以较大距离种植高大常绿乔木，辅以花草，并在墙面采用垂直绿化以满足防晒降温、恢复职工疲劳的要求。在生产工艺品车间周围（如刺绣、地毯等）应该有优美的环境，使职工精神愉快，并使设计人员思想活跃、构思丰富、创作出精良优美的图案。

对防火、防爆要求的车间及仓库周围绿化应以防火隔离为主，选择植物枝叶水分含量大、不易燃烧或遇火燃烧不出火焰的少油脂树种，如珊瑚树、银杏、冬青、泡桐、柳树等进行绿化，不得栽种针叶树等油脂较多的松、柏类植物，种植时要注意留出消防车活动的余地，在其车间外围可以适当设置休息小庭园，以供工人休息。

某些深井、贮水池、冷却塔、冷却池、污水处理厂等处的绿化，最外层可种植一些无飞毛、花粉和带翅果的落叶阔叶树，种植常绿树种要远离设施 2m 以外，以减少落叶落入水中，2m 以内可种植耐阴湿的草坪及花卉等以利检修。在冷却池和塔的东西两侧应种大乔木，北向种常绿乔木，南向疏植大乔木，注意开敞，以利通风降温、减少辐射热和夏季气流畅通。在鼓风式冷却塔外围还应设置防噪声常绿阔叶林，在树种的选择上要注意选用耐阴、耐湿树种。

车间的类型很多，其生产特点各不相同，对环境的要求也有所差异。因此，实地考察工厂的生产特点、工艺流程、对环境的要求和影响、绿化现状、地下地上管线等对于做好绿化设计十分重要。

3. 仓库、堆场区绿地规划设计

仓库周围的绿化，应注意以下几个方面。

① 要考虑到交通运输条件和所贮存的物品，满足使用上的要求，务必使装卸运输方便。

② 要选择病虫害少，树干通直的树种，分枝点要高。

③ 要注意防火要求，不宜种植针叶树和含油脂较多的树种，仓库的绿化以稀疏栽植乔木为主，树的间距要大些，以 7～10m 为宜，绿化布置宜简洁。在仓库建筑周围必须留出 5～7m 宽的空地，以保证消防通道的宽度和净空高度，不妨碍消防车的作业。

地下仓库上面，根据覆土厚度的情况，种植草皮、藤本植物和乔灌木，可起到装饰、隐蔽、降低地表温度和防止尘土飞扬的作用（见表 8-9）。

装有易燃物的贮罐周围，应以草坪为主，而防护堤内不种植物。

露天堆物进行绿化时，首先不能影响堆场的操作。在堆场周围栽植生长强健、防火防尘效果好的落叶阔叶树，与其周围很好地加以隔离。如常州混凝土构件厂，在成品堆放场沿围墙种植泡桐，在中间一排电杆的分隔带上，种广玉兰、罗汉松、美人蕉、麦冬，形成优美的带状绿地，工人们在树荫下休息，花草树木也给枯燥的堆物带来了生机。

表 8-9　植物最低种植土厚度

植物种类	生存所需/cm	生长所需/cm	植物种类	生存所需/cm	生长所需/cm
草本	10～15	30	浅根乔木	60	90～100
小灌木	30	45	深根乔木	90～100	150
大灌木	45	60			

4. 工厂小游园设计

工厂企业根据厂区内的立地条件，厂区规划要求设置集中绿地，因地制宜地开辟小游园，满足职工业余休息、放松、消除疲劳、锻炼、聊天、观赏的需要，对提高劳动生产率，保证安全生产，开展职工业余文化娱乐活动有重要意义，对美化厂容厂貌有着重要的作用。

集中绿地、小游园多选择在职工休息易于到达的场地，如有自然地形可以利用则更好，以便于创造优美自然的园林艺术空间，通过对各种观赏植物、园林建筑及小品、道路铺装、水池、座椅等的合理安排，形成优美自然的园林环境。厂区小游园面积一般都不大，布局形式可采用规则式、自由式、混合式。根据休息性绿地的用地条件（地形地貌）平面性状、使用性质、职工人流来向、周围建筑布局等灵活采用，园路及建筑小品的设计应从环境条件及实际使用的情况出发，满足使用及造景需要，出入口的布置避免生产性交通的穿越。小游园的四周宜用大树围合，遮挡有碍观瞻的建筑群，形成幽静的独立空间。

小游园的布置有以下几种。

(1) 结合厂前区布置　厂前区是职工上下班集散的场所，是外来宾客首到之处，同时临城市街道，小游园结合厂前区布置，既方便职工的游憩，又丰富美化了厂前区，节约了用地和投资（见图 8-71）。

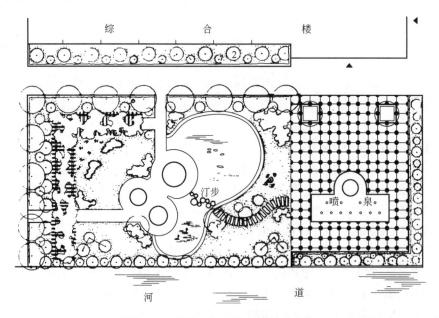

图 8-71　厂前区中心绿地规划平面图

如湖北汉川电厂厂前区绿地（见图 8-72），以植物造景为手段，以清新、高雅、优美为目的，强调俯视与平视两方面的效果，不仅有美丽的图案，而且有一定的文化内涵。选用桂花、雪松、紫叶李、樱花、大叶黄杨、海桐球、锦熟黄杨、紫薇、丛竹、紫藤、丰花月季、法国冬青、马褂木、女贞、黄素馨等主要苗木，用植物组成了两个大型的模纹绿地。一个是以桂花为主景，草坪和地被植物为配景，用大叶黄杨组成图案，用球形的金丝桃和锦熟黄杨等植物点缀，成片布置丰花月季，并用雀舌黄杨和白矾石组成醒目的厂标，形成厂前区环境的构图中心和视线焦点；另一个模纹绿地，则用大叶黄杨、海桐球、丰花月季、雀舌黄杨、红叶小檗、美女樱等组成火与电的图案。一圈圈的雀舌黄杨象征磁力线，大叶黄杨组成两个扭动的轴，象征着电业带来工业的发展。整个图案别致新颖，既注重了从生产办公楼俯视效果，又注重了从环路中的平视效果，充分体现了汉川电厂绿化的韵律美和节奏感。

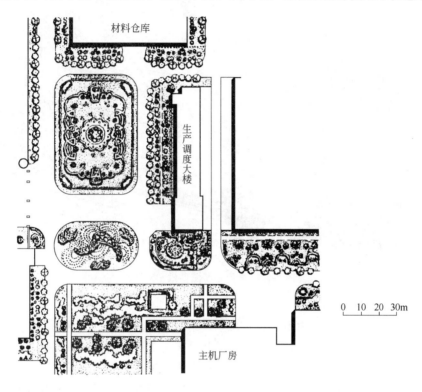

图 8-72　湖北汉川电厂厂前区绿地

(2) 结合厂内自然地形布置　厂内如有自然地形或在河边、湖边、海边、山边等，则有利于因地制宜的开辟小游园，以便职工开展做操、散步、坐歇、谈话、听音乐等各项活动或向附近居民开放。可用花墙、绿篱、绿廊分隔园中空间，并因地势高低布置园路、点缀水池、喷泉、山石、花廊、坐凳等丰富园景。有条件的工厂可将小游园的水景与贮水池、冷却池等相结合，水边可种植水生花草，如鸢尾、睡莲、荷花等。如北京首钢，利用厂内冷却水池修建了游船码头，增加了厂内活动内容，美化了环境。南京江南光学仪器厂将一个近乎是垃圾场的小水塘疏浚治理，设喷泉、花架、做假山、修园路、铺草坪、种花草树木进行美化，使之成为广大职工喜爱的小游园。

(3) 结合公共福利设施人防工程布置　小游园绿化也可和本厂的工会俱乐部、电影院、阅览室、体育活动场等相结合统一布置，扩大绿化面积，实现工厂花园化。以及把小游园与人防设施相结合，其内设台球室、游艺室等，地下人防多功能，上下结合，趣味横生，多余的土方可因地制宜地堆叠假山、种植乔灌木。在地上通气口可以建立亭、廊等建筑小品。但要注意在人防工程上土层深度为 2.5m 时可种大乔木，土层深度为 1.5～2m 时，可种小乔木及灌木，0.3～0.5m 时，只可种草、地被植物、竹子等植物，在人防设施的出入口附近不得种植多刺或蔓生伏地植物。

（4）在车间附近布置　在车间附近布置小游园可使职工休息时便捷地到达，而且可以根据本车间工人的喜好布置成各具特色的小游园，并可结合厂区道路展现优美的园林景观，使职工在花园式的工厂中工作和生活。如广州石油化工总厂在各车间附近由车间工人自己动手建造游园，遍布全厂 20 多处，小游园各具风格、丰富多彩（见图 8-73）。

图 8-73　某厂小游园鸟瞰示意图

5. 厂内道路、铁路的绿化

（1）厂内道路的绿化　厂内道路是工厂生产组织、工艺流程、原材料和成品运输、企业管理、生活服务的重要交通枢纽，是厂区的动脉。满足工厂生产要求、保证厂内交通运输的畅通和安全是厂区道路规划的第一要求，也是厂内道路绿化的基本要求。

厂区道路是交通空间，道路一般较窄，空间较狭长而封闭，绿化布置应注意空间的连续性和流畅性，同时，要避免过于单调。可以在车间门口附近，路端、路口、转弯外侧处作重点处理，植物配置注意打破高炉、氧气罐、冷却塔、烟囱的单调。

绿化前必须充分了解路旁的建筑设施，电杆、电缆、电线、地下给排水管、路面结构、道路的人流量、通车率、车速、有害气体、液体的排放情况和当地的自然条件等。然后选择生长健壮、适应能力强、分枝点高、树冠整齐、耐修剪、遮阳好、无污染、抗性强的落叶乔木为行道树。如国槐、柳树、毛白杨、栾树、椿树、榉树、喜树、水杉等。

道路绿化应注意处理好与交通的关系，路边与转弯口的栽植必须遵守有关规定，避免使植物枝叶阻挡视线或与来往车辆碰擦，注意处理好绿化与上下管线的关系，避免植物枝叶或根系对管线使用与检修的干扰。在埋设较浅，需经常检修的地下管道上方不宜栽树，可用草本植物覆盖；高架线下可植耐阴灌木，低架管线与地面管线旁可用灌木掩蔽。

主干大道上宜选用冠大荫浓、生长快、耐修剪的乔木作遮阳树，或植以树姿雄伟的常绿乔木，再配植修剪整齐的常绿灌木，以及色彩鲜艳的花灌木、宿根花卉，给人以整齐美观、明快开朗的印象。如进入南京无线电厂厂门，雄伟的雪松衬托着喷水池明净的水流，给人一种开朗、宁静、明快的感受，留给人清洁工厂、文明生产的良好印象。

道路绿化应满足蔽荫、防尘、降低噪声、交通运输安全及美观等要求，结合道路的等级、横断面形式以及路边建筑的形体、色彩等进行布置。

有的规模比较大的工厂，主干道较宽，其中间也可设立分车绿带，以保证行车安全。在人流集中、车流频繁的主道两边，可设置 1～2m 宽的绿带，把快慢车与人行道分开，以利安全和防尘。

路面较窄的可在一旁栽植行道树，东西向的道路可在南侧种植落叶乔木，以利夏季遮阳，南北道路可栽在西侧。主要道路两旁的乔木株距因树种不同而不同，通常为 6～10m。棉纺厂、烟厂、冷藏库的主道旁，由于车辆承载的货位较高，行道树定干高度应比较高，第一个分枝不得低于 4m，否则会影响安全运输。

厂内次干道、人行小道的两旁，宜种植四季有花、叶色富于变化的开花灌木。道路与建筑物之间的绿地要有利于室内采光和防止噪声及灰尘的污染等，利用道路与建筑物之间的空地布置小游园，应充分发挥植物的形体色彩美，有层次地布置好乔木、花灌木、绿篱、宿根花卉，形成壮观又美丽的绿色长廊，创造出景观良好的休息绿地。

在生产有特殊要求的工厂，还应满足生产对树种的特殊要求，如精密仪器类工厂，不要用飘毛、飘絮的树种；防火要求高的工厂，不要用油脂性高的树种等。对空气污染严重的企业，道路绿化不宜种植成片过高的林带，避免高密林带造成通气不畅而对污浊气流滞留作用，不易扩散，种植方式应以疏林草地为好。有的工厂，如石化厂等地上管道较多的工厂，厂内道路与管廊相交或平行，道路的绿化要与管廊位置及形式结合起来考虑，因地制宜地采用乔木、灌木、绿篱、攀缘植物的巧妙布置，可以收到良好的绿化效果。

(2) 厂内铁路的绿化　大型厂矿企业如大型钢铁、石油、化工、重型机械厂等。工厂内除了一般道路外，还有铁路运输，除了标准轨外，还有轻便的窄轨道。铁路绿化要有利于消减噪声、防止水土冲刷、稳固路基，还可以防止行人乱穿铁路而发生事故。

厂内铁路绿化应注意以下几点。

① 沿铁路种植乔木时，离标准轨道的最小距离为 8m，离轻便轨道的最小距离为 5m，前排宜种植灌木，以防止人们无组织地跨越铁路，然后再种植乔木。

② 铁路与道路交叉口处，每边应至少留出 20m 的空地，这里不能种植高于 1m 的植物。

③ 铁路弯道内侧至少留出 200m 的视距，在这范围内不能种植阻挡视线的乔灌木。

④ 铁路边装卸原料、成品等的场地，乔木的栽植距要加大，以 7～10m 为宜，且不种植灌木，以保证装卸作业的进行。

6. 工厂企业的卫生防护林带

《工业企业设计卫生标准》规定，凡产生有害的物质的工业企业与居住区之间应有一定的卫生防护距离。在此范围内进行绿化，营造防护林，使工业企业排放的有害物质得以稀释过滤，以改善居住区的环境质量。因此，工业企业的卫生防护林带，是工业企业绿化的重要组成部分。尤其在那些产生有害气体以及环境对产品质量影响较大的工厂，更显得十分重要（见图 8-74）。

工业企业的防护林带主要作用是滞

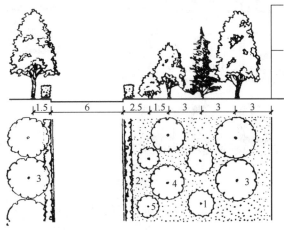

图 8-74　精密仪器厂的防护绿地布置

(单位：m)

滤粉尘、净化空气、吸收有毒气体、减轻污染，以及有利于工业企业周围的农业生产。因此作为防护林的树种应结合不同企业的特点，选择生长健壮、病虫灾害少、抗污染性强、吸收有害气体能力强、树体高大、枝叶茂密、根系发达的乡土树种。此外要注意常绿树与落叶树相结合，乔木与灌木相结合，阳性树与耐阴树相结合，速生树与慢长树相结合，净化与美化相结合，以合理的结构形式布置防护林带，有效地发挥其作用。

例如，金山石化在卫生防护林建设中，选择抗污染树种按生态学原理进行布置，其结构合理，效益非常明显：SO_2、NO 通过林带，在生活区的浓度递减 60%，乙烯、飘尘及铅递减 100%，风速平均递减 43%～62%；增加空气负离子；含菌量降低；改良了土壤，创造了良好的环境，并招引来鸟类达 94 种之多。

（1）卫生防护林带的结构　防护林因其结构不同，其效果也就不同，按结构的不同可分为以下几种。

① 通透结构　一般均由乔木组成，不配植灌木。乔木株行距较大，也因树种而异，一般为 3m×3m，当气流一部分从下层树干之间通过，一部分从上面绕过，因而减弱风速，阻挡污染物质。当然也可以将通向厂区的干道绿带、河流的防护林带、农田防护林带相结合形成引风林带。此种结构形式可在距污染源较近处使用。

② 半通透结构　一般以乔木为主，在林带两侧配置灌木，气流一部分从孔隙中穿过，在背风林缘处形成小漩涡，另一部分从上面绕过去，在背风林处形成弱风。此林带适于沿海防风或在远离污染源处使用。

③ 紧密结构　由大乔木、小乔木和灌木多种树木配植成林，防护林效果好。气流遇上林带后上升，由林冠上绕过，使气流上升扩散，在背风处急剧下降，形成涡流，有利于有害气体的扩散和稀释。

④ 复合式结构　当有足够宽度的防护林带时，将上述 3 种形式结构结合起来，形成复合式结构，更能发挥其净化空气减少污染的作用。一般在靠近工厂的一侧建立通透结构，近居民区的一侧采用紧密结构，中间部分采用半通透结构，这样形成的由通透结构—半通透结构＋紧密结构组成的复合式结构卫生防护效果最佳（见图 8-75）。

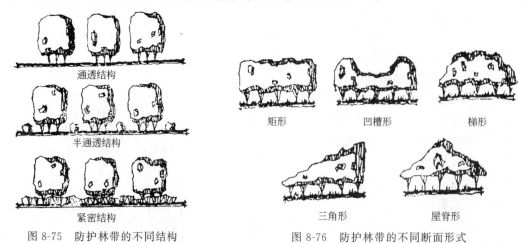

图 8-75　防护林带的不同结构　　　　图 8-76　防护林带的不同断面形式

防护林带由于采用不同高度的树种，而形成林带横断面的结构也不同。有矩形、梯形、屋脊形、凹槽形，背风而垂直的三角形和通面垂直的三角形（见图 8-76）。矩形横断面防风效果好，屋脊形和背风面垂直三角形横断面有利于气体的上升及扩散，凹槽形横断面有利于粉尘的沉降和阻滞，梯形的横断面其效果介于矩形与屋脊形之间，结合道路设置防护林带，将迎风面垂直三角形与背风面垂直三角形断面相对应地设置于道路两侧。

（2）设置形式　根据卫生防护林带的位置和功能的不同，可以分为以下几种形式。

① 防污染林带　有污染的工厂、车间等一般设在主导风向的下风或风频最小风向的上风；生活区、厂前区等多设在主导风向的上风或风频最小风的下风。两者之间设置垂直于主导风向的林带。污染源在上风时，则林带要更宽、更长。如果被污染区是成片的，林带垂直于风向；如果被污染区范围较小，林带可与风向成一定夹角，以利于疏导稀释。对于有组织排放的有害气体来源，林带应设在烟体上升高度的 20～25 倍距离的下风向；对于无组织排放来源，林带应适当靠近污染源，林带的密度一般是靠近污染源处较稀，被污染区附近较密，这样有利于烟气的疏通扩散和吸收（见图 8-77）。

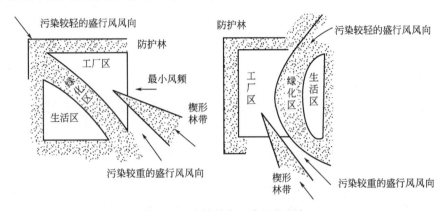

图 8-77　防护林离污染源的距离

② 防风林带　主要设置在煤场、垃圾场、水泥石灰场的附近。林前防风范围为树高的 10 倍左右，降低风速 15％～20％；林后防风范围约为树高的 25 倍，降低风速 10％～17％，当林带的透风系数为 0.58 时，防风效能最高。林带多与风向垂直，树木应顺风向参差排列。

③ 防火林带　在石油化工、化学制品、冶炼、易燃易爆产品的生产工厂，车间及作业场地，为确保安全生产，应设防火林带。林带由不易燃烧、再生能力强的防火耐火树种组成（如女贞、杜仲、银杏、丁香等）。林带可结合地形起伏，并可以设置沟、墙等，以增强防火功能，同时必须留出适当的消防疏散通道。

在一般情况下，污染空气最浓点到排放点的水平距离等于烟体上升高度的 10～15 倍，所以在主风向下侧设立 2～3 条林带很有好处（见图 8-78）。按照有害气体和烟尘排放方式的不同，一般可分为无组织排放、有组织高空排放和混合式排放（见图 8-79）；卫生防护绿地的布置和位置，根据工业排出的有害气体及烟尘的性质，排出量、排出方式、气象条件、自然地形和环境条件，进行合理的绿化布置，一般可按主、辅林带进行布置。主林带的宽度、抗性和密度都很大，而辅林带都偏小，前者用于严重污染地区，后者用于次要污染区。

另外，根据林带的方位和生产区与生活区交线的不同可以分为两种设置形式："一"字形和"L"形。当本地区两个盛行风向呈 180°时，则在最小风频风向的上风设置工厂，在下风设置生活区，其间设置一条防护林带，因此呈"一"字形。当本地区两个盛行风向呈一夹角时，则在非盛行风向风频相差不大的条件下，生活区安排在夹角之内，工厂区设在对应的方向，其间设立防护林带，因此呈"L"形。在污染较重的盛行风上侧设立引风林带也很重要，特别是在逆温条件下，引风林带能组织气流，使通过污染源的风速增大，促进有

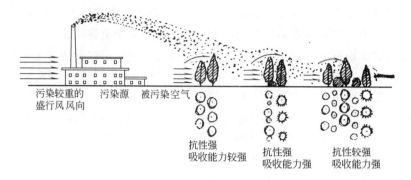

图 8-78　工厂防护林的树种特性

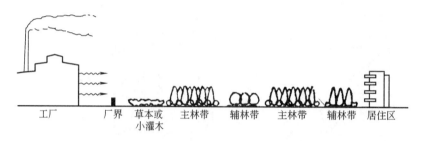

图 8-79　混合排放时的防护林带布置

害气体的输送与扩散，其方法是设一楔形林带与原防护林呈一夹角，这样两条林带之间则形成一个通风走廊，在弱风区或静风区，或有逆温层地区更为重要，它可以把郊区的静风引到通风走廊加快风速，促使有害气体扩散。吹到这里的风受到两边林带的挤压，因而加快了速度。

（六）工矿企业绿化树种的选择和规划

1. 工厂中植物在构成视觉空间中的作用

（1）点缀衬托　在以主要出入口、主体建筑物、高大构筑物等作为工厂标志性景物时，植物作为景观的一部分，起点缀、衬托的作用。在体量、造型、色彩上不能喧宾夺主或主次颠倒。主景前方常为低矮、开展的布置，两侧配置及远处背景宜简洁。植物材料与建筑或构筑物相辅相成，共同形成一个有机整体。绿化起平衡景观、添加层次等作用。两者在体量上不宜相差过分悬殊，应成一定的比例关系。

（2）替代、分隔　当工矿企业中的生产建筑不够美观时，可用植物材料进行遮掩，用植物界面替代建筑界面，形成一个新空间，达到美化、转化的目的。如干道两旁外观较差的建筑、杂乱的堆场、破烂的构筑物等，均可用植物进行遮挡；也可用植物做成绿墙，分隔功能不同或外观不协调的空间。用耐阴的地被植物或草地覆盖地面会使整个环境在绿色的基调上统一起来，变得更温暖、柔和，同时有滞尘、保土作用。发展屋顶绿化和垂直绿化，不仅能美化建筑物的层面、墙面，还能调节夏季的室内温度。

（3）遮盖　利用乔木的高大树冠，为道路、广场等提供遮阳，避免夏季高温和强光刺激，获得适宜的小气候和满意的光影效果。

（4）围合　运用植物围合成独立的园林空间，空间的所有界面均由植物构成，配以适当的建筑小品，创造出优美、清新的绿色环境，为工人休息、娱乐创造良好的条件。

2. 工厂绿化树种规划原则

工矿企业绿地具有双重目的：美化景观的作用是很明显的，更重要的是对环境保护的功能。因此树种规划的原则如下。

（1）确定适生植物种类　首先对工厂所在地区以及自然条件相似的其他地区所分布的植物种类进行全面调查，尤其要注意其在工厂环境中的生长情况；其次要注意其在工厂环境中的生长情况；最后还要对本厂环境条件，进行全面的分析。在此基础上定出一个初步的适生植物名录。必要时可做一些针对性的试验比较，以扩大选择范围。

（2）确定骨干树种和基调树种　骨干树种是工厂绿化的支柱，对保护环境、美化工厂、反映工厂的面貌作用显著，必须在调查研究和观察试验的基础上慎重选择。道路绿化是工厂绿化的骨架，是联系工厂各部分的纽带。一般情况下，工厂骨干树种在选择时，首先是道路绿化树种尤其是行道树的选择，除了工厂绿化植物的一般要求外，还要求树形整齐、冠幅大、枝叶密、落果或飞毛少、发芽早、落叶晚、寿命长等。

基调树种用量大、分布广，同样对工厂环境的面貌和特色起决定作用，要求抗性和使用性强，适合工厂多数地区的栽植。

（3）兼顾不同类型的植物　乔木树体高大，与工厂大尺度空间相协调，树冠覆盖面积广，树下地面可用于室外操作及临时堆放等。乔木主要用于道路和广场绿化，是工厂绿化植物规划的重点。

灌木抗性强、适应面广、树形优美，是工厂绿化美化所不可缺少的。

攀缘植物用于栅、篱垣、墙面绿化，在用地十分紧张的工厂中具有格外重要的意义；耐阴地被能充分利用树下空间，能防止水土流失和二次扬尘。

近年来，草地越来越受重视，它不论在改善环境还是在创造景观方面都能起到较好的作用，便于施工，适用于土层薄或地下设施需经常检修的地方。

植物配置要按照生态学的原理规划设计多层结构，物种丰富的乔木下加栽耐阴的灌木和地被植物，构成复层混交人工植物群落，做到耐阴与喜光植物、常绿与落叶速生和慢长树木相结合，这样可做到事半功倍、效果明显。例如湖北十堰市第二汽车制造厂中心游园植物配置选用香樟、广玉兰、黑松、柳杉、夹竹桃、木槿、紫荆等作为游园临街的混交林，以此达到防尘和减少道路上的噪声，结合功能分区和景观的要求，还选择了一些罗汉松、棕榈、紫竹、凤尾兰、紫玉兰、白玉兰、枫香、柽柳、结香、锦带花等植物，使其与园林小品相映生辉形成以绿色调为主体的园林绿地空间。

（4）确定合理的比例关系　工厂绿化要注意常绿树与落叶树、速生树与慢长树种、乔木与灌木的比例关系。

常绿树可以保证四季的景观并起到良好的防风作用；落叶树季相分明，使厂区环境生动活泼，落叶树中吸收有害气体的植物品种较多，吸收到植物叶片中的有害气体，随着树叶回到土壤中，新生出的叶片又继续吸收有害气体。常绿树中尤其是针叶常绿树中吸收有害气体的能力、抗烟尘及吸滞尘埃的能力远不如落叶树。

对防火、防爆要求较高的厂区，要少用油脂性高的常绿树。在人们活动范围区域内要少用常绿树，以满足人们冬季对阳光的需求。

速生树绿化效果快，容易成材，但寿命短，需用慢生树来更新，考虑到绿化的近期与远期效果，应采用快生树与慢生树搭配栽植，但要注意在平面布置上避免树种间对阳光、水分、养分的"争夺"，要有合理的间距。具体比例视工厂的性质、规模、资金情况、自然条件以及原有植物情况来确定，参考比例为乔木中快生树占75%，慢生树占25%，乔木多数体量大，灌木体量小，因此，乔木与灌木的比例以1:3~1:5为宜。

（5）满足生产工艺流程对环境的要求 一些精密仪器类企业，对环境的要求较高，为保证产品质量，要求车间周围空气洁净、尘埃少，要选择滞尘能力强的树种，如榆、刺楸等，不能栽植杨、柳、悬铃木等有飘毛飞絮的树种。

对有防火要求的厂区、车间、场地要选择油脂少、枝叶水分多、燃烧时不会产生火焰的防火树种，如珊瑚树、银杏等。

由于工厂的环境条件非常复杂，绿化的目的要求也多种多样，工厂绿化植物规划很难做到一劳永逸，需要在长期的实践中不断检验和调整。

（6）适地适树 植物因产地、生长习性不同，对气候条件、土壤、光照、湿度等都有一定范围的适应性，在工业环境下，特别是污染性大的工业企业，宜选择最佳适应范围的植物，充分发挥植物对不利条件的抵御能力。在同一工厂内，也会有土壤、水质、空气、光照的差异，在选择树种时也要分别处理，适地适树地选择树木花草，这样能使植物成活率高、生长强壮，达到良好的绿化效果。

乡土树种适合本地区生长，容易成活，又能反映地方的绿化特色，应优先使用。

（七）工厂绿地常用树种

1. 我国北部地区（华北、东北、西北）**抗污树种**

（1）吸收CO_2 第一类植物（单位叶面积每年吸收CO_2高于2000g）

落叶乔木：柿树、刺槐、合欢、泡桐、栾树、紫叶李、山桃、西府海棠。

落叶灌木：紫薇、丰花月季、碧桃、紫荆。

藤本植物：凌霄、山荞麦。

草本植物：白三叶。

第二类植物（单位叶面积年吸收CO_2 1000~2000g）

落叶乔木：桑、臭椿、槐树、火炬树、垂柳、构树、黄栌、白蜡、毛白杨、元宝枫、核桃、山楂。

常绿乔木：白皮松。

落叶灌木：木槿、小叶女贞、羽叶丁香、金叶女贞、黄刺玫、金银花、连翘、金银木、迎春、卫矛、榆叶梅、太平花、珍珠梅、石榴、猬实、海州常山、丁香、天目琼花。

常绿灌木：大叶黄杨、小叶黄杨。

藤本植物：蔷薇、金银花、紫藤、五叶地锦。

草本植物：马蔺、鸢尾、崂峪苔草、萱草。

第三类植物（单位面积年吸收CO_2低于1000g）

落叶乔木：悬铃木、银杏、玉兰、杂交马褂木、樱花。

落叶灌木：锦带花、玫瑰、棣棠、腊梅、鸡麻。

（2）滞尘 丁香滞尘能力是紫叶小檗的6倍多；落叶乔木毛白杨为垂柳的3倍多，花灌木中较强的有丁香、紫薇、锦带花、天目琼花；一般的有榆叶梅、棣棠、月季、金银木、紫荆；较弱的为小叶黄杨、紫叶小檗。乔木中较强的有桧柏、毛白杨、元宝枫、银杏、槐树；一般的有臭椿、栾树；较弱的有白蜡、油松、垂柳。

（3）抗SO_2 抗性强：构树、皂荚、华北卫矛、榆树、白蜡、沙枣、柽柳、臭椿、旱柳、侧柏、小叶黄杨、紫穗槐、加杨、枣、刺槐。

抗性较强：梧桐、丝棉木、槐、合欢、麻栎、紫藤、板栗、杉松、柿、山楂、桧柏、白皮松、华山松、云杉、杜松。

（4）抗 Cl_2　抗性强：构树、皂荚、榆、白蜡、沙枣、柽柳、臭椿、侧柏、杜松。

抗性较强：梧桐、丝棉木、槐、合欢、板栗、刺槐、银杏、华北卫矛、杉松、桧柏、云杉。

（5）抗 HF　抗性强：构树、皂荚、华北卫矛、榆、白蜡、沙枣、柽柳、杉、侧柏、杜松、臭椿、枣、五叶地锦、地锦、蔷薇。

抗性较强：梧桐、丝棉木、槐、桧柏、刺槐、杉松、山楂、紫藤、枣、丝棉木、槐、刺槐。

2. 我国中部地区（华东、华中、华南部分地区）的抗污树种

（1）抗 SO_2　抗性强：大叶黄杨、海桐、蚊母、棕榈、青冈栎、夹竹桃、小叶黄杨、石栎、绵槠、构树、无花果、凤尾兰、枸杞、枳橙、蟹橙、柑橘、金橘、大叶冬青、山茶、厚皮香、冬青、构骨、胡颓子、樟叶槭、女贞、小叶女贞、丝棉木、广玉兰。

抗性较强：珊瑚树、梧桐、臭椿、朴、桑、槐、玉兰、木槿、鹅掌楸、紫穗槐、刺槐、紫藤、麻栎、合欢、泡桐、樟、梓、紫薇、板栗、石楠、石榴、柿、罗汉松、侧柏、楝树、白蜡、乌桕、榆、桂花、栀子、龙柏、皂荚、枣。

（2）抗 Cl_2　抗性强：大叶黄杨、青冈栎、龙柏、蚊母、棕榈、枸杞、夹竹桃、小叶黄杨、山茶、木槿、海桐、凤尾兰、构树、无花果、丝棉木、胡颓子、柑橘、构骨、广玉兰。

抗性较强：珊瑚树、梧桐、臭椿、女贞、小叶女贞、泡桐、桑、麻栎、板栗、玉兰、紫薇、朴、楸、梓、石榴、合欢、罗汉松、榆、皂荚、刺槐、栀子、槐。

（3）抗 HF　抗性强：大叶黄杨、蚊母、海桐、棕榈、构树、夹竹桃、枸杞、广玉兰、青冈栎、无花果、柑橘、凤尾兰、小叶黄杨、山茶、油茶、丝棉木。

抗性较强：珊瑚树、女贞、小叶女贞、紫薇、臭椿、皂荚、朴、桑、龙柏、樟、榆、楸、梓、玉兰、刺槐、泡桐、垂柳、罗汉松、乌桕、石榴、白蜡。

（4）抗 HCl　小叶黄杨、无花果、大叶黄杨、构树、凤尾兰。

（5）抗 NO_2　构树、桑、无花果、泡桐、石榴。

3. 我国南部地区（华南及西南部分地区）的抗污树种

（1）抗 SO_2　抗性强：夹竹桃、棕榈、构树、印度榕、樟叶槭、楝、红背桂、松叶牡丹、小叶驳骨丹、无花果、广玉兰、细叶榕、扁桃、盆架树。

抗性较强：菩提榕、桑、番石榴、银桦、人心果、蝴蝶果、木麻黄、蓝桉、黄槿、蒲桃、黄葛榕、红果仔、米白兰、木菠萝、石栗、香樟、海桐。

（2）抗 Cl_2　抗性强：夹竹桃、构树、棕榈、樟叶槭、盆架树、印度榕、小叶驳骨丹、广玉兰。

抗性较强：高山榕、细叶榕、菩提榕、桑、黄槿、蒲桃、石栗、人心果、番石榴、木麻黄、米白兰、蓝桉、蒲葵、蝴蝶果、黄葛榕、扁桃、芒果、银桦、桂花。

（3）抗 HF　夹竹桃、棕榈、构树、广玉兰、桑、银桦、蓝桉。

三、道路与交通设施用地附属绿地设计

城市道路交通绿地主要指城市街道绿地、游憩林阴路、街道小游园、交通广场、步行街以及穿过市区的公路、铁路、快速干道的防护绿带等，它以"线"的形式广泛地分布于全

城，联系着城市中分散的"点"和"面"的绿地，组成完整的城市园林绿地系统。其目的是给城市居民创造安全、愉快、优美和卫生的生活环境，而且在改善城市气候、保护环境卫生、丰富城市艺术面貌、组织城市交通等方面都有着积极意义。

（一）城市道路绿地的意义及设计原则

1. 城市道路绿化的意义和作用

（1）卫生防护作用

① 机动车是城市废气、尘土等的主要流动污染源，随着工业化程度的提高，机动车辆增多，引起城市污染现象日趋严重。而道路绿地线长、面广，对道路上机动车辆排放的有毒气体有吸收作用，可净化空气、减少灰尘。据测定，在绿化良好的道路上，距地面1.5m处的空气含尘量比没有绿化的地段低56.7%。

② 城市环境噪声70%～80%来自城市交通，有的街道噪声达到100dB，而70dB对人体就十分有害了，具有一定宽度的绿化带可以明显减弱噪声5～8dB。

③ 道路绿化还可以调节道路附近的温度、湿度，改善小气候；可以减低风速、降低日光辐射热，还可以降低路面温度，延长道路使用寿命。

（2）组织交通，保证安全

在道路中间设置绿化分隔带可以减少对向车流之间互相干扰；在机动车和非机动车之间设置绿化分隔带，则有利于解决快车、慢车混合行驶的矛盾；植物的绿色在视野上给人以柔和而安静的感觉，在交叉口布置交通岛，常用树木作为诱导视线的标志，还可以有效地解决交通拥挤与堵塞问题；在车行道和人行道之间建立绿化带，可避免行人横穿马路，保证行人安全，且给行人提供优美的散步环境，也有利于提高车速和通行能力，利于交通。

（3）美化市容市貌

道路绿化可以美化街景，烘托城市建筑艺术，软化建筑的硬线条，同时还可以利用植物遮蔽影响市容的地段和建筑，使城市面貌显得更加整洁生动、活泼可爱。一个城市如果没有道路绿化，即使它的沿街建筑艺术水平再高、布局再合理也会显得寡然无味。相反，在一条普通的街道上如果绿化很有特色，则这条街道就会被人铭记。在不同街道采用不同的树种，由于各种植物的体形、姿态、色彩等差别，可以形成不同的景观。

很多世界著名城市优美的街道绿化，给人留下深刻印象。如法国巴黎的七叶树，使街道更加庄严美丽；德国柏林的椴树林阴大道，因椴树而得名；澳大利亚首都堪培拉处处是草地、花卉和绿树，被人们誉为花园城。

我国有很多城市的道路也很有特色，如郑州、南京用悬铃木作行道树，使道路浓阴凉爽；南昌用樟树作行道树，四季常青，郁郁葱葱；湛江、新会的蒲葵行道树给人们留下了南国风光的印象；长春的小青杨行道树在早春把城市点缀得一片嫩绿。

（4）市民休闲场所

城市道路绿化除行道树和各种绿化带以外，还有面积大小不同的街道绿地、城市广场绿地、公共建筑前的绿地。这些绿地内经常设有园路、广场、坐凳、宣传廊、小型休息建筑等设施，有些绿地内还设有儿童游戏场，成为市民休闲的好场所。市民可以在此锻炼身体、散步、休息、看书、陪儿童玩耍、聊天等。这些绿地与大公园不同，距居住区较近，所以利用率很高。

在公园分布较少的地区或在没有庭院绿地的楼房附近，人口居住密度很大的地区，都应发展街头绿地、广场绿地、公共建筑前的绿地或者发展林阴路、滨河路，以弥补城市公园不足或分布不均衡。

（5）生产作用

道路绿化在满足各种功能要求的同时，还可以结合生产创造一些物质财富。如有些树木可提供油料、果品、药材等经济价值很高的副产品，如七叶树、银杏、连翘等。还有树木修剪下来的树枝，可供薪材之用。

（6）防灾、战备作用

道路绿化为防灾、战备提供了条件，它可以伪装、掩蔽，在地震时搭棚，洪灾时用作救命草，战时可砍树搭桥等。

2. 道路绿地规划设计原则

道路绿地规划设计应统筹考虑道路功能性质、人行车行要求、景观空间构成、立地条件、市政公用及其他设施关系，并要遵循以下原则。

（1）道路绿地性质与景观特色相协调

道路绿地的景观是城市道路绿地的重要功能之一。现代化的城市道路交通已成为一个多层次的复杂系统，一般城市道路可以分为城市主干道、次干道、支路、居住区等内部道路等。由于城市的布局、地形、气候、地质、水文及交通方式等因素的影响，会产生不同的路网。这个路网是由不同性质与功能的道路所组成的。对于一个大城市，有快速道路系统、交通干道系统等。由于交通的目的不同，不同环境中的景观元素要求也不同，道旁建筑、绿地、小品以及道路自身的设计都必须符合不同道路的特点。交通干道、快速路的景观构成，汽车速度是重要因素，道路绿地的尺度、方式都必须考虑速度因素。商业街、步行街的绿化，如果树木过于高大，种植过密，就不能反映商业街繁华的特点。居住区道路与交通干道相比，由于功能不同，道路尺度不同，因此其绿地树种在高度、树形、种植方式上也有不同的考虑。城市主次干道绿地景观设计要求各有特色、各具风格，许多城市希望做到"一路一树""一路一花""一路一景""一路一特色"等。

道路绿地景观规划设计还要重视在道路两侧用地，如道路红线内两侧绿带景观、道路外建筑退后红线留出的绿地、道路红线与建筑红线之间的带状花园用地等。深圳市规定在道路普遍绿化的基础上，在城市主次干道两侧红线以外至建筑红线之间各留出30～50m宽的绿地建设道路花园带。因此深圳市的道路花园带景观在国内城市中独具景观特色。

（2）充分发挥城市道路绿地的生态功能

改善道路及其附近的地域小气候生态条件，滞尘与净化空气、降温遮阳、防尘减噪、防风防火、防灾防震是道路绿地特有的生态防护功能，是城市其他硬质材料无法替代的。规划设计时可采用遮阳式、遮挡式、阻隔式手法，采用密林式、疏林式、地被式、群落式以及行道式等栽植形式。

道路绿地植物应以乔木为主，乔木、灌木和地被植物相结合，提倡进行人工植物群落配置，充分发挥生态功能，且形成多层次道路绿地景观。

（3）道路绿地与交通、市政公用设施相互统筹安排

道路绿地设计要符合行车视线要求和行车净空要求。在道路交叉口视距三角形范围内和弯道转弯处的树木不能影响驾驶员视线通透，在弯道外侧的树木沿边缘整齐连续栽植，预告道路线形变化，诱导行车视线。在各种道路的一定宽度和高度范围内的车辆运行空间，树冠和树干不得进入该空间。同时要利用道路绿地的隔离、屏挡、通透、范围等交通组织功能设计绿地。

道路绿地中的树木与市政公用设施的相互位置，应按有关规定统筹考虑，精心安排，布置市政公用设施应给树木留有足够的立地条件和生长空间，新栽树木应避开市政公用设施。各种树木生长需要有一定的地上、地下生存空间，以保障树木的正常发育、保持健康树姿和生长周期，发挥出道路绿地应发挥的作用。

道路附属设施是道路系统的组成部分，如停车场、加油站等，是根据道路网布置的，并依照需求服务于一定范围；而道路照明则按路线、交通枢纽布置。它们对提高道路系统服务水平的作用是显著的，同时也是道路景观的组成部分。

对公众经常使用的厕所、报刊亭、电话亭给予方便合理的位置；人行过街天桥、地下通道入口、电杆、路灯、各类通风口、垃圾出入口、路椅等地上设施和地下管线、地下建筑物及地下沟道等都应相互配合。

（4）适地适树与功能、美化相结合

首先适地适树要根据本地区气候、土壤和地上、地下环境条件选择适于在该地生长的树木，以利于树木的正常发育和抵御自然灾害，保持较稳定的绿地效果，切忌盲目追新。

其次道路绿地选择植物时要与其功能相结合，如行道树要求冠大荫浓、耐修剪、耐移植、耐粗放管理、无毒、无刺、无污染等；而交通岛绿地设计时就需植物低矮，不能遮挡视线等。城市道路的级别不同，绿地也应有所区别。主要干道的绿地标准应较高，在形式上也较丰富。在次要干道上的绿化带相应可以少一些，有时只种两排行道树。

最后道路绿地也要追求美观。道路绿地中的各种园林植物，因树形、色彩、香味、季相等不同，在景观、功能上也有不同的效果。根据道路景观及功能上的要求，要实现三季有花、四季常青，就需要多品种配合与多种栽植方式的协调。道路绿地直接关系着街景的四季变化，要使春、夏、秋、冬均有相宜的景色，应根据不同用路者的视觉特性及观赏要求处理好绿化的间距、树木的品种、树冠的形状以及树木成年后的高度及修剪等问题。

不同的城市可以有不同的道路绿地形式与树种。目前一些城市的市花、市树均可作为地方的象征，如武汉的水杉、南方的棕榈树都使绿地富于浓郁的地方特色。这种特色使本地人感到亲切，外地人也特别喜欢。但是在选择一个城市的绿化树种时也应避免单一化，不要搞成"悬铃木城""雪松城""银桦城"等，这不但在养护管理上造成困难，还会使人感到单调。一个城市中应以某几个树种为主，分别布置在几条城市干道上，同时也要有一些次要的品种。例如北京市城区主要城市干道的行道树以法国梧桐、毛白杨、槐树为主，次要品种还有油松、元宝枫、银杏、合欢等，这有利于在不同的立地条件下选择不同的树种使城市面貌丰富多彩。

（5）道路绿地要与其他的街景元素协调，形成完美的景观

街景由多种景观要素构成，各种景观要素的作用、地位都应恰如其分。一般情况下绿地应与道路环境中的其他景观元素协调，单纯地作为行道树而栽植的树木往往收不到好的效果。道路绿地设计应符合美学的要求。通常道路两侧的栽植应看成是建筑物前的种植，应该让用路者从各方面来看都有良好的效果。有些街道树木遮蔽了一切，绿化成了视线的障碍，用路者看不清街道面貌，从街道景观元素协调看就不适宜。道路绿地除具有特殊功能方面的要求以外，应根据道路性质、街道建筑、气候及地方特点要求等作为道路环境整体的一部分来考虑，这样才能收到良好的效果。

现代的道路环境往往容易雷同，采用不同的绿化方式将有助于加强道路特征，区分不同的道路，一些道路也往往以其绿地而闻名于世。在现代交通条件下，要求道路具有连续性，

而绿地则有助于加强这种连续性，同时绿地有助于加强道路的方向性，并以纵向分隔使行进者产生距离感。

道路绿地不仅与街景中其他要素相互协调，与地形、沿街建筑等紧密结合，使道路在满足交通功能的前提下，与城市自然景色（地形、山峰、湖泊、绿地等）、历史文物（古建筑、古桥梁、塔、传统街巷等）以及现代建筑有机地联系在一起，把道路与环境作为一个景观整体加以考虑并做出一体化的设计，创造有特色、有时代感的城市环境。

（6）道路绿地建设应考虑近期和远期效果相结合

道路树木从栽植开始到形成较好景观效果，一般需要10余年时间，道路绿地规划设计要有长远观点，栽植树木不能经常更换、移植。近期效果与远期效果要有计划、有组织地周全安排，使其既能尽快发挥功能作用，又能在树木生长壮年保持较好的形态效果，使近期与远期效果真正结合起来。

3. 道路绿地断面布置形式

道路绿地断面布置形式与道路横断面的组成密切相关，我国现有道路多采用一块板、两块板、三块板式，相应道路绿地断面也出现了一板两带、两板三带和三板四带，以及四板五带式。

（1）一板两带式绿地　在我国广大城市中最为常见的道路绿化形式为一板二带式布置。当中是车行道，路旁人行道上栽种高大的行道树。在人行道较宽或行人较少的路段，行道树下也可设置狭长的花坛，以种植适量的低矮花灌木。这种布置的特点是简单整齐、管理方便、用地经济。但为树冠所限，当车行道过宽时就会影响遮荫效果，同时也无法解决机动车与非机动车行驶混杂的问题。由于仅使用了单一的乔木，布置中难以产生变化，常常显得较为单调，所以通常被用于车辆较少的街道或中小城市（图8-80）。

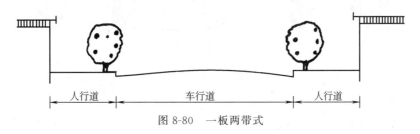

人行道　　　　车行道　　　　人行道

图 8-80　一板两带式

（2）两板三带式绿地　即分成单向行驶的两条车行道和两条行道树，中间以一条分车绿带分隔，构成二板三带式绿带。采用两板三带式布置，中间有了分隔绿带，可以消除相向行驶的车流间的干扰。为使驾驶员能观察到相向车道的情况，分隔绿带中不宜种植木不，一般仅用草皮以及不高于70cm的灌木进行组合，这既有利于视野的开阔，又可以避免夜晚行车时前灯的照射炫目。利用不同灌木的叶色花形，分隔绿带能够设计出各种装饰性图案，大大提高了景观效果。其下可埋设各种管线，这对于方便铺设，检修都较有利。但与一板两带式绿化相同，此类布置依旧不能解决机动车与非机动车争道的矛盾，因此主要用于机动车流较大、非机动车流量不多的地带（图8-81）。

（3）三板四带式绿地　利用两条分车绿带把车行道分成三块，中间为机动车道，两侧为非机动车道，连同车行道两侧的行道树共为四条绿带、故称三板四带式（图8-82）。快、慢车道间的绿化带既可以使用灌木、草皮的组合，也可以间植高大乔木，从而丰富了景观的变化。尤其是在四条绿化带上都种植了高大乔木后，道路的遮荫效果较为理想，在夏季行人和

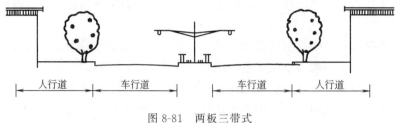

图 8-81　两板三带式

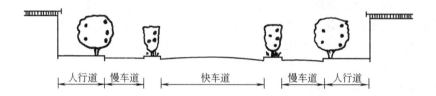

图 8-82　三板四带式

各种车辆的驾驶者都能感觉到凉爽和舒适。这种断面布置形式适用于非机动车流量较大的路段。

（4）四板五带式绿地　利用 3 条分隔带将行车道分成 4 条，使机动车和非机动车都分成上、下行而各行其道互不干扰，车速安全都有保障，这种道路形式适于车速较高的城市主干道（见图 8-83）。

图 8-83　四板五带式

（5）其他形式　按道路所处地理位置、环境条件特点，因地制宜地设置绿带，如山坡道、水道的绿化设计。

道路绿化断面形式虽多，究竟以哪种形式为好，必须从实际出发，因地制宜，不能片面追求形式，讲求气派。尤其在街道狭窄、交通量大、只允许在街道的一侧种植行道树时，就应当以行人的蔽荫和树木生长对日照条件的要求来考虑，不能片面追求整齐对称，以减少车行道数目。

我国城市多数处于北回归线以北，在盛夏季节南北街道的东边，东西向街道的北边受到日晒时间较长，因此行道树应着重考虑路东和路北的种植。在东北地区还要考虑到冬季获取阳光的需要，所以东北地区行道树不宜选用常绿乔木。

（二）城市道路绿化设计

道路绿地包括人行道绿地、分车绿带、防护绿地、广场绿地、交通岛绿地、街头休息绿地等形式（图 8-84）。在我国城市的道路中一般要占到总宽度的 20%～30%；其作用主要是为了美化街道环境，同时为城市居民提供日常休息的场地，在夏季为街道提供遮阳。

1. 人行道绿化带的形式及设计

从车行道边缘至建筑红线之间的绿地统称为人行道绿化带，它是道路绿化中的重要组成

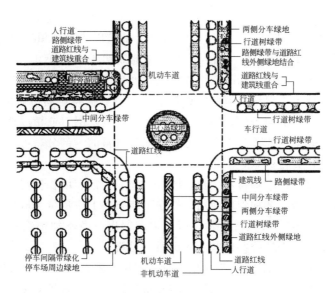

图 8-84　道路绿地名称示意图

部分，在道路绿地中往往占较大的比例。它包括行道树、防护绿带及基础绿带等。

（1）行道树的设计　行道树是道路绿地最基本的组成部分，在温带及暖温带北部为了夏季遮阳，冬天街道能有良好的日照，常常选择落叶树作为行道树，在暖温带南部和亚热带则常常种植常绿树以起到较好的遮阳作用。如在我国北方哈尔滨常用的行道树有柳、榆、杨、樟子松等，北京常用槐、杨、柳、椿、白蜡、油松等，而在广州、海南等地则常用大叶榕、白兰花、棕榈、榕树等。

许多城市都以本市的市树作为行道树栽植的骨干树种，如北京以国槐、重庆以悬铃木等，既发挥了乡土树种的作用，又突出了城市特色。同时每个城市中根据城市的主要功能、周围环境、行人行车要求的不同，采用不同的行道树，可以将道路区分开来，形成各街道的植物特色，容易给行人留下较深的印象。

1）行道树树种选择的标准

① 冠大荫浓。

② 耐修剪、耐移植。

③ 耐粗放管理，即适应性强。

④ 无毒、无刺、无飞毛、无臭味、无污染。

⑤ 生长迅速，寿命较长。

⑥ 发芽早落叶迟且集中。

2）定干高度　在交通干道上栽植的行道树要考虑到车辆通行时的净空高度要求，为公共交通创造靠边停驶接送乘客的方便，定干高度不宜低于 3.5m，通行双层大巴的交通街道的行道树定高度还应相应提高，否则就会影响车辆通行、降低道路有效宽度的使用。

非机动车和人行道之间的行道树考虑到行人来往通行的需要，定干高度不宜低于 2.5m。

3）定植株距　行道树定植株距，应根据行道树树种壮年期冠幅确定，最小种植株距应为 4.0m；快生树种不得小于 5~6m，慢生树种不得小于 6~8m。

4）种植形式　行道树的种植方式要根据道路和行人情况来确定，一般分为树池式和种植带式。

① 树池式：在人行道狭窄或行人过多的街道上多采用树池种植行道树，树池形状一般为方形，其边长或直径不应小于 1.5m，长方形树池短边不应小于 1.2m；方形和长方形树池因较易和道路及建筑物取得协调故应用较多，圆形树池则常用于道路圆弧转弯处。

为防止行人踩踏池土，保证行道树的正常生长，一般把树池周边做出高于人行道路面，或者与人行道高度持平，上面盖池盖以减少行人对池土的踩踏，或植以地被草坪或散置石子于池中，以增加透气效果。池盖属于人行道路面铺装材料的一部分，可以增加人行道的有效宽度，减少裸露土壤，美化街景。

树池的营养面积有限，影响树木生长，同时因增加了铺装面积提高了造价，利用效率不高，而且要经常翻松土壤，增加管理费用，故在可能条件下应尽量采取绿带种植带式。

② 种植带式：种植带是在人行道和车行道之间留出一条不加铺装的种植带。种植带在人行横道处或人流比较集中的公共建筑前留出通行道路。

种植带宽度最低不小于 1.5m，除种植一行乔木用来遮阳外，在行道树之间还可以种植花灌木和地被植物，以及在乔木与铺装带之间种植绿篱来增强防护效果。宽度为 2.5m 的种植带可种植一行乔木，并在靠近车行道一侧种植一行绿篱；5m 宽的种植带则可交错种植两行乔木，靠近车行道一侧以防护为主，靠近人行道一侧则以观赏为主。中间空地可栽植花灌木、花卉及其他地被植物。.

5）其他　在设计行道树时还应注意路口及公交车站处的处理，应保证安全所需要的最小距离等。

（2）防护绿带、基础绿带的设计　当街道具有一定的宽度，人行道绿化带也就相应地宽了，这时人行道绿化带上除布置行道树外，还有一定宽度的地方可供绿化，这就是防护绿带了。若绿化带与建筑相连，则称为基础绿带。一般防护绿带宽度小于 5m 时，均称为基础绿带，宽度大于 10m 以上的，可以布置成花园林阴路。

为了保证车辆在车行道上行驶时车中人的视线不被绿带遮挡，能够看到人行道上的行人和建筑，在人行道绿化带上种植树木必须保持一定的株距，以保持树木生长需要的营养面积。一般来说，为了防止人行道上绿化带对视线的影响，其株距不应小于树冠直径的 2 倍。

防护绿带宽度在 2.5m 以上时，可考虑种一行乔木和一行灌木；宽度大于 6m 时可考虑种植两行乔木，或将大乔木、小乔木、灌木以复层方式种植；宽度在 10m 以上的种植方式更可多样化。

基础绿带的主要作用是为了保护建筑内部的环境及人的活动不受外界干扰。基础绿带内可种灌木、绿篱及攀缘植物以美化建筑物。种植时一定要保证种植与建筑物的最小距离、保证室内的通风和采光。

人行道绿化带的设计要考虑绿带宽度、减弱噪声、减尘及街景等因素，还应综合考虑园林艺术和建筑艺术的统一，可分为规则式、自然式以及规则与自然相结合的形式。人行道绿化带是一条狭长的绿地，下面往往敷设若干条与道路平行的管线，在管线之间留出种树的位置。由于这些条件的限制，成行成排地种植乔木及灌木，就成为人行道绿化带的主要形式了。它的变化体现在乔灌木的搭配、前后层次的处理和单株与丛植交替种植的韵律上。为了使街道绿化整齐统一，同时又能够使人感到自由活泼，人行道绿化带的设计以采用规则与自然相结合的形式最为理想。近年来国内外人行道绿化带设计多采用自然式布置手法，种植乔木、灌木、花卉和草坪，外貌自然活泼而新颖。人行道绿化带种植举例，见图 8-85。

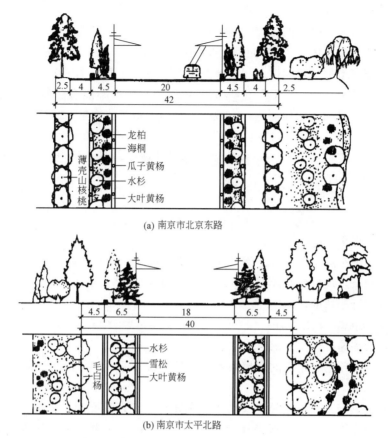

(a) 南京市北京东路

(b) 南京市太平北路

图 8-85　人行道绿化带种植举例

2. 分车绿带设计

现在城市中多采用三块板的布置方式，中间设分车带，分车带的宽度，依行车道的性质和街道总宽度而定，高速公路上的分隔带宽度可达 5～20m 以上，一般也要 4～5m。市区交通干道宽一般不低于 1.5m；城市街道分车绿带每隔 300～600m 分段，交通干道与快速路可以根据需要延长。

分车绿带主要起到分隔组织交通和保障安全的作用，机动车道的中央在距相邻机动车道路面宽度 0.6～1.5m 之间的范围内，配置植物的树冠应常年枝叶茂密，其株距不得大于冠幅的 5 倍；机动车两侧分隔带应有防尘、防噪声种植。

分车带以种植花灌木、常绿绿篱和宿根花卉为主，尤其在高速干道上的分车带更不应该种植乔木，以使司机不受树影、落叶等的影响，以保持高速干道行驶车辆的安全。在一般干道分车带上可以种植 70cm 以下的绿篱、灌木、花卉、草皮等。我国许多城市常在分车带上种植乔木，主要是因为我国大部分地区夏季比较炎热，考虑到遮阳的作用，另外我国的车辆目前行驶速度不是过快，树木对司机的视力影响不大，故分车带上大多种植了乔木。但严格来讲，这种形式是不合适的。随着交通事业的不断发展将有待逐步实现正规化。

另外为了便于行人过街，分车带应进行适当分段，一般以 75～100m 为宜。尽可能与人行横道、停车站、大型商店和人流集散比较集中的公共建筑出入口相结合。

3. 交叉路口、交通岛的设计

交叉路口是两条或两条以上道路相交之处。这是交通的咽喉、隘口，种植设计需要先调查其地形、环境特点，并了解"安全视距"及有关符号。所谓安全视距是指行车司机发觉对方来车立即刹车而恰好能停车的距离。为了保证行车安全，道路交叉口转弯处必须空出一定距离，使司机在这段距离内能看到对面特别是侧方来往的车辆，并有充分的刹车和停车时间，而不致发生撞车事故。根据两条相交道路的两个最短视距，可在交叉口平面图上绘出一个三角形，称为"视距三角形"（见图 8-86）。在此三角形内不能有建筑物、构筑物、广告牌以及树木等遮挡司机视线的地面物。在视距三角形内布置植物时，其高度不得超过 0.65～0.7m，宜选低矮灌木、丛生花草种植。

视距的大小，随着道路允许的行驶速度，道路的坡度，路面质量情况而定，一般采用 30～35m 的安全视距为宜。

安全视距计算公式：

$$D = a + tv + b \quad b = v^2/2q\phi$$

式中　D——最小视距，m；

　　　a——汽车停车后与危险带之间的安全距离，m，一般采用 4m；

　　　t——驾驶员发现目标必须刹车的时间（一般为 1.5s），s；

　　　v——规定行车速度，m/s；

　　　b——刹车距离，m；

　　　q——重力加速度，9.81m/s；

　　　ϕ——为汽车轮胎与路面的摩擦系数，结冰情况下采用 0.2，潮湿时采用 0.5，干燥时 0.7。

交通岛，俗称转盘。设在道路交叉口处。主要为组织环形交通，使驶入交叉口的车辆，一律绕岛作逆时针单向行驶。一般设计为圆形，其直径的大小必须保证车辆能按一定速度以交织方式行驶，由于受到环道上交织能力的限制，交通岛多设在车辆流量大的主干道路或具有大量非机动车交通、行人众多的交叉口。目前我国大中城市所采用的圆形中心岛直径一般为 40～60m，一般城镇的中心岛直径也不能小于 20m。中心岛不能布置成供行人休息用的小游园或吸引游人的美丽花坛，而常以嵌花草皮、花坛为主或以低矮的常绿灌木组成简单的图案花坛，切忌用常绿小乔木或灌木，以免影响视线。中心岛虽然也能构成绿岛，但比较简单，与大型的交通广场或街心游园不同，且必须封闭（见图 8-87）。

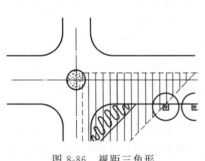

图 8-86　视距三角形

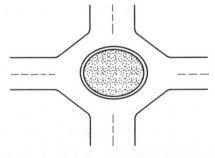

图 8-87　交通岛示意图

4. 花园林阴道的绿化设计

花园林阴道是指那些与道路平行而且具有一定宽度的带状绿地，也可称为带状街头休息绿地。林阴道利用植物与车行道隔开，在其内部不同地段辟出各种不同休息场地，并有简单的园林设施，供行人和附近居民作短时间休息之用。目前在城镇绿地不足的情况下，可起到小游园的作用。它扩大了群众活动场地，同时增加了城市绿地面积，对改善城市小气候，组织交通，丰富城市街景起到较大的作用。例如北京正义路林阴道、上海肇家滨林阴道、西安大庆路林阴道等。

（1）花园林阴道的形式

① 设在街道中间的花园林阴道　即两边为上、下行的车行道，中间有一定宽度的绿化带，这种类型较为常见。如北京正义路林阴道、上海肇家滨林阴道等。主要供行人和附近居民作暂时休息用。此类型多在交通量不大的情况下采用，不宜有过多出入口。

② 设在街道一侧的花园林阴道　由于林阴道设立在道路的一侧，减少了行人与车行路的交叉，在交通流量大的街道上多采用此种类型，有时也因地形情况而定。例如傍山、一侧滨河或有起伏的地形时，可利用借景将山、林、河、湖组织在内，创造出更加安静的休息环境。例如上海外滩绿地、杭州西湖畔的六和塔公园绿地等。

③ 设在街道两侧的花园林阴道　设在街道两侧的林阴道与人行道相连，可以使附近居民不用穿过道路就可达林阴道内，既安静，又使用方便。由于此类林阴道占地过大，目前应用较少。

（2）花园林阴道规划设计要点

① 设置游步道　游步道的数量要根据具体情况而定，一般 8m 宽的林阴道内，设一条游步道；8m 以上时，以设两条以上为宜，游路宽 1.5m 左右。

② 设置绿色屏障　车行道与花园林阴道之间要有浓密的绿篱和高大的乔木组成的绿色屏障相隔，立面上布置成外高内低的形式较好（见图 8-88）。

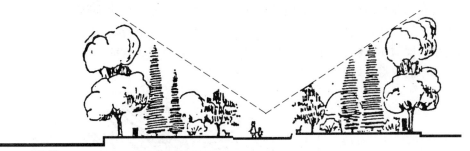

车行道

图 8-88　林阴道外高内低轮廓示意图

③ 设置建筑小品　花园林阴道除布置游憩小路外，还要考虑小型儿童游乐场、休息座椅、花坛、喷泉、阅报栏、花架等建筑小品。

④ 留有出口　林阴道可在长 75～100m 处分段设立出入口。人流量大的人行道、大型建筑前应设出入口。可同时在林阴道两端出入口处，将游步路加宽或设小广场，形成开敞的空间。出入口布置应具有特色，作为艺术上的处理，以增加绿化效果。

⑤ 植物丰富多彩　花园林阴道的植物配置应形成复层混交林结构，利用绿篱植物、宿根花卉、草本植物形成大色块的绿地景观。林阴道总面积中，道路广场不宜超过 25%，乔木占 30%～40%，灌木占 20%～25%，草地占 10%～20%，花卉占 2%～5%。南方天气炎热需要更多的绿荫，故常绿树占地面积可大些，北方则落叶树占地面积大些。

⑥ 因地制宜　花园林阴道要因地制宜，形成特色景观。如利用缓坡地形形成纵向景观视廊和侧向植被景观层次；利用大面积的平缓地段，可以形成以大面积的缀花草坪为主，配以树丛、树群与孤植树等的开阔景观。宽度较大的林阴道宜采用自然式布置，宽度较小的则

以规则式布置为宜等。

5. 立交桥绿地规划设计

我国一些城市建起了立交桥，由于车行驶回环半径的要求，每处立交桥都有一定面积的绿地，对这种绿地的规划设计，则应根据具体实际情况进行规划设计。

立交桥绿地布置应服从该处的交通功能，使司机有足够的安全视距。出入应有指示性标志的绿植种植，使司机可以方便地看清入口；在弯道外侧，种植的乔木诱导司机的行车方向，同时使司机有一种安全的感觉。但在主次干道汇合处，不宜种植遮挡视线的树木。

立交桥绿地应主要以草坪和花灌木、植物图案为主，形成明快、爽朗的景观环境，调节司机和乘客的视觉神经和心情。在草坪上点缀三五成丛的观赏价值较高的常绿林或落叶林也可得到较好的效果。

立体交叉路口如果位于城市中心地区，则应特别重视其装饰效果，以大面积的草坪地被为底景，草坪以较为整形的乔木做规则种植形成背景，并用黄杨、小檗、女贞、宿根花卉等形成大面积色块图案效果，做到流畅明快，引人注目，既起到引导交通，又可起到装饰的效果。也可在绿地中因地制宜安排设计有代表意义的雕塑，对市民具有一定的鼓舞启发作用。

绿岛是立体交叉中面积比较大的绿化地段，一般应种植开阔的草坪，草坪上点缀具有较高观赏价值的常绿树和花灌木，也可以种植一些宿根花卉，构成一幅壮观的图景。切忌种植过高的绿篱和大量的乔木，以免阴暗郁闭。如果绿岛面积较大，在不影响交通安全的前提下，可按街心花园的形式进行布置，设置园路、花坛、座椅等。立交桥绿岛处在不同高度的主、次干道之间，往往有较大的坡度，绿岛坡度一般以不超过 5％为宜，陡坡位置需另设防护措施。此外，绿岛内还需要装置喷灌设施，以便及时浇水、洗尘和降温。

立体交叉外围绿化树种的选择和种植方式，要和道路伸展方向绿化建筑物的不同性质结合起来，和周围的建筑物、道路、路灯、地下设施及地下各种管线密切配合，做到地上地下合理布置，才能取得较好的绿化效果（见图 8-89）。

0 10 20 30m

图 8-89　北京大钟寺立交桥绿化平面图

6. 步行商业街绿地设计

步行商业街是城市中专供人行而禁止一切车辆通行的道路。如北京王府井大街、武汉江汉路步行街、大连天津街等。另外，还有一些街道只允许部分公共汽车短时间或定时通过，形成过渡性步行街和不完全步行街，如英国伦敦牛津街、重庆步行街、哈尔滨中央大街等（图8-90～图8-93）。

图8-90　英国伦敦牛津街 Oxford street

图8-91　德国柏林 KU-Damm 大街

图8-92　哈尔滨中央大街步行街

图8-93　重庆步行街

步行街两侧均集中商业和服务性行业建筑，绿地种植要精心规划设计，与环境、建筑协调一致，使功能性和艺术性呈现出较好的效果。为了创造一个舒适的环境供行人休息与活动，步行街可铺设装饰性花纹地面，增加街景的趣味性。还可布置装饰性小品和供人们休息用的座椅、凉亭、电话间等。

植物种植要特别注意其形态、色彩，要与街道环境相结合，树形要整齐，乔木树冠大荫浓、挺拔雄伟；花灌木无刺、无异味，花艳、花期长。此外，在街心适当布置花坛、雕塑。总之，步行街一方面要充分满足其功能需要，同时经过精心的规划与设计能达到较好的艺术效果。

7. 滨河路绿地设计

滨河路是城市中临河流、湖沼、海岸等水体的道路。其侧面临水，空间开阔，环境优美，是城镇居民喜爱游憩的地方。如果绿化良好，可吸引大量游人，特别是夏日和傍晚，其作用不亚于风景区和公园绿地。

一般滨河路的一侧是城市建筑，在建筑和水体之间设置道路绿化带。如果水面不十分宽阔，对岸又无风景时，滨河路可以布置得较为简单，除车行道和人行道之外，临水一侧可修筑游步道，树木种植成行；驳岸风景点较多，沿水边就应设置较宽阔的绿化地带，布置游步道、草地、花坛、座椅等园林设施。游步道应尽量靠近水边，以满足人们近水边行走的需要。在可以观看风景的地方设计小型广场或凸出岸边的平台，以供人们凭栏远眺或摄影。在水位较低的地方，可以因地势高低，设计成两层平台，以踏步联系。在水位较稳定的地方，驳岸应尽可能砌筑得低一些，满足人们的亲水感。滨河路绿化设计，见图 8-94。

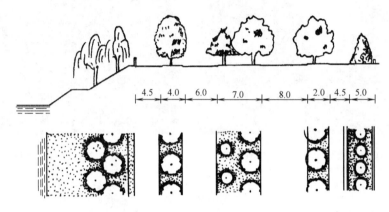

图 8-94　滨河路绿化设计

在具有天然坡岸的地方，可以采用自然式布置游步道和树木，凡未铺装的地面都应种植灌木或铺栽草皮。如有顽石布置于岸边，更显自然。

水面开阔，适于开展游泳、划船等活动时，在夏日、假日会吸引大量的游人，这些地方应设计成滨河公园。

滨河绿地的游步道与车行道之间要尽可能用绿化隔离开来，以保证游人的安全和拥有一个安静休息的环境。国外滨河路的绿化一般布置得比较开阔，以草坪为主，乔木种得比较稀疏，在开阔的草地上点缀以修剪成形的常绿树和花灌木。有的还把砌筑的驳岸与花池结合起来，种植的花卉和灌木形式多样。

8. 公路、铁路、高速公路绿化

（1）公路绿化　在城乡道路系统中，公路所占的比重是很大的。公路绿化与城市街道绿化有着不少共同点，但也有其特殊之处。公路一般距居民区较远，常常穿过农田、山林，没有城市中那样复杂的管线设施，人为和机械损伤较少，道路绿带的宽度限制也较小，在公路绿化中结合生产的途径也更广阔，还可以与护田林带，与工厂和居住区之间的防护带结合，以免过多占用土地。

公路绿化应根据公路的等级、宽度等因素来确定树木的种植位置及绿带的宽度。公路绿化有如下几个要点。

① 路面宽度≤9m 时，树木不能种在路肩上。路面宽度＞9m 时，可距路面 0.5m 以上种树，也可种于边坡上。

② 在交叉口处必须留足安全视距，弯道内侧只能种低矮灌木及地被植物。在桥梁、涵洞等构筑物附近 5m 内不能种树。

③ 由于公路较长，为了有利于司机的视觉和心理状况，避免病虫害大面积地感染，丰富景色变化，一般 2～3km 或利用地形的转换变换树种，树种以乡土树种、病虫害少为佳，布置方式可乔灌木结合。

④ 在风景区附近或风景区内部的道路上，植物种植不应阻挡风景视线。

⑤ 公路绿化可结合生产种植核桃、枣、花椒、玫瑰等油料、香料植物或种植速生树种，除定期更新得到的干材外也可种植能采收枝条的树种，如紫穗槐、荆条等（见图 8-95）。

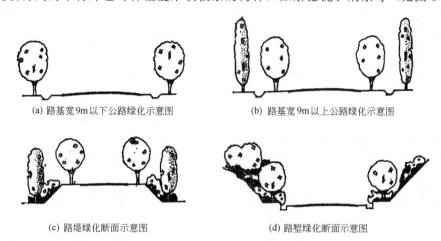

(a) 路基宽9m以下公路绿化示意图　　　　(b) 路基宽9m以上公路绿化示意图

(c) 路堤绿化断面示意图　　　　(d) 路堑绿化断面示意图

图 8-95　公路绿化断面示意图

（2）铁路绿化　在铁路两侧合理地进行绿化。可以保护铁路，免受风、沙、雪、水的侵袭，还可保护路基。但是，铁路绿化必须在保证火车安全的前提下进行（见图 8-96）。

图 8-96　铁路断面可绿化范围示意图

具体绿化要点如下。

① 种植乔木应距铁轨 10m 以上，灌木距离不得小于 6m。

② 在铁路、公路平交的地方，50m 公路视距，400m 铁路视距范围内不得种植阻挡视线的乔灌木。

③ 铁路拐弯内径 150m 内不得种乔木，可种小灌木、草本地被。

④ 在距机车信号灯 1200m 内不得种乔木，可种小灌木及地被。

⑤ 在通过市区的铁路左右应各有 30～50m 以上的防护绿化带阻隔噪声，以减少对居民的干扰。绿化带的形式以不透风为好。

⑥ 在铁路边坡上不能种植乔木，可用草本或低矮灌木护坡，防止水土冲刷，以保证行车安全。

⑦ 铁路站台上，在不妨碍交通运输，人流集散的情况下，可适当布置花坛、水池以及庭荫树，供旅客短时休息用。

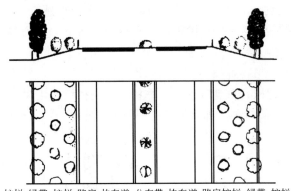

护栏　绿带　护栏　路肩　快车道　分车带　快车道　路肩护栏　绿带　护栏

图 8-97　一般高速公路标准断面图

（3）高速公路绿化（见图 8-97）　高速公路是连接远距离的各市、各区的主干道，对路面的质量要求较高，车速一般每小时为 80～120km，也有时每小时为 200km。

1）设计原则

① 高速公路绿地要充分考虑到高速公路的行车特色，以"安全、实用、美观"为宗旨，以"绿化、美化、彩化"为目标，防护林要做到防护效果好，同时管理方便。

② 注意整体节奏，树立大绿地、大环境的思想，在保证防护要求的同时，创造丰富的林带景观。

③ 满足行车安全要求，保障司机视线畅通，同时对司机和乘客的视觉起到绿色调节作用。

④ 高速公路分车带应采用整形结构，宜简单重复形成节奏韵律，并要控制适当高度，以遮挡对面车灯光，保证良好行车视线。

⑤ 从景观艺术处理角度来说，为丰富景观的变化，防护林的树种也应适当加以变化，并在同一段防护林带里配置不同的林种，使之高低、冠形、枝干、叶色等都有所变化，以丰富绿色景观，但在具有竖向起伏的路段，为保证绿地景观的连续，在起伏变化处两侧防护林最好是同一林种、同一距离，以达到统一、协调。

2）高速公路绿化设计要点

① 建筑物要远离高速公路，用较宽的绿带隔离开，绿带上不可种植乔木，以免造成司机的晃眼而出事故，高速公路行车一般不考虑蔽荫的要求。

② 为了防止穿越市区的噪声和废气的污染，在公路的两侧要留出 20～30m 的安全防护地带。

③ 高速公路通市中心时要设立交桥，这样与车行、人行严格分开，绿化时不宜种植乔木。

④ 高速公路要在 100km 以上时设休息站。一般为每 50km 左右设一休息站，供司机和乘客停车休息。休息站还包括减速车道、加速车道、停车场、加油站、汽车修理设施、食堂、小卖部、厕所等服务设施，所以要结合这些设施进行绿化。停车场可布置成绿化停车场，种植具有浓荫的乔木，以防止车辆受到强光照射。场内可根据不同车辆停放地点，以草坪花坛或树坛进行分隔。

（三）城市广场绿化

城市广场是城市居民活动集中之处，也往往是建筑艺术的焦点，它集中表现了城市的面貌，有时可成为一个城市的象征。因此，搞好城市广场的绿化有很重要的意义。

城市广场按其功能性质可分为纪念性广场、集散广场和交通广场等。广场绿地布置和植物配置要考虑广场规模、空间尺度，使绿化更好地装饰、衬托广场，改善环境，有利于游客活动与游憩。广场绿化应结合周边的自然和人造景观环境，协调与四周建筑物的关系，同时保持自身的风格统一。

1. 纪念性广场

纪念性广场包括城市举行政治集会，节日联欢的中心广场。如政府大楼前的广场，纪念某个事件或某个人物的广场等。绿化时，首先要考虑合理地组织交通，满足大量人流集散的要求。按照广场的类型不同，绿化设计也要求有不同的风格，有的要求雄伟，有的要求简洁，但整个广场要有统一的风格。种植手法多种多样，如用大片的草坪和规整的花坛或点缀有代表性的常绿树种，来衬托和强调纪念物。广场局部也可布置小游园，设置座凳供人们休息。有的为了强调广场的庄严气氛，可布置浓郁、苍翠的树林。

2. 集散广场

集散广场是指车站、码头、展览馆、影剧院、体育馆等前面的广场。这些广场人流多、交通量大，绿化方式一般多沿周边种植，也可在广场的局部布置封闭性草坪、花坛等，成为交通岛形式，因为集散广场的大型建筑往往就是城镇的主要街景，所以要运用一切艺术手法用绿化强调建筑立面，使建筑更加突出更富于感染力，在不妨碍人流活动的情况下，广场上可设置花坛、草皮、喷泉、雕像，并设置座椅供人们休息。

3. 交通广场

交通广场位于几条道路的交叉口或弯道内，其绿化的主要功能是组织交通和装饰街景。交通广场一般以常绿树为主，配以花灌木，中间也可以设喷泉、雕像、灯塔等，四周围以绿篱及栏杆。小型交通广场一般不允许行人进入，大型交通广场的内部与路口对应开设通道，分割小区，允许行人通过、逗留或休息。

四、校园绿地规划设计

校园绿地环境作为校园物质文明的一个方面，反映校园的精神与文化内涵。学校校园绿地应与全校的总体规划同时进行，统一规划，全面设计。另外，校园绿化应根据学校的规模、性质、类型、地理位置、经济条件、自然条件等因素，因地制宜地进行规划设计、精心施工，才能显出各自特色并取得美化效果。

（一）校园绿化的特点

1. 与学校性质和特点相协调

校园绿化除遵循一般的园林绿化原则之外，还要与学校性质、类型相结合。校园绿化应体现校园的文化特色，不同性质、不同类型的院校校园绿地规划设计理念不同，如大专院校，工科要与企业相结合，理科要与实验中心相结合，文科要与文化设施相结合，林业院校要与林场相结合，农业院校要与农场相结合，医科要与医药、医疗相结合，体育、文艺院校要与活动场地相结合等。中小学校园的绿化则要丰富，形式要灵活，以体现青年学生活泼向上的特点。

2. 与校园建筑风格相呼应

校园内的建筑环境多种多样，不同性质、不同级别的学校其规模大小、环境状况、建筑风格各不相同。学校园林绿化要能创造出符合各种建筑功能的绿化美化的环境，使多种多样、风格不同的建筑形体统一在绿化的整体之中，并使人工建筑景观与绿色的自然景观协调统一，达到艺术性、功能性与科学性相协调一致。各种环境绿化相互渗透、相互结合，使整个校园不仅环境质量良好，而且有整体美的风貌。如武汉大学校园的樱花，在青砖绿瓦的建筑掩映下更显环境优美。

3. 师生员工集散性强

在校学生上课、训练、集会等活动频繁集中,需要有适合较大量的人流聚集或分散的场地。校园绿化要适应这种特点,有一定的集散活动空间,否则即使是优美完好的园林绿化环境,也会因为不适应学生活动需要而遭到破坏。

另外,由于师生员工聚集机会多,师生员工的身体健康就显得越发重要。其园林绿化建设要以绿化植物造景为主,树种以选择无毒无刺、无污染或无刺激性异味,对人体健康无损害的树木花草为宜;力求实现彩化、香化、富有季相变化的自然景观,以达到陶冶情操、促进身心健康的目标。

4. 学校所处地理位置、自然条件、历史条件各不相同

我国地域辽阔,学校众多,分布广泛,各地学校所处地理位置、土壤性质、气候条件各不相同,学校历史年代也各有差异。学校园林绿化也应根据这些特点,因地制宜地进行规划、设计和选择植物种类。

例如,位于南方的学校,可以选用亚热带喜温植物;北方学校则应选择适合于温带生长环境的植物;在旱、燥气候条件下应选择抗旱、耐旱的树种;在低洼的地区则要选择耐湿或抗涝的植物;积水之处应就地挖池,种植水生植物。具有纪念性、历史性的环境,应设立纪念性景观,或设雕塑,或种植纪念树,或维持原貌,使其成为一块教育园地。

5. 绿地指标要求高

一般高等院校内,包括教学区、行政管理区、学生生活区、教职工生活区、体育活动区以及幼儿教育和卫生保健等功能分区,这些都应根据国家要求,进行合理分配绿化用地指标,统一规划,认真建设。据统计,我国高校目前绿地率已达10%,平均每人绿化用地已达4~6m²。但按国家规定,要达到人均占有绿地7~11m²,绿地率超过30%,今后学校的新建和扩建都要努力达标。如果高校园林绿化结合学校教学、实习园地,则绿地率完全可以达到30%~50%的绿化指标。所以,对新建院校来说,其园林绿化规划应与全校各功能分区规划和建筑规划同步进行,并且可把扩建预留地临时用来绿化,对扩建或改建的院校来说,也应保证绿化指标,创建优良的校园环境,如(见图8-98)南京航空航天大学浙江绿化规划景点分布图。

(二)绿化设计

学校校园内一般分为行政办公区、教学科研区、生活区、体育运动区。由于每个部分的功能不同,因此对绿化的要求也不同,绿化形式也相应地有所变化。

1. 学校入口及行政办公区绿化

学校入口区是学校的门户和标志,在规划时常常与行政办公楼共同组成学校入口区。学校入口区的绿化要与校门及办公建筑形式相协调,多使用常绿灌木,形成开阔而活泼的景象。校门两侧如果有花墙,可用不带刺的藤本花木进行配植。以速生树、常绿树为主,形成绿色的带状围墙,减少风沙的侵袭和噪声的干扰。大门外面的绿化应与街景一致,同时又要有学校的特色。大门及门内的绿化,要以装饰性绿地为主,突出校园安静、庄重、大方的气氛。大门内可设置小广场、草坪、花灌木、常绿小乔木、绿篱、花坛、水池、喷泉和能代表学校特征的雕塑或雕塑群。树木的种植不能遮挡主楼,要有助于衬托主楼的美,与主楼共同组成优美的画面。主楼两侧的绿地可以作为休息绿地。

对于主楼前广场的设计,主要是大面积铺装为主,结合基础花坛、草坪、喷泉等园林小品点缀。草坪应以种质优良、绿期长的草种为主,主要体现开阔、简洁的布局风格,适合学

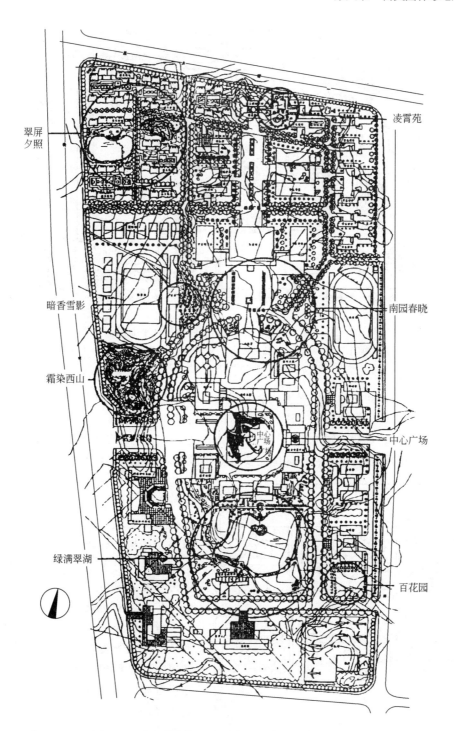

图 8-98　南京航空航天大学浙江绿化规划景点分布图

生的活动、集合、交流，场地的空间处理应具有较高的艺术性和思想内涵，并富有意趣，有良好的尺度和景观，使自然和人工有机地融为一体（见图 8-99）。

2. 教学科研区绿化

教学科研区绿地主要满足全校师生教学、科研、实验和学习的需要，应为师生提供一个

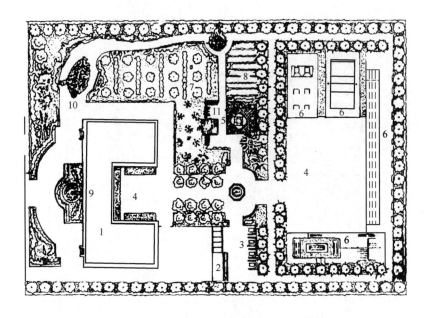

图 8-99　学校用地的规划和绿化设计平面图

1—主楼；2—贮藏室；3—牲畜场；4—休息场；5—游戏场；6—运动场；

7—果园；8—菜园；9—喷泉；10—雕塑；11—花架

安静、优美的环境，同时为学生提供一个课间可以进行适当活动的绿色空间。因多为师生在楼上的鸟瞰画面，所以绿地布局要注意其平面图案构成和线型设计，植物品种宜丰富，叶色变化多样较受师生的欢迎。绿地也要与建筑主体相协调，并对建筑起到美化、烘托的作用，成为该区内空间的休闲主体。科研区绿化要根据实验室对绿化的特殊要求进行设计。注意在防尘、防火、采光、通风等方面进行绿化配置，选择合适的树种。例如，有精密仪器的实验室周围不宜种植有飞絮的植物如柳树；有防火要求的实验室周围不宜种植冬季树叶宿存在树上的槲树、橡树等易燃树种。

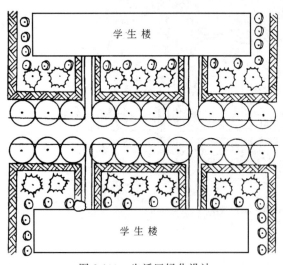

图 8-100　生活区绿化设计

3. 生活区绿化

生活区绿化（见图 8-100）应主要为师生的生活方便考虑，因此可以在宿舍楼周围及多数园林景点周围开辟休读点和小游园，多设置一些座椅，以方便师生课余饭后的休息。小游园设计要力求新颖并取植物造景为主，创造一个环境优美、安静、空气清新的园林空间，应以点少量多为原则。在绿化配置中，以高大浓荫的乔木为主，配以季相变化丰富的花灌木，也可设一些花坛、花台以及座椅、座凳、桌等，有条件的地方也可以建亭、廊、花架等建筑小品。由于学校肩负着育人的重任，除了课堂、教育、会议学习之外，环境育人也不可忽视，一个清新向上、朝气蓬勃的园林空间对学生身心都会产生有益的影响。在游园绿地建设中，也可考虑建设一些有特色的小园，如有的学校内建有梅园，取其坚忍不拔、斗霜傲雪的精神，鼓励师生克服困难，不断进步；有的种植翠竹，取其高风亮节的寓意等。

4. 体育运动区绿化

青少年有好动的特性，所以校园的体育运动场所不可缺少。校园中运动场应距教室、实验室、图书馆、宿舍等有一定的距离，或种植 50m 以上的常绿与落叶乔木混交林带，以防来自运动场的噪声，并隔离视线，不影响教室和宿舍同学的休息。为夏季遮阳的需要，可在运动场四周局部栽种落叶大乔木，在西北面可设置常绿树墙，以阻挡冬季寒风袭击。林中可以适当设置单杠、双杠等体操活动器械。

（三）学校小游园设计

小游园是学校园林绿化的重要组成部分，是美化校园精华的集中表现。小游园的设置要根据不同学校的特点，充分利用自然山丘、水塘、河流、林地等自然条件，合理布局，创造特色，并力求经济、美观。小游园也可以和学校的电影院、俱乐部、图书馆、人防设施等总体规划相结合，统一规划设计。小游园一般选在教学区或行政管理区与生活区之间，作为各分区的过渡。其内部结构布局紧凑灵活，空间处理虚实并举，植物配置错落有致，全园应富有诗情画意。游园形式要与周围的环境相协调一致。如果靠近大型建筑物而面积小、地形变化不大，可规划为规则式；如果面积较大，地形起伏多变，而且有自然树林、水塘或临近河、湖水边，可规划为自然式。在其内部空间处理上要尽量增加层次，有隐有显，曲直幽深，富于变化；充分利用树丛、道路、园林小品或地形，将空间巧妙地加以分隔，形成有虚有实、有明有暗、高低起伏、四季多变的美妙境界。不同类型的小游园，要选择一些造型与之相适应的植物，使环境更加协调、优美，具有审美价值、生态效益乃至教育功能。

规则式小游园可以铺设草坪，栽植色彩鲜艳、生长健壮的花灌木或孤植树，适当设置座椅、花棚架，还可以设置水池、喷泉、花坛、花台。花台可以和花架、座椅相结合，花坛可以与草坪相结合，或在草坪边缘，或在草坪中央而形成主景。草坪和花坛的轮廓形态要有统一性，而且符合规则式布局要求。单株种植的树木可以进行规则式造型，修剪成各种几何形态，如黄杨球、女贞球、菱形或半圆球形黄杨篱；也可进行空悬式造型，如松树、黄杨、柏树。园内小品多为规则式的造型，园路平直，即使有弯曲，也是左右对称的；如有地势落差，则设置台阶踏步。

自然式的小游园，常用乔木灌木丛相结合进行空间分隔或组合，并适当配置草坪，多为疏林草地或林边草坪等。可利用自然地形挖池堆山创造涌泉、瀑布，既创造了水面动景，又产生了山林景观。有自然河流、湖海等水面的则可加以艺术改造，创造自然山水特色的园景。园中也可设置各种花架、花境、石椅、石凳、石桌、花台、花坛、小水池、假山，但其形态特征必须与自然式的环境相协调。如果用建筑材料设置时，出入口两侧的建筑小品，应用对称均衡形式，但其体量、形态、姿态应有所变化。例如，用钢筋或竹竿做成框架，用攀缘植物绿化，形成绿色门洞，既美观又自然。

小游园的外围，可以用绿墙布置，在绿墙上修剪出景窗，使园内景物若隐若现，别有情趣。中学、小学的小游园还可设计成为生物学教学或劳动园地。

五、医疗机构绿地规划设计

医院绿化的目的是卫生防护隔离、阻滞烟尘、减少噪声，创造幽雅安静的环境，以利人们防病、治病，尽快恢复身体健康。据测定，在绿色环境中，人的体表温度可降低 1～

2.2℃，脉搏平均减缓 4～8 次/min，呼吸均匀，血流舒缓，紧张的神经系统得以松弛，对高血压、神经衰弱、心脏病和呼吸道疾病能起到间接的治疗作用。在现代医院设计中，环境作为基本功能已不容忽视，具体来说，将建筑与绿化有机结合，能使医院功能在心理及生理意义上得到更好的落实。

（一）医疗机构的类型及其组成

1. 类型

综合医院：一般设内、外各科的门诊部和住院部。

专科医院：是设某个专科或几个相关联医科的医院，如妇产医院、儿童医院、口腔医院、结核医院、传染病医院等。传染病医院及需要隔离的医院一般设在郊区。

其他医疗机构有属于门诊性质的门诊部、卫生所及长时期医疗的疗养院等。

2. 组成

综合医院是由多个使用要求不同的部分组成的，在进行总体布局时，按各部分功能要求进行。综合医院的平面可分为医务区及总务区两大部分，医务区又分为门诊部、住院部、辅助医疗等几部分。

（1）门诊部　门诊部是接纳各种病人、对病情进行诊断、确定门诊治疗或住院治疗的地方，同时也是进行防治保健工作的地方。门诊部的位置选择，一方面要便于患者就诊，如靠近街道设置，另一方面又要满足治疗需要的卫生和安静条件。

（2）住院部　住院部是医院的主要组成部分，并有单独的出入口，其位置安排在安静、卫生条件好的地方。住院部以保证患者能安静休息为前提，尽可能避免一切外来干扰或刺激（如在视觉、嗅觉、听觉等方面产生的不良因素），以创造安静、卫生和适用的治疗和疗养环境。

（3）辅助医疗部分　门诊部和病房的辅助医疗部分的用房，主要由手术部、中心供应部、药房、X光室、理疗室和化验室等部分组成。大型医院中可按门诊部和住院部各设一套辅助医疗用房，中小型医院则合用。

（4）行政管理部门　主要是对全院的业务、行政与总务进行管理，有时单独设立在一幢楼内，有时也设在门诊部门。

（5）总务部门　属于供应和服务性质，一般都设在较偏僻的地方，与医务部分有联系又有隔离。这部分用房包括厨房、锅炉房、洗衣房及杂用房、制药间、车库及修理库等。

其他还有太平间及病理解剖室，一般常设置在单独区域内，与其他部分保持较大的距离，并与街道及相邻地段有所隔离。

现代医疗结构的布局是一个复杂的整体，要合理地组织医疗程序，更好地创造卫生条件，这是规划首要的任务。要保证病人、医务人员和工作人员的方便、休息，医疗业务和工作中的安静，又要有必要的卫生隔离。

（二）医疗机构园林绿化的基本原则

医院中的园林绿地一方面可以创造安静的休养和治疗环境，另一方面也是卫生防护隔离地带，对改善医院周围的小气候有着良好的作用，如降低气温、调节湿度、减低风速、遮挡烟尘、减少噪声、杀灭细菌等。既美化医院的环境，改善卫生条件，又有利于促进病人的身心健康，使病人除药物治疗外，还可在精神上享受优美的绿化环境，尽快恢复身体健康。

医院绿化应与医院的建筑布局相一致，除建筑之间一定绿化空间外，还应在院内，特别是住院部留有较大的绿化空间，建筑与绿化布局紧凑，方便病人治病和检查身体。建筑前后绿化不宜过于闭塞，病房、诊室都要便于识别。通常全院绿化面积占总用地面积的 70% 以上，才能满足要求。树种选择以常绿树为主，可选用一些具有杀菌及药用的花灌木和草本植物。

（三）医疗机构绿地规划设计

医院的绿化布局，根据医院各组成部分功能要求的不同，则其绿化布置亦有不同的形式（见图 8-101）。为了防止来自街道的尘土、烟尘和噪声，在医院用地的周围应种植乔灌木的防护带，其宽度应为 10～15m。

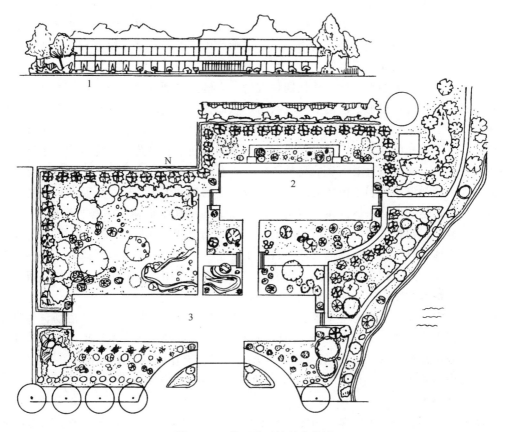

图 8-101　某医院环境绿化设计
1—北立面图；2—住院部；3—门诊部

1. 门诊区

门诊区靠近医院的入口，入口绿地应该与街景调和，也要防止来自街道和周围的烟尘和噪声污染。所以在医院外围应密植 10～15m 宽的乔灌木防护林带。

门诊部是病人候诊的场所，其周围人流较多，是城市街道和医院的结合部，需要有较大面积的缓冲场地，场地及周边应作适当的绿地布置，以美化装饰为主可布置花坛、花台，有条件的还可设喷泉和主题性雕塑，形成开阔、明快的格调。在喷泉水流的冲击下，促进空气中阴离子的形成，增强疗养功能。沿场地周边可以设置整形绿篱，开阔的草坪、花开四季的花灌木，用来点缀花坛、花台等建筑小品，组成一个清洁整齐的绿地区，但是花木的色彩对比不易强烈，应以常绿素雅为宜。场地内可选择一些能分泌杀菌素的树种，如雪松、白皮松、悬铃木和银杏、杜仲、七叶树等有药用价值的乔木作为遮阳树，并在其下设置座凳以便病人坐息和夏季遮阳，大树应选离门诊室 8m 外种植，以免影响室内日照和采光。在门诊楼与总务性建筑之间应保持 20m 的卫生距离，并以乔灌木隔离。医院临街的围墙以通透式的为好，使医院庭园内草坪与街道上绿荫如盖的树木交相辉映，如南京解放军医院的通透围墙取得了很好的效果。

2. 住院区

住院区常位于医院比较安静的地段，位置选在地势较高，视野开阔，四周有景可观，环境优美的地方。可在建筑物的南向布置小游园，供病人室外活动，花园中的道路起伏不宜太大，宜平缓一些方便病人使用，不宜设置台阶踏步。中心部位可以设置小型装饰广场，以点缀水池、喷泉、雕像等园林小品，周围设座椅、花棚架，以供休息、赏景，亦是亲属探望病人的室外接待处。面积较大时可以利用原地形挖池叠山，配置花草、树木，并建造少量园林建筑、装饰性小品、水池、岗阜等，形成优美的自然式庭园。

植物布置要有明显的季节性，使长期住院的病人能感受到自然界的变化，季节变换的节奏感宜强烈些，使之在精神、情绪上比较兴奋，从而提高疗效。常绿树与开花灌木应保持一定的比例，一般为1∶3左右，使植物景观丰富多彩。植物配置要考虑病人在室外活动时对夏季遮阳、冬季阳光的需要。还可以多栽些药用植物，使植物布置与药物治疗联系起来，增加药用植物知识，减弱病人对疾病的精神负担，有利病员的心理辅疗。医疗机构绿化宜多选用保健型人工植物群落，利用植物的配置，形成一定的植物生态结构，从而利用植物分泌物质和挥发物质，达到增强人体健康、防病治病的目的。例如枇杷树、丁香、桃树＋八仙花、八角金盘、葱兰；银杏、广玉兰＋香草，桂花、胡颓子、薰衣草；含笑＋腊梅＋丁香＋桂花、栀子、玫瑰、月季。其中枇杷安神明目，丁香止咳平喘，广玉兰散湿风寒，许多香花树种如含笑、桂花、广玉兰花、栀子等，均能挥发出具有强杀菌力的芳香油类物质，银杏叶含有氢氰酸，其保健和净化空气能力较强。

根据医疗的需要，在绿地中布置室外辅助医疗地段，如日光浴场、空气浴场、体育医疗场等，各以树木作隔离，形成相对独立的空间。在场地上以铺草坪为主，也可以砌块铺装并间以植草（嵌草铺装），以保持空气清洁卫生，还可设棚架作休息交谈之用。

一般病房与隔离病房应有 30m 绿化隔离地段，且不能用同一花园。

3. 辅助区绿化

主要由手术部、中心供应部、药房、X光室、理疗室和化验室等部分组成。大型医院中可按门诊部和住院部各设一套辅助医疗用房，中小型医院则合用。这部分应单独设立，周围密植常绿乔灌木，形成完整的隔离带。特别是手术室、化验室、放射科等，四周的绿化必须注意不能种有绒毛和花絮的植物，防止东、西日晒，保证通风和采光。

4. 服务区绿化

如洗衣房、晒衣场、理发室、锅炉房、商店等。晒衣场与厨房等杂务院可单独设立，周围密植常绿乔灌木作隔离，形成完整的隔离带。医院太平间、解剖室应有单独出入口，并在病员视野以外，有绿化作隔离。有条件时要有一定面积的苗圃、温室，除了庭园绿化布置外，可为病房、诊疗室等提供公园用花及插花，以改善、美化室内环境。

医疗机构的绿化，在植物种类选择上，可多种些杀菌能力较强的树种，如松、柏、樟、桉树等。有条件还可选种些经济树种、果树，药用植物如核桃、山楂、海棠、柿、梨、杜仲、槐、白芍药、牡丹、杭白菊、垂盆草、麦冬、枸杞、长春花等，都是既美观又实惠的种类，使绿化同医疗结合起来，是医院绿化的一个特色。

（四）不同性质医院的一些特殊要求

1. 儿童医院

主要接收年龄在 14 周岁以下的生病儿童。在绿化布置中要安排儿童活动场地及儿童活动的设施，其外形色彩、尺度都要符合儿童的心理与需要，因此儿童医院要以"童心"进行设计与布局，树种选择要尽量避免种子飞扬、有异味、有毒有刺的植物，以及可能引起过敏的植物，还可布置些图案式样的装饰物及园林小品。良好的绿化环境和优美的布置，可减弱儿童对疾病的心理压力。

2. 传染病医院

主要接收有急性传染病、呼吸道系统疾病的病人。医院周围的防护隔离带的作用就显得突出重要，其宽度要 30m 以上，比一般医院要宽，林带由乔灌木组成，将常绿树与落叶树一起布置，在冬天也能起到良好的防护效果。在不同病区之间也要隔以绿篱，利用绿地把不同病人组织到不同空间中去休息、活动，以防交叉感染。病人活动以下棋、聊天、散步、打拳为主，布置一定的场地和设施，以提供良好的条件。

六、一般机关单位的绿化设计

一般机关单位的绿化设计，重点在入口处及办公楼前（见图 8-102）。

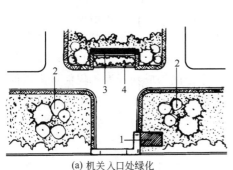
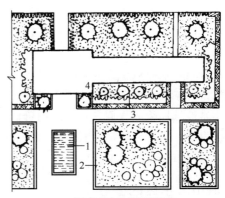

(a) 机关入口处绿化
1—入口传达室；2—装饰绿地；3—影壁；4—花坛

(b) 机关办公楼周围绿化
1—喷水池；2—装饰绿地；3—基础种植；4—办公楼

图 8-102　机关单位绿化

入口两侧应对植植物，树种以常绿植物为主。在入口对景位置上可栽植较稠密的树丛，树丛前种植花卉或置山石，也可设计成花坛、喷水池、雕塑、影壁等，其周围的绿化要从色彩、树形、花色、布置形式等多方面来强调和陪衬它们。入口广场两侧的绿地，应先规则种植，再过渡到自然丛植，具体的种植方式及树种选择应视周围环境而定。

办公楼前的绿化设计，可分为楼前装饰性绿地、楼房基础栽植、办公楼入口处布置等部分。办公楼前的绿地多为封闭绿地，主要是对办公楼起装饰和衬托作用。装饰绿地常在草地上种植观赏价值较高的常绿树，点缀珍贵开花小乔木及各种花灌木。观赏绿地可以是整齐式，也可以为自然式。树木种植的位置，不要遮挡建筑主要立面，应与建筑相协调，衬托和美化建筑。楼前基础种植，从功能上看，能将行人与楼下办公室隔离开，保证室内安静；从环境上看，楼前基础种植是办公楼建筑与楼前绿地的衔接和过渡，使绿化更加自然和谐。楼前基础种植多用绿篱和灌木，在对正墙垛的地方栽种常绿树及开花小乔木，形式以规则为主。若办公楼面向北侧，许多植物不宜栽种，这种情况除选用耐阴的花灌木外，可种植地锦，进行垂直绿化。办公楼入口处的布置，多用对植方式种植常绿树木或开花灌木以强调并装饰，有的还设有花池和花台，供栽植花木和摆设盆栽植物。

若机关单位内有较大面积的绿地，则绿地内还可安放简单的园林小品，以提高美化与实用效果。

单位绿化还有杂物堆放处及围墙边的处理问题。杂物堆放处主要是食堂、锅炉房附近，绿化时应注意对不美观处的遮挡，可用常绿乔木与绿篱、灌木结合，组成密植植物带；阻挡人们的视线。围墙边应尽量种植乔灌木和攀缘植物，与外界隔离，起卫生防护的作用，并美化墙体。

机关单位的庭院进行绿化时，要为职工创造良好的休息环境，同时要在庭院中留出做工间操、打排球、羽毛球等开展体育活动的场地。场地边缘可种高大落乔木遮阳。

机关单位绿化的植物种类应常绿与落叶结合，乔木与灌木结合，适当地点种植攀缘植物和花卉，尽量做到三季有花、四季常青。

第七节　城市滨水区规划设计

孔子曰"智者乐水"。水，是大自然中最活泼的因素。在人类生活中，水是必不可缺的。自古以来，很多城市都建在水边——沿着河边、河的角洲、两条或多条河流的交汇处，以及湖滨或海滨，这些城市商业贸易也依水而繁荣。城市滨水区是城市居民基本的公共空间，是表现城市形象的重要节点，也是外来旅游者开展观光活动的主要场所，在提高城市环境质量，丰富地域风貌等方面具有重要的价值。因此，滨水地区的成功开发不仅能极大地促进城市经济发展，为政府增加税收，增加就业机会，为更多的市民提供就业休闲场所；还能美化市容，增强市民对自己城市的自豪感。

一、城市滨水区的概念

1. 城市滨水区的概念及范围

城市滨水区（urban waterfront）是城市中一个特定的空间区域，指"与河流、湖泊、海洋比邻的土地或建筑；城镇临近水体的部分。"总的说来是指城市建设用地范围内陆域和水域相连接的部分的一定区域的总称。和城市其他地域相比，它有着巨大的空间领域的优势，对解决城市空间匮乏，增加城市空间容量，提高城市环境质量有着十分积极的作用。城市滨水区与城市生活最为密切，受人类活动的影响最深，这是与自然或原始形态的滨水区最大的不同，城市滨水区包括水域、水陆域、陆域三部分组成。

滨水区既是陆地的边缘，也是水的边沿，它的空间范围包括 200～300m 的水域空间及与之相邻的城市陆域空间，其对人的诱致距离为 1～2km，相当于步行 15～30min 的距离范围，并且在城市中具有自然山水的景观情趣和公共活动集中、历史文化因素丰富的特点，也具有导向明确、渗透性强的空间特质，是自然生态系统与人工建设系统交融的城市公共开敞空间。

2. 城市滨水区的类型

① 按照地域景观环境形态，滨水城市及滨水区可以分为四类。

第一类是滨江跨河。这一类型最多，就我国地理环境来看，从古至今很多城市村镇都是沿江、沿河从无到有繁荣壮大的。此类城市滨水区通常依据自然的江河而布，属于自然流域型景观格局，在未来发展建设中，如何顺应这种自然流域的格局、保证水系的生态循环、防治水系污染、净化水体，是成功与否的前提关键。

第二类是滨海。我国的海岸线为 1.8 万千米，岛屿海岸线为 1.4 万千米，滨海城市很多，如上海、天津、连云港、大连、青岛、烟台、厦门、海口、三亚等。此类滨海城市，一方面具备优越的阳光、海水、沙滩，号称 3S 的旅游资源，具有潜在的人类聚居环境的吸引力；但在另一方面也面临着台风、盐碱等不利的环境条件，尤其是盐碱，极大地阻碍了城市生态的发展，如何发展绿化成为滨海城市面临的最大挑战。

第三类是环绕湖泊水域。像杭州西湖、南京玄武湖、济南大明湖等许多正在新建的环绕湖泊而兴建的城市滨水区均属此类。此类城市滨水区属于典型的中国园林格局，水体自然居于中心，对于周围环绕的城市街道、建筑、绿化发挥着最大的效益，在未来紧凑型城市滨水区发展中不失为一种理想的模式，但也面临着严重的问题：由于这种汇集四面来水、水流对外交换不畅的特定的水系结构，如何保持湖泊水体水质就成了首当其冲的难题，并且一旦污染，就很难恢复。

第四类是以岛、半岛或洲为基地而形成的四周为水域环绕的洲岛型城市滨水区。像上海的崇明岛、横沙岛、浙江的舟山群岛、浙江千岛湖的淳安县城、厦门的鼓浪屿等。

② 城市滨水区按照建设类型可以分为三种类型。

开发（development）：开发是将土地从其他用途转化为城市用途或通过围海造田等方式获取新的滨水区建设用地。

保护（conservation）：保护主要是针对至今存在的具有重要历史价值的滨水地区，通过修缮、保护，维持现有的整体格局和历史风貌。

再开发（redevelopment）：指对原有环境的重建或是功能的变更利用。

③ 按照用地功能，美国学者安妮·布里恩（Ann. Breen）和迪克·里贝（Dick. Righy）将城市滨水区划分为商贸、娱乐休闲、文化教育和环境、居住、历史、工业港口设施六大类。

3. 城市滨水区景观的特征

（1）开放性　从城市的构成来看，城市滨水区是构成城市公共开放空间的主要部分，从生态层面上，城市滨水区的自然因素使得人与环境间达到和谐、平衡的发展。总之，在滨水区，市民可以远离都市的喧嚣，忘却一切烦恼，全身心地放松，充分享受大自然的恩赐，而现在"滨水共有"，"滨水为公共利益"更已成为人们的共识。

（2）敏感性　城市滨水区作为城市的重要区域，具有景观、生态、社会等多方面的敏感性。滨水区景观处理得当与否直接关系到整个城市的形象问题。另外从生态学理论可知，两种或多种生态系统交汇的地带往往具有较强的生态敏感性和物种丰富性。滨水区自然生态的环境保护问题一直都是滨水区开发中首先要解决的问题，这包括潮汐、湿地、动植物、水源、土壤等资源的保护。在国外，滨水区开发前的环境影响评估是建设项目立项与否的主要因素。最后，滨水区作为市民的主要活动空间，与市民的日常生活密切相关，对城市生活也有强的敏感性，这就要求滨水区在开发、规划设计中，要充分考虑公众的各种需求，保护公众利益，提高市民的环境意识与参与意识，创造一个真正为市民喜爱的滨水空间。

（3）文化、历史性 大多数城市滨水区在古代就有港湾设施的建设，成为城市最先发展的地方，对城市的发展起重要作用。城市的发展是一个历史文化长期积淀的过程，城市历史文化保持越完整、文化特征越鲜明，则城市就越有个性与魅力。城市滨水区由于是城市发展得最早的地区而具有历史文化因素丰富的特征，可以说，从滨水区的兴衰历史就会领略到城市的发展历史。在那些历史的港区，即使是那些现在已不再使用的仓库、工厂办公场所，仍能感受到它的历史，这些都是宝贵的历史性、文化性资源，如何保护与开发再利用这些历史文化资源是滨水区开发所面临的一大问题。

（4）多样性 城市滨水区从功能上包括工业、仓储、商业办公、休闲娱乐、居住等多种功能，往往是城市多种功能的综合体。从滨水空间层次看，则包括水体空间、游憩空间、滨水职能空间、滨水自然空间等多种空间要素。从生态系统划分上则包括水域生态系统、水陆共生生态系统、陆域生态系统等。从滨水活动上则包括休闲节庆、交通、体育、观光等，从而构成活动行为的多样性。滨水区的多样性特征正是其魅力所在，当今世界各国都面临着日益严重的城市生态环境危机，因此人们对城市生物多样性开始重视，滨水区作为城市重要的绿色开放空间，通过滨水区的合理开发与保护，对保护城市中的城市生物多样性将起到重要作用。

4. 城市滨水区的功能

① 城市滨水区是构成城市公共开放空间的重要部分。

公共开放空间是城市形态中的重要组成部分，主要提供人们聚会、集合、娱乐的场所，是人们信息交流的平台，是大众活动的舞台。而城市滨水区自身的开放性和吸引力等特色，使之成为城市公共开放空间中极富特色的一部分。

② 滨水地带是典型的生态交错带。

河流是较重要的生态廊道之一，滨水区是水域和陆域交界的地带，是人工和自然融合的区域，具有丰富的动植物资源，是城市生态中非常敏感的部分，也是最具生态价值的一部分。

③ 城市滨水区提高了城市的可居住性。

以水域为中心，往往构成城市中最具有活力的开放性社区，形成丰富的城市生活空间，城市滨水区的自然因素能够使人与环境达到和谐、平衡的发展，城市滨水区往往因其在城市中具有的开阔的水面空间成为旅游者和当地居民喜好的居住、休闲区域。

④ 城市滨水区对于一个城市的整体感知意义重大。

城市滨水区的方向感、边缘性、开放性等特征增强了城市的可识别性。城市滨水区往往是城市历史与文化积淀最深的地方，也是最能体现当地地域特色和风土人情的区域，所以也是最能展示城市面貌的地方。

二、滨水区景观规划设计

1. 滨水区景观规划设计原则

（1）整体性和连续性 在城市空间上，滨水区景观视廊应具有整体性和连续性。这方面体现在沿湖立面现状景观线的连续统一性，即水际线、岸基线、林冠线和滨水城市轮廓线等景观视线，这些景观视线的连续统一——方面使滨水地段在视觉上可保证整体连续性；另一方面依靠林阴步行道和沿江道路及河流等带状景观线来直接感受滨水区景观视廊的连续性。

滨水区域的景观设计还应遵循时间维度的连续性原则，即历史文脉的延续。由于滨水区域的景观特色的创造是长久持续的过程，应保证不同时代、不同风格流派的景观在滨水区域中都能展现出来。因此，在对历史文化类景观建筑、历史地段进行保护的同时，应顺应历史文脉，引导创造出既具有历史文化底蕴又具有时代感的景观。

（2）特色性和可识别性　各个不同的滨水区可根据当地的历史文化和文脉进行不同的富有特色的景观设计以达到可识别性。如建立可识别性的滨水景观视廊。滨水景观视廊设计一方面应确定有滨水道路、滨水绿地开敞空间和水域开敞空间三部分构成的景观联系轴线，以保证人的行为路线和视线的连续，通畅的滨水景观视廊的建立可使滨水地带具有丰富的可视性和鲜明的可识别性。亮化和强化城市夜间景观，对于滨水景观敏感区，应采用夜间灯光照明工程，以突出其可识别性和特色，从而达到表现自我、扩大影响的效果，同时也强调其在公共场合的重要性。

（3）统一性和多样性

① 塑造多样性的景观。通过对景观保护和创造的方法，保证不同时代、不同类型、不同风格的景观在滨水区的共存，对建筑物、广场绿地、环境小品等景观元素在景观表现力度、影响范围上应有大小之分，在景观表现形式上有主次之分，而对于标志性实体景观和节点型景观则应给予突出和强化，各景观元素通过空间组合形成的复合景观应是多层次和多功能的。

② 营造多层次性的景观。这应从滨水区立面和断面予以规划控制，滨水区景观立面主要以景观线作为层次界限，显现出"远近高低各不同"的平行且连续的景观层面。

③ 保证开发的多功能性。滨水区开发是多目标的开发模式，应具有多种功能。可分为若干特色性的景观功能分区，如传统商业区、商务贸易区、旅游购物区、行政中心区和体育娱乐区等，各种景观功能区应突出主导功能，兼顾其他功能，注重功能互补。

（4）以人为本的可达性和舒适性　在城市滨水区设计中，体现"人性化"的设计尺度和环境品质，提倡以人为本。首先，要注重人文方面的设计，滨水区除了有独特的自然景观之外，还有人文景观。在城市滨水区的设计中只有华丽景观环境是不够的，也是不成功的。

最重要的是城市滨水区设计应该理解滨水区历史文化内涵，挖掘滨水区潜在资源，保护现有的文化遗迹，延续城市文脉。对于滨水区中的人工构筑物应作为滨水区自然景致的点睛之笔，是深刻反映文化意蕴、升华自然水景的工艺作品。

其次，滨水区在可达性方面，要合理组织和解决城市滨水区的交通。为简化交通，一般采用将过境交通与滨水区地区的内部交通分开布置的方法。滨水区作为吸引大量人流的地带，停车场的位置、规模又是一重要交通组织问题。在滨水区空间中必须要有完善的步行系统，滨水区必须要有滨水步行活动场所，让人们在观水、近水、亲水、傍水的同时少受干扰。另外，在滨水区中的水体边缘，滨水步行活动场所和滨水绿化的具体设计中必须体现"人性化"的设计尺度。

2. 滨水区景观规划设计

20世纪90年代以来，随着人们对水的热爱与日益重视，水域在城市发展中得到充分重视，滨水地区开发改造越来越盛行。在中国及许多东南亚国家和地区，以港口为代表的滨水区在城市中有着核心作用，主要是由于滨水地区作为城市的黄金地带，能提供土地开发和就业的新机会，而且能够提升和重塑城市形象。成功的滨水地区开发必须依赖周密而富有特色的规划设计，比如纽约BATTERY花园城、悉尼港湾、日本横滨MM21、多伦多港区等多个城市的滨水区都成了城市的象征，吸引着成千上万的游人。

（1）滨水区水道和堤岸设计　滨水区水道设计要注意保持水系的自然形态和水系的连续性。

驳岸处理的基本方式有两种：软式驳岸和硬式驳岸。软式驳岸一般适应于无防洪要求的滨水区堤岸，有防洪要求的滨水区驳岸一般采取硬式驳岸，但硬式驳岸设计时也要考虑其景观效果，一般会采取分层的方式，如上海浦东滨江大道运用复式分层设计手法。设计方案第一层面标高 4.00m，沿江岸布置，取名"临水步行道"。第二层标高 7.00m，沿防汛堤顶布置，取名"堤顶观光步行道"，其宽度及路面构造可以满足特殊情况下通过机动车辆的要求，是沿江人行交通及观光的主要道路。第三层标高 1.70m，为机动车道，布置在第二层堤顶观光步行道的防汛堤身内。防波堤设计时要注意重整坡度以减少岸壁滑塌，并种植乡土植物，另外可通过布置绿化和防护设施如防坡堤布置栏杆以增加安全性，并以此来缓和岸壁及防波堤突兀而生硬的外观。

（2）滨水区绿地植物景观设计

① 植物种类的选择。滨水区植物选择除常规观赏树种外，还应选择地方性的耐水湿植物或以水生植物为主，同时高度重视水滨的复合植被群落，它们对河岸水际带和堤内地带这样的生态交错带尤其重要。植物品种的选择要根据景观、生态等多方面的要求，在适地适树的基础上，还要注重增加植物群落的多样性。利用不同地段自然条件的差异，配置各具特色的人工群落。常用的临水、耐水植物包括垂柳、水杉、池杉、云南黄馨、连翘、芦苇、菖蒲、香蒲、荷花、菱角、泽泻、水葱、茭白、睡莲、千屈菜、萍蓬草等。

② 应尽可能多地扩大滨水绿化用地，形成连续性绿化带，用绿色勾画城市的轮廓，延续城市的文脉。绿化应尽量采用自然式设计，疏密有致，符合滨水环境自然植被群落的特征，形成乔木-灌木-地被-草坪的复层结构。

（3）滨水区道路系统的设置　滨水绿地道路设置要符合以人为本的原则，除了可以为市民提供方便、快捷的交通功能和观赏点外，还能提供合乎人性空间尺度、生动多样的时空变换和空间序列。

① 提供人车分流、和谐共存的道路系统，串联各出入口、活动广场、景观节点等内部开放空间和绿地周边街道空间。

② 提供舒适、方便、吸引人的游览路径，创造多样化的活动场所。绿地内部道路、场所的设计应遵循舒适、方便、美观的原则。其中，舒适性方面要求路面局部相对平整，符合游人使用尺度；方便性方面要求道路线形设计尽量做到方便快捷，增加各活动场所的可达性，平面上多采用弯曲自然的线形组织环行道路系统，或采用直线和弧线、曲线结合，道路与广场结合等形式串联入口和各节点以及沟通周边街道空间，立面上随地形起伏，构成多种形式、不同风格的道路系统；而美观是绿地道路设计的基本要求，与其他道路相比，园林绿地内部道路更注重路面材料的选择和图案的装饰以达到美观的要求，一般这种装饰是通过路面形式和图案的变化获得的，通过这种装饰设计，创造多样化的活动场所和道路景观。

③ 提供安全、舒适的亲水设施和多样的亲水步道，增进人际交往与地域感。诸如临水游览步道、伸入水面的平台、码头、栈道以及贯穿绿地内部备节点的各种形式的游览道路、休息广场等，结合栏杆、坐凳、台阶等小品，提供安全、舒适的亲水设施和多样的亲水步道，以增进人际交流和创造个性化活动空间。

④ 配置美观的道路装饰小品和灯光照明。人性化的道路设计除对道路自身的精心设计

外，还要考虑诸如座凳、指示标牌等相关的装饰小品的设计，以满足游人休息和获取信息的需要。同时，灯光照明的设计也是道路设计的重要内容，一般滨水绿地道路常用的灯具包括路灯（主要干道）、庭院灯（游览支路、临水平台）、泛光灯（结合行道树）、轮廓灯（临水平台、栈道）等，灯光的设置在为游客提供晚间照明的同时，还可创造五彩缤纷的光影效果。

（4）滨水区景观设计方法 滨水绿地为满足市民休息、观景以及点景等功能要求，重点地段应布置城市广场、小游园，充分结合城市历史文化，满足居民日常游憩活动的需要。常用景观小品包括雕塑、假山、置石、坐凳、栏杆、指示牌等。滨水绿地中建筑、小品的类型与风格的选择主要根据绿地的景观风格的定位来决定，反过来，滨水绿地的景观风格也正是通过景观建筑、小品来加以体现的。一般设计方法有以下几种。

① 形成趋水视觉走廊体系 如广东省中山市打通岐江两岸建设绿化带，把南部和西南部交接景观引入城市，使之成为中山城区南北部郊野景观的一个联系廊道；上海黄浦江沿岸的规划中强调通向水边四视线走廊的作用，采用与江岸成45°夹角走向的路网，并结合历史建筑设置滨水公共建筑，丰富两岸景观，如滨水绿地、大桥公园等。

② 提供观景点 为了能够满足市民对滨水的观赏需求，应设置亲水步道、平台、桥头、滨水建筑物等观景点，满足游人的亲水需求。

③ 突出不同主题特征和功能特色 例如扬州市古运河滨河风光带的规划，由于扬州是拥有2000多年历史的国家历史文化名城，加之古运河贯穿城市的历史保护区域，所以该滨河绿地的景观风格定位是以体现扬州"古运河文化"为核心，通过古运河沿岸文化古迹的恢复、保护建设，再现古运河昔日的繁华与风貌，滨河绿地内部与周边建筑均以扬州典型的"徽派"建筑风格为主。而对于一些新兴的城市或区域，滨水绿地景观风格的定位往往根据城市建设的总体要求会选择现代风格的景观，通过雕塑、花架、喷泉等景观建筑、小品加以体现。例如上海黄浦江陆家嘴一带的滨江绿地和苏州工业园区金鸡湖边的滨湖绿地等，虽然上海、苏州同样为历史文化名城，但由于浦东和苏州工业园区均为新兴的现代城市区域，所以在景观风格的选择上仍选择以现代景观风格为主，通过现代风格的景观建筑、小品体现城市的特征和发展轨迹。

3. 案例分析

（1）上海外滩滨水区景观（见图8-103～图8-105） 外滩滨水区是上海市最具标志性的城市景观区域，同时也是城市中心最重要的公共活动场所。为了提升外滩滨水区空间环境品质，迎接2010年世博会的召开，以外滩地下通道的实施为契机，上海市于2008年对外滩景观进行了修建性详细规划，规划对北起苏州河口，南至十六铺客运中心北侧，岸线总长度约1.8公里的外滩滨水区域进行了综合改造。

设计充分体现了上海最重要的公共活动空间的特征和现代气息，力求最大限度地体现外滩地区的历史文化风貌特色，最大限度地为市民提供优美舒适的公共活动空间，满足大人流量对于公共活动和观景的需求，体现以人为本。针对大人流活动的特征和需求，通过多方

图8-103 上海外滩"金融牛"

图 8-104   上海外滩的黄浦公园夜景

图 8-105   上海外滩部分鸟瞰

面的设计处理，最大限度地释放公共活动空间。在人行道与防汛空箱之间增设中间高度的平台广场，滨江地区由空箱顶和坡道、活动平台和广场，以及地面人行道形成三条南北向连续贯通的人行通道，疏解高峰时段的南北向人流。

此外，对现有防汛空箱顶部平台局部加宽，在主要人流交汇处和重要观景点设置广场，强调广场空间对人流的容纳性，同时提供举办节庆活动的可能，以增加公共活动和观景空间。利用舒缓的坡道联系不同高差以消除安全隐患。外滩改造后，公共活动空间增加了40%。

为了让狭长的滨水区更具有节奏感，在空间布局中有收有放，设置了四处各具特色的广场空间。其中，黄浦公园西侧入口处拆除大门、围墙和零星建筑，开辟广场，黄浦公园与外滩源绿地同步开放；位于南京路口的陈毅广场扩大一倍，增加休闲、观景空间；在福州路口增设中间层次标高的金融广场，提供观赏外滩历史建筑和举办节庆活动的场所；在延安路口，以气象信号台为中心形成广场，展示外滩历史变迁。黄浦江畔，从北至南的"四大广场"成为新外滩最大的亮点。外滩金融广场将出现一座由纽约华尔街铜牛设计者"操刀"的一座更年轻、更有活力的"上海金融牛"标志性雕塑和金融信息屏。外滩信号台广场将展示城市历史记忆和文化变迁。

（2）永宁公园   见图 8-106～图 8-108。

图 8-106   永宁公园（一）

图 8-107   永宁公园（二）

2006 年 4 月 24 日，美国景观设计师协会（ASLA）公布本年度专业奖项，由北京土人景观规划设计研究院和北京大学景观设计学研究院主持的："飘浮的花园——浙江黄岩永宁江生态防洪工程"（永宁公园）获得了专业设计荣誉奖（ASLA Design Honor Award）。

"飘浮的花园"是浙江台州黄岩永宁江生态恢复与重建的案例。设计者本着"与洪水为友"的态度和设计理念，把昔日以防洪为单一功能的水泥硬化河道，通过大量应用乡土物种进行河堤的防护建设，在滨江地带形成了多样化的生境系统，使之成为充满生机的现代生态与文化休憩地——永宁公园；该项目将城市雨洪管理、乡土生物保护、居民的日常休憩活动有机地结合起来，使城市土地利用集约化，用最经济的途径，创造出健康优美的人居环境。利用自然做功，提出新的城市河道设计的现代理念。把以防洪为单一目的的硬化河道，用最经济的途径，恢复重

图 8-108　永宁公园（三）

建为充满生机的现代生态与文化游憩地。永宁公园方案提出 6 大景观战略，核心思想是用现代生态设计理念来形成自然的、"野"的基底，然后在此基底上，设计体现人文的"图"；基底是大量的、粗野的，它因为自然过程而存在，并提供自然的服务，而"图"是最少量的、精致的，它因为人的体验和对自然服务的接受而存在。这些战略包括：保护和恢复河流的自然形态，停止河道渠化工程；内河湿地，形成生态化的旱涝调节系统和乡土生境；由大量乡土物种构成的景观基底；水杉方阵，平凡的纪念；延续城市的道路肌理，最便捷地输出公园的服务功能。它的生态服务功能在以下几个方面得到了充分的体现：a. 自然过程的保护和恢复：长达 2km 的永宁江水岸恢复了自然形态，沿岸湿地系统得到了恢复并完善；形成了内河湿地系统，对流域的防洪滞洪起到积极作用。b. 生物过程的保护和促进：保留滨水带的芦苇、菖蒲等种群，大量应用乡土物种进行河堤的防护，在滨江地带形成了多样化的生境系统，整个公园的绿地面积达到 75%，初步形成了物种丰富多样的生物群落。c. 人文过程：为广大市民提供了富有特色的休闲环境。该项目被中国建设部授予"中国人居环境范例奖"。ASLA 评奖委员会对该建成项目给予了很高的赞许，评语是："巧妙的建筑设计，精到的自然植被配置，创造出感性的体验空间，好作品！"

◆ 参考文献 ◆

[1]　CJJ/T 85—2017. 城市绿地分类标准.

[2]　CJJ/T 91—2017. 风景园林基本术语标准.

[3]　GB 51192—2016. 公园设计规范.

[4]　GB 50180—2018. 城市居住区规划设计标准.

[5]　城市湿地公园设计导则. 2017.

[6]　CJJ 75—97. 城市道路绿化规划与设计规范.

[7]　陆健健. 湿地生态学. 北京：高等教育出版社, 2006.

[8]　上海市城市规划行业协会. 上海优秀城乡规划设计获奖作品集（2008—2009）.

[9]　刘滨谊. 现代景观规划设计. 2版. 南京：东南大学出版社, 2005.

[10]　白德懋. 城市空间环境设计. 北京：中国建筑工业出版社, 2002.

[11]　许浩. 城市景观规划设计理论与技法. 北京：中国建筑工业出版社, 2006.

[12]　周维权. 中国古典园林. 北京：清华大学出版社, 1996.

[13]　彭一刚. 中国古典园林分析. 北京：中国建筑工业出版社, 1986.

[14]　张国强，贾建中. 风景园林设计—中国风景园林规划设计作品集. 北京：中国建筑工业出版社, 2006.

[15]　李铮生. 城市园林绿地规划与设计. 2版. 北京：中国建筑工业出版社, 2006.

[16]　唐学山，李雄，等. 园林设计. 中国林业出版社, 1996.

[17]　胡纹. 居住区规划原理与设计方法. 北京：中国建筑工业出版社, 2007.

[18]　李浩年. 风景园林规划设计50例. 南京：东南大学出版社, 2005.

[19]　张祖刚. 世界园林发展概论—走向自然的世界园林史图说. 北京：中国建筑工业出版社, 2003.

[20]　过元炯. 园林艺术. 北京：中国农业出版社, 1996.

[21]　孙明. 城市园林—园林设计类型与方法. 天津：天津大学出版社, 2007.

[22]　王汝诚. 园林规划设计. 北京：中国建筑工业出版社, 1999.

[23]　黄金锜. 屋顶花园设计与营造. 北京：中国林业出版社, 1994.

[24]　楼庆西. 中国园林. 北京：五洲传播出版社, 2003.

[25]　曹明纲. 中国园林文化. 上海：上海古籍出版社, 2001.

[26]　倪琪. 西方园林与环境. 杭州：浙江科学技术出版社, 2000.

[27]　唐明镝，等. 中国古代建筑与园林. 北京：旅游教育出版社, 2003.

[28]　同济大学，等. 城市园林绿地规划. 北京：中国建筑工业出版社, 2002.

[29]　胡运骅. 世界园林艺术博览. 上海：上海三联出版社, 2004.

[30]　贾建中. 城市绿地规划设计. 北京：中国林业出版社, 2000.

[31]　李敏. 现代城市绿地系统规划. 北京：中国建筑工业出版社, 2002.

[32]　计成. 园冶注释. 北京：中国建筑工业出版社, 1998.

[33]　陈从周. 说园. 上海：同济大学出版社, 1984.

[34]　苏雪痕. 植物造景. 北京：中国林业出版社, 1993.

[35]　毕凌岚. 城市生态系统空间形态与规划. 北京：中国建筑工业出版社, 2006.

[36]　温扬真. 园林设计原理. 南宁：广西教育出版社, 1996.

[37]　黄小鸾. 园林绿地与建筑小品. 北京：中国建筑工业出版社, 1996.

[38]　约翰·西蒙兹. 景观设计学-场地规划与设计手册. 北京：中国建筑工业出版社, 2000.

[39]　林焰. 意象园林. 北京：机械工业出版社, 2004.

[40]　封云，等. 公园绿地规划设计. 北京：中国林业出版社, 2004.

[41]　路毅. 城市滨水区景观规划设计理论及应用研究. 中国博士学位论文全文数据库, 2007.